高等数学

（上册）

周 迈　张 阳　由同顺
陈万义　薛运华　编 著

南开大学出版社
天 津

图书在版编目(CIP)数据

高等数学. 上册/周迈等编著. —天津：南开大学出版社，2016.9(2023.8 重印)
ISBN 978-7-310-05190-8

Ⅰ.①高… Ⅱ.①周… Ⅲ.②高等数学－高等学校－教材 Ⅳ.① O13

中国版本图书馆 CIP 数据核字(2016)第 205263 号

版权所有　侵权必究

高等数学. 上册
GAODENG SHUXUE. SHANGCE

南开大学出版社出版发行
出版人：陈　敬
地址：天津市南开区卫津路 94 号　邮政编码：300071
营销部电话：(022)23508339　营销部传真：(022)23508542
https://nkup.nankai.edu.cn

天津午阳印刷股份有限公司印刷　全国各地新华书店经销
2016 年 9 月第 1 版　2023 年 8 月第 9 次印刷
210×148 毫米　32 开本　9.75 印张　277 千字
定价:28.00 元

如遇图书印装质量问题，请与本社营销部联系调换，电话:(022)23508339

内容提要

本书第1章讨论函数的基本概念和基本性质,函数的几何意义,复合函数、反函数和初等函数的概念等内容;第2章讨论数列和函数的极限及其性质,两个重要极限及其变形,无穷小(无穷大)的比较,计算数列和函数的极限,函数的连续性及连续函数的性质等内容;第3章讨论函数的导数和微分的概念及其性质,复合函数导数公式及计算不同类型函数的导数的方法等内容;第4章讨论微分中值定理,泰勒公式,导数应用,包括函数的单调性、凹凸性、极大值(极小值)和函数作图等内容;第5章讨论函数的原函数、不定积分的概念和性质,计算不定积分的换元法和分部积分法及计算不同类型被积函数的方法等内容;第6章讨论定积分的概念、性质及计算,定积分的换元公式和分部积分公式,定积分的应用等内容;第7章讨论空间直角坐标系,空间向量代数,空间直线和平面,二次曲面等内容。

前　言

自2014年起，南开大学高等数学公共课实行了新的教学计划，同时也对教学大纲做了相应调整，为了适应新的教学计划，我们编写了新教材，新教材曾以讲义的形式试用了两年。本书的编写是我们对讲义在试用过程中发现的差错进行修改后完成的。

本书秉承素质教育的理念。在我们看来，高等数学不仅仅是一门工具课，更有承担素质教育的功能，因此在我们的能力范围内尽量向读者展现微积分的精神内涵。我们认为，极限、导数和定积分等基本概念体现了微积分的精髓，因此本书强调对基本概念的解释。在对概念的叙述、解释上力求观点正确，因为面对的读者主要是非数学类的学生，不能将极限或者定积分等概念充分展开，所以本教材选择导数概念作为着力点。鉴于导数和微分概念的基本重要性，本书用了大量篇幅从不同的角度解释导数和微分的概念。本教材还强调微积分是一个有机的整体，其各个部分有着密切的联系，正因为如此，微积分学才是鲜活的、生机盎然的。为了体现素质教育的理念，我们以学生为本，力图对重要的知识点做详尽的解释，尽可能地方便学生使用，有利于学生自主学习。

近十几年来，互联网乃至移动互联网与教育教学不断融合，从单纯的在线教育到O2O（线上线下）学习、甚至利用大数据技术揭示教学规律，无论是在技术上还是在教育理念上，教育领域的变革都方兴未艾，教育正在从传统的课堂走出去，不再受空间和时间的限制，更广泛地整合利用各方面的资源。为了适应这些变化，在南开大学出版社的帮助下，本书初步尝试以二维码的形式扩展教学内容，方便学生自主学习。

国内的高等数学教材汗牛充栋,教材的编写标准基本上源于教育部关于研究生高等数学统考的考试大纲,从历史的角度看仍隐约可见前苏联的高等数学教材的影响,这些因素在南开大学高等数学教学大纲中也有所体现。我们编写的这本教材的知识体系仍遵从教育部的考试大纲和前苏联的高等数学教材的知识体系,我们认为这本身是值得商榷的。事实上,莫斯科大学的《数学分析》(B. A. 卓里奇著)所体现的知识体系已有很大的变化,所以这也是本教材当前版本的一个遗憾。

本书具体编写分工如下:周迈承担了第 1、6、7 章的编写工作;陈万义承担了第 2 章的编写工作;薛运华承担了第 3 章的编写工作;张阳承担了第 4 章的编写工作;由同顺承担了第 5 章的编写工作;全书统稿工作由周迈完成。

编者

2016 年 5 月

目 录

第1章 函数 ·· 1
  1.1 实数 ·· 1
    习题 1.1 ·· 3
  1.2 函数 ·· 4
    习题 1.2 ·· 13
  附录 1.1 基本初等函数的图像 ··· 15
  附录 1.2 常用初等数学公式 ··· 18

第2章 极限与连续函数 ··· 22
  2.1 数列极限 ·· 22
    习题 2.1 ·· 38
  2.2 函数极限 ·· 40
    习题 2.2 ·· 49
  2.3 函数极限的几个判别定理和两个重要极限 ······································ 50
    习题 2.3 ·· 57
  2.4 无穷小量和无穷大量 ·· 58
    习题 2.4 ·· 66
  2.5 连续函数 ·· 67
    习题 2.5 ·· 78

第3章 导数与微分 ·· 82
  3.1 导数的定义 ·· 82
    习题 3.1 ·· 94
  3.2 函数的可微性和微分 ·· 95
    习题 3.2 ·· 99

3.3 复合函数、隐函数、反函数、参数方程的导数 …… 99
　习题3.3 …… 113
3.4 高阶导数 …… 115
　习题3.4 …… 117

第4章 微分中值定理与导数的应用 …… 119

4.1 微分中值定理 …… 119
　习题4.1 …… 127
4.2 洛必达法则 …… 129
　习题4.2 …… 134
4.3 泰勒公式 …… 135
　习题4.3 …… 142
4.4 函数的单调性 …… 143
　习题4.4 …… 145
4.5 函数的极值与最值 …… 146
　习题4.5 …… 152
4.6 曲线的凹凸性、拐点和渐近线 …… 153
　习题4.6 …… 164
4.7 曲率 …… 164
　习题4.7 …… 171

第5章 不定积分 …… 172

5.1 不定积分的概念 …… 172
　习题5.1 …… 177
5.2 不定积分的性质 …… 178
　习题5.2 …… 181
5.3 换元积分法 …… 182
　习题5.3 …… 193
5.4 分部积分法 …… 195
　习题5.4 …… 200

5.5 有理函数的积分 …… 201
　习题 5.5 …… 205
5.6 三角函数有理式的积分 …… 206
　习题 5.6 …… 208
5.7 简单无理函数的积分 …… 209
　习题 5.7 …… 212

第 6 章 定积分及其应用 …… 213
6.1 定积分的概念及性质 …… 213
　习题 6.1 …… 222
6.2 微积分基本公式 …… 222
　习题 6.2 …… 226
6.3 定积分的换元法与分部积分法 …… 228
　习题 6.3 …… 237
6.4 定积分的应用 …… 239
　习题 6.4 …… 259
6.5 广义积分 …… 261
　习题 6.5 …… 263

第 7 章 向量代数与空间解析几何 …… 264
7.1 空间直角坐标系 …… 264
　习题 7.1 …… 267
7.2 向量 …… 268
　习题 7.2 …… 279
7.3 空间平面与直线 …… 280
　习题 7.3 …… 289
7.4 空间曲面和曲线 …… 290
　习题 7.4 …… 301

第1章 函数

函数是一种反映变量之间依赖关系的数学模型,有着非常广泛的应用. 在微积分(或数学分析)里,函数是主要的研究对象,其中的基本问题可以概括为当自变量变化时函数是怎样变化的,**函数是本课程的出发点也是落脚点**.

1.1 实数

1.1.1 有理数和无理数

人类最早了解的数或学生最早接触的数是自然数,自然数集合用大写字母 $\mathbf{N}$ 表示,这里我们定义 $\mathbf{N}$ 表示全体非负整数,即 $\mathbf{N} = \{0, 1, 2, \cdots, n, \cdots\}$. 注意,由于采用的公理体系不同,有些教科书定义 $\mathbf{N}$ 为正整数全体,这两种定义是等价的,并无本质区别.

注 1.1.1 如果从运算的角度看,自然数集合包含数字 0 更合理一些,因为此时自然数集合 $\mathbf{N}$ 构成一个加法半群,半群的概念在数学专业的抽象代数课程中才会涉及,读者不必深究,本文在这里只想就自然数的定义做比较.

从数学的角度看,从自然数到实数的过程是一个数系扩张的过程,下面我们从代数运算的角度,粗略地讨论这个扩张过程. 我们知道,如果两个自然数做减法使其运算结果还是自然数的话,对参与运算的自然数是有要求的,为了能够灵活地进行减法运算,我们引入负整数,这样得到整数集合

$$\mathbf{Z} = \{\cdots, -n, \cdots, -2, -1, 0, 1, 2, \cdots, n, \cdots\}.$$

同样的道理,为了能够灵活地进行除法运算,我们引进有理数(或分数),即

$$\mathbf{Q} = \left\{ \frac{p}{q} \middle| p,q \in \mathbf{Z}, q > 0, p,q \text{ 互质} \right\}.$$

我们通常讲代数运算是指有限次运算,但是在从有理数到实数的扩张过程中,我们会真正面临无穷的问题,这也是本课程中我们始终要面对的问题. 现在,我们考虑测量单位边长的正方形的对角线长度的问题,或测量单位半径的圆的周长的问题,这里我们会遇到两个无理数$\sqrt{2}$和圆周率 π. 由于无理数是无限不循环小数,因此$\sqrt{2}$和圆周率 π 不可能成为测量值. 我们简单回顾一下我们是怎样处理圆周率 π 的. 在实际应用中,我们取圆周率 π 的近似值,例如 3.1415926. 在讨论近似值的时候有一个有效数字的概念,这个概念与近似值的误差要求有关. 幸运的是,对于给定的误差要求,我们有能力计算出满足要求的 π 的近似值,对$\sqrt{2}$也是一样. 这样,我们有可靠而且实用的方法处理圆周率 π 或者$\sqrt{2}$这样的无理数. 如果从数学上理解上述过程,这个过程与我们后面将要讨论的极限概念有关,法国数学家柯西(Cauchy)就是基于上述想法构建实数理论的,这里不做更多的叙述. 有理数和无理数统称为实数,实数全体组成的集合记作 **R**. 实数的几何意义是实数轴上的点,实数与实数轴上的点是一一对应的,这一性质称为实数的完备性.

1.1.2 绝对值

设 a 为实数, a 的绝对值记为 $|a|$,其定义如下

$$|a| = \begin{cases} a, & a > 0. \\ 0, & a = 0. \\ -a, & a < 0. \end{cases}$$

绝对值的几何意义是实数轴上两点间的距离,设 $a, b \in \mathbf{R}$,则 $|a-b|$ 表示实数轴上的点 a 到点 b 的距离. 绝对值有如下几个基本性质:

(1) $|ab| = |a||b|$, $a,b \in \mathbf{R}$;
(2) $|a+b| \leq |a| + |b|$, $a,b \in \mathbf{R}$;
(3) $|a-b| \geq |(|a| - |b|)|$, $a,b \in \mathbf{R}$;
(4) $|a| \leq b \Leftrightarrow -b \leq a \leq b$, $a,b \in \mathbf{R}$.

1.1.3 区间与邻域

最常用的实数集合是区间,归纳如下:设 $a,b \in \mathbf{R}$, $a < b$,
有限开区间 $(a,b) = \{x \in \mathbf{R} | a < x < b\}$
有限闭区间 $[a,b] = \{x \in \mathbf{R} | a \leq x \leq b\}$
有限半开半闭区间 $(a,b] = \{x \in \mathbf{R} | a < x \leq b\}$,
$[a,b) = \{x \in \mathbf{R} | a \leq x < b\}$.
无限区间 $(a, +\infty) = \{x \in \mathbf{R} | x > a\}$, $(-\infty, a] = \{x \in \mathbf{R} | x \leq a\}$, $(-\infty, +\infty) = \{x | x \in \mathbf{R}\}$.

类似可定义区间 $[a, +\infty)$, $(-\infty, a)$.

邻域是特殊的区间. 设 δ 表示一个正实数, $x_0 \in \mathbf{R}$, 区间 $(x_0 - \delta, x_0 + \delta)$ 称为点 x_0 的一个邻域, 集合 $(x_0 - \delta, x_0) \cup (x_0, x_0 + \delta)$ 称为点 x_0 的一个空心邻域.

习题 1.1

1. 用数学归纳法证明下列不等式

(1) $\dfrac{1 \cdot 3 \cdot 5 \cdot \cdots \cdot (2n-1)}{2 \cdot 4 \cdot 6 \cdot \cdots \cdot (2n)} = \dfrac{(2n-1)!!}{(2n)!!} < \dfrac{1}{\sqrt{(2n+1)}}$;

(2) $n! \leq \left(\dfrac{n+1}{2}\right)^n$;

(3) 设 $a_1, a_2, \cdots, a_n$ 均为正数, 试证

$$\sqrt[n]{a_1 a_2 \cdots a_n} \leq \dfrac{a_1 + a_2 + \cdots + a_n}{n}$$

当且仅当 $a_1 = a_2 = \cdots = a_n$ 时,等号成立.

1.2 函数

1.2.1 一元函数的定义

定义 1.2.1 x,y 表示两个变量,D 是一个实数集,若对 D 中的每一个 x 值,根据某一法则 f,变量 y 都有唯一确定的值与它对应,我们就说变量 y 是变量 x 的函数. 记作

$$y = f(x), \quad x \in D,$$

式中 x 称为自变量,y 称为因变量(或函数值),自变量 x 的变化范围 D 称为函数 $y = f(x)$ 的**定义域**,因变量 y 的变化范围称为函数 $y = f(x)$ 的**值域**.

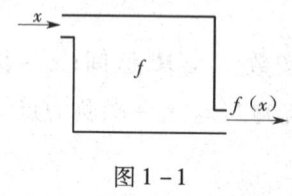

图 1-1

为了便于理解,可以把函数想象成一个数字处理装置. 当输入(定义域的)一个值 x,则有(值域的)唯一确定的值 $f(x)$ 输出. 如图 1-1 所示.

注 1.2.1 从上述定义中可以看出,定义域 D 和对应关系 f 是函数的两个关键要素,这两者确定之后函数也就确定了.

注 1.2.2 可以用自然的方式定义函数的四则运算.

定义 1.2.2 设有两个函数 $f_1(x)$,$f_2(x)$,其定义域分别为 D_1,D_2,满足(1)D_2 包含 D_1,(2)当 $x \in D_1$ 时 $f_1(x) = f_2(x)$,则称 $f_1(x)$ 是 $f_2(x)$ 在 D_1 上的限制,记为 $f_1(x) = f_2(x)|_{D_1}$,称 $f_2(x)$ 是 $f_1(x)$ 在 D_2 上的延拓(或扩张).

例 1.2.1 求 $f(x) = |x|$ 的自然定义域.

解 自然定义域的含义是使表达式 $|x|$ 有意义的 x 值全体,显然该函数的自然定义域是 $(-\infty, \infty)$. 另外,注意该函数可表示为

$f(x) = \sqrt{x^2}$.

例 1.2.2 求 $f(x) = \sqrt{4-x^2}$ 的自然定义域.

解 要使函数有意义,应满足 $4-x^2 \geq 0$,即 $x^2 \leq 4$,因此 $-2 \leq x \leq 2$. 所以,函数的自然定义域为 $[-2,2]$.

例 1.2.3 求 $f(x) = \dfrac{\lg(2-x)}{x-1}$ 的自然定义域.

解 要使函数有意义,应满足 $2-x>0$ 且 $x-1 \neq 0$,即 $x<2$ 且 $x \neq 1$, 所以,函数的自然定义域为 $(-\infty,1) \cup (1,2)$.

1.2.2 一元函数的表示法

常用的一元函数表示法有三种:

1. 表格法

当函数的自变量取有限个值时,将自变量的值与对应的函数值列成表比较方便,这种表示函数的方法称为表格法.

2. 图像法

在平面直角坐标系中用图形来表示函数关系的方法,称为图像法.

例如,气象台用自动记录仪把一天的气温变化情况自动描绘在记录纸上(如图 1-2 所示),根据这条曲线,就能知道一天内任何时刻的气温了.

事实上一元函数的几何意义是平面直角坐标系中的图形,通常为曲线,可表示为如下平面点集

$$\text{graph} f = \{(x,y) \mid y = f(x), x \in D\},$$

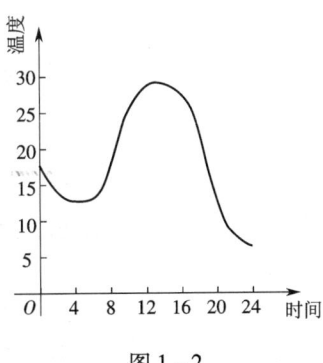

图 1-2

其中 D 是函数 $f(x)$ 的定义域,该集合称为函数 $f(x)$ 的图像. 由函数值的唯一性可知,一元函数对应的平面曲线应满足如下性质,即在平面直角坐标系中做垂直于 x 轴的直线,该直线与曲线最多有一个交点;反之,如果一条平面曲线有上述性质,则该曲线是某个一元函数的图像.

3. 公式法

将自变量和因变量之间的关系用数学表达式来表示的方法,称为公式法. 这些数学表达式也称为解析表达式,这里介绍三种解析表达式,分别为**显函数**、**隐函数**和**分段函数**.

(1) 显函数:函数 y 由 x 的解析式直接表示出来. 例如 $y = x^2 - 1$.

(2) 隐函数:函数的自变量 x 和因变量 y 的对应关系是由方程 $F(x,y) = 0$ 确定,例如 $y - \sin(x+y) = 0$.

(3) 分段函数:函数在其定义域的不同范围,具有不同的解析表达式,很多常见或重要的函数需要用这种方式表示.

例 1.2.4 符号函数(图 1-3)

$$\mathrm{sgn}(x) = \begin{cases} \dfrac{|x|}{x}, & x \neq 0, \\ 0, & x = 0. \end{cases}$$

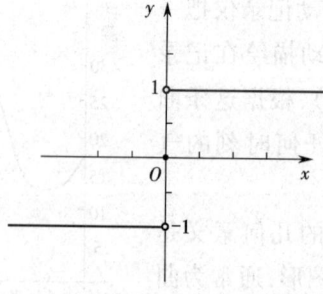

图 1-3

表达式 $\frac{|x|}{x}$ 反映的是 x 的符号,故称符号函数,显然符号函数的自然定义域是 $(-\infty, \infty)$.

例 1.2.5　狄里赫莱函数
$$D(x) = \begin{cases} 1, & \text{当 } x \text{ 是有理数时}, \\ 0, & \text{当 } x \text{ 是无理数时}. \end{cases}$$
显然,狄里赫莱函数的自然定义域是 $(-\infty, \infty)$.

例 1.2.6　黎曼函数
$$R(x) = \begin{cases} \dfrac{1}{n}, & x = \dfrac{m}{n}, \dfrac{m}{n} \text{ 是既约分数}, \\ 0, & x \text{ 是无理数}. \end{cases}$$
显然,黎曼函数的自然定义域是 $(-\infty, \infty)$.

例 1.2.7　取整函数 $y = [x]$,其中 $[x]$ 表示不大于 x 的最大整数(也称为 x 的最大整数部分)(图 1-4),例如 $[\pi] = 3$,$[-0.2] = -1$,显然,取整函数的自然定义域是 $(-\infty, \infty)$.

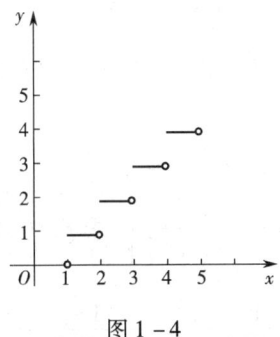

图 1-4

例 1.2.8　$y = [x] - x$.显然,该函数的自然定义域是 $(-\infty, \infty)$.

1.2.3　复合函数

定义 1.2.3　如果 y 是 u 的函数 $y = f(u)$,u 是 x 的函数 $u = \varphi(x)$,函数 $\varphi(x)$ 的值域包含在函数 $f(u)$ 的定义域中,由式 $y = f(u) =$

$f[\varphi(x)]$ 所确定的函数称为复合函数.

如前所述,若函数能被想象成一个数字处理装置,那么复合函数也能被想象成若干个简单的数字处理装置串联起来形成的一个复杂的数字处理装置(如图 1-5 所示),其中 $g(x)$ 既是第一台装置的输出,又是第二台装置的输入.

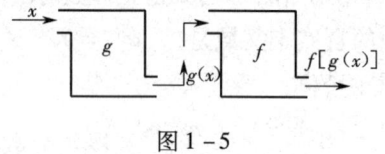

图 1-5

注 1.2.3 在定义 1.2.3 中出现的变量 u 称为中间变量,中间变量 u 具有双重作用,对于外层函数 $f(u)$ 而言 u 起自变量的作用,对里层函数 $\varphi(x)$ 而言 u 起函数值的作用,但是对复合函数 $f[\varphi(x)]$ 来说 x 是自变量.

例 1.2.9 设 $y = f(u) = \sin u, u = \varphi(x) = x^2 + 1$,求 $f[\varphi(x)]$.

解 $f[\varphi(x)] = \sin u = \sin(x^2 + 1)$.

例 1.2.10 设 $y = f(u) = \sqrt{u}, u = g(t) = e^t, t = \varphi(x) = x^3$,求 $f[g(\varphi(x))]$.

解 $f[g(\varphi(x))] = \sqrt{u} = \sqrt{e^t} = \sqrt{e^{x^3}}$.

例 1.2.11 已知 $f(x) = \dfrac{1}{\sqrt{x^2 + 1}}$,求 $f[f(x)]$.

解 $f[f(x)] = \dfrac{1}{\sqrt{f^2(x) + 1}} = \dfrac{1}{\sqrt{\dfrac{1}{x^2 + 1} + 1}} = \dfrac{\sqrt{x^2 + 1}}{\sqrt{x^2 + 2}}$.

例 1.2.12 分析函数 $y = \sin(x^2)$ 的复合结构.

解 所给函数是由 $y = \sin u, u = x^2$ 复合而成.

例 1.2.13 分析函数 $y = \tan^2 \dfrac{x}{2}$ 的复合结构.

解 所给函数是由 $y = u^2, u = \tan t, t = \dfrac{x}{2}$ 复合而成.

1.2.4 反函数

定义 1.2.4 给定函数 $y = f(x)$,其定义域为 X,值域为 Y,如果自变量 x 与函数值 y 之间存在一一对应,则对任意 $y \in Y$,存在唯一的 x 与之对应,因此得到一个以 y 为自变量 x 为函数值,定义域为 Y 的函数. 该函数称为函数 $y = f(x)$ 的反函数,记为 $x = f^{-1}(y)$.

注 1.2.4 结合前面复合函数的概念,容易验证函数与反函数之间应满足关系

$$y = f[f^{-1}(y)], y \in Y; x = f^{-1}[f(x)], x \in X.$$

例 1.2.14 求函数 $y = x^3 - 1$ 的反函数.

解 因为 $y = x^3 - 1$,

所以 $x = \sqrt[3]{y+1}$,

再改写为 $y = \sqrt[3]{x+1}$. 如图 1-6 所示.

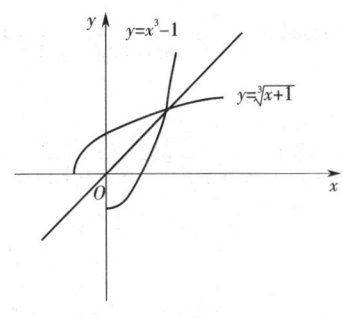

图 1-6

1.2.5 函数的几个初等性质

下面直接从函数的定义出发,讨论函数的几个初等性质.

1. 函数的奇偶性

设函数 $y=f(x)$ 的定义域 D 关于原点对称,且对任意 $x\in D$ 均有 $f(-x)=f(x)$,则称函数 $f(x)$ 为偶函数;若对任意 $x\in D$ 均有 $f(-x)=-f(x)$,则称函数 $f(x)$ 为奇函数. 偶函数的图像关于 y 轴对称(如图 1-7(a)所示),奇函数的图像关于原点对称(如图 1-7(b)所示).

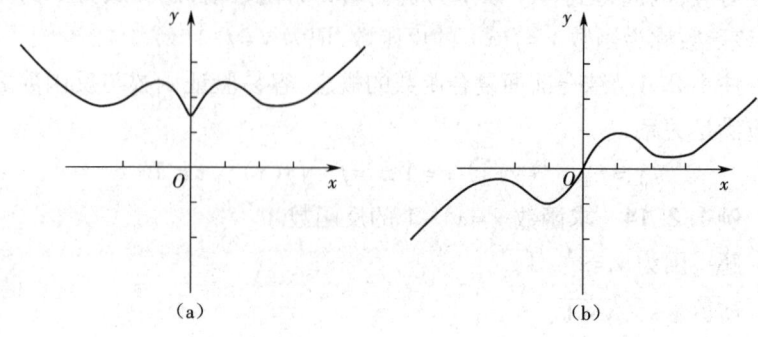

图 1-7

例 1.2.15 判断函数 $f(x)=\dfrac{x}{(x-1)(x+1)}$ 的奇偶性.

解 因为

$$f(-x)=\frac{-x}{(-x-1)(-x+1)}=-\frac{x}{(x-1)(x+1)}=-f(x)$$

所以,$f(x)$ 是奇函数.

2. 函数的周期性

对于函数 $y=f(x)$,若存在常数 $T>0$,使得对一切 $x\in D$,皆有 $f(x)=f(x+T)$ 成立,则称函数 $f(x)$ 为周期函数. 大家熟悉的三角函数就是周期函数,其实,在实际应用中会遇到许多周期函数,如电学中的矩形波(如图 1-8 所示)、锯齿波(如图 1-9 所示)等.

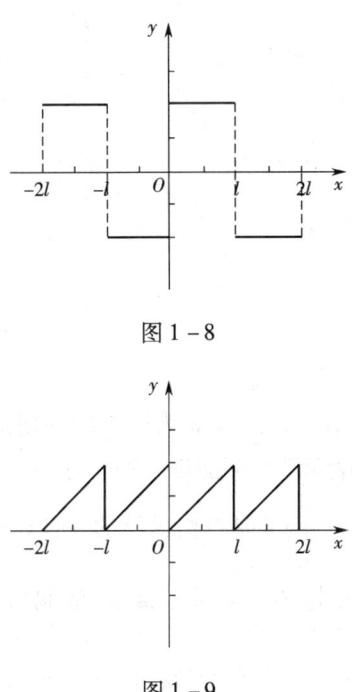

图 1-8

图 1-9

3. 函数的单调性

若函数 $y=f(x)$ 对区间 (a,b) 内的任意两点 x_1,x_2,当 $x_1>x_2$ 时,有 $f(x_1)\geqslant f(x_2)$(或 $f(x_1)>f(x_2)$)则称此函数在区间 (a,b) 内单调增加(或严格单调增加). 若有 $f(x_1)\leqslant f(x_2)$(或 $f(x_1)<f(x_2)$),则称此函数在区间 (a,b) 内单调减少(或严格单调减少). 上述函数统称为单调函数(或严格单调函数).

单调增加函数的图形是沿 x 轴正向逐渐上升的,如图 1-10(a) 所示;单调减少函数的图形是沿 x 轴正向逐渐下降的,如图 1-10(b) 所示.

注 1.2.5 显然严格单调函数的自变量与函数值是一一对应的,

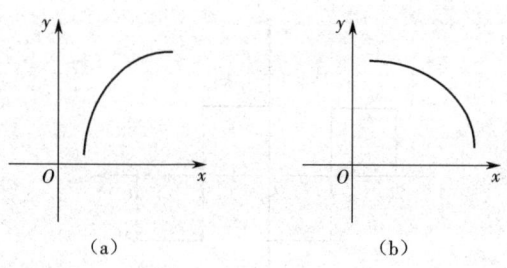

(a)　　　　　　　(b)

图 1 - 10

因此有反函数.

例 1.2.16 反三角函数.

先讨论正切函数，$\tan x$ 是以 π 为周期的周期函数，因此在其自然定义域内，函数值与自变量不可能是一一对应的. 但是如果将 $\tan x$ 限制在区间 $\left(-\dfrac{\pi}{2}, \dfrac{\pi}{2}\right)$ 内，$\tan x$ 是严格单增的，所以，可以定义反函数，记为 $\arctan x$，其定义域为 $(-\infty, \infty)$，值域为 $\left(-\dfrac{\pi}{2}, \dfrac{\pi}{2}\right)$，区间 $\left(-\dfrac{\pi}{2}, \dfrac{\pi}{2}\right)$ 称为 $\arctan x$ 的主值. 类似的，$\sin x, \cos x$ 在区间 $\left[-\dfrac{\pi}{2}, \dfrac{\pi}{2}\right]$、$[0, \pi]$ 上分别是严格单增的，分别将 $\sin x, \cos x$ 限制在区间 $\left[-\dfrac{\pi}{2}, \dfrac{\pi}{2}\right]$，$[0, \pi]$ 上，可以定义它们的反函数，反函数定义域是 $[-1, 1]$，分别记为 $\arcsin x, \arccos x$，区间 $\left[-\dfrac{\pi}{2}, \dfrac{\pi}{2}\right]$，$[0, \pi]$ 分别称为 $\arcsin x, \arccos x$ 的主值.

4. 函数的有界性

设 D 是函数 $y = f(x)$ 的定义域，若存在一个正数 M，使得对一切 $x \in D$，都有 $|f(x)| \leq M$，则称函数 $f(x)$ 是有界函数，否则称函数 $f(x)$ 为无界函数.

例 1.2.17 判断函数 $f(x) = \dfrac{x \cos x}{1 + x^2}$ 的有界性.

解 因为 $1+x^2 \geqslant 2x > 0$,故
$$|f(x)| = \left|\frac{x\cos x}{1+x^2}\right| \leqslant \left|\frac{x}{1+x^2}\right| \leqslant \left|\frac{x}{2x}\right| = \frac{1}{2}.$$
所以,$f(x)$ 是有界函数.

1.2.6 基本初等函数和初等函数

以下六种函数统称为基本初等函数.

常数函数 $y = C$(C 是任意实数);

幂函数 $y = x^\mu$(μ 是任意实数);

指数函数 $y = a^x$($a > 0, a \neq 1, a$ 为常数);

对数函数 $y = \log_a x$($a > 0, a \neq 1, a$ 为常数,当 $a = e$ 时记为 $y = \ln x$);

三角函数 $y = \sin x, y = \cos x, y = \tan x, y = \cot x, y = \sec x, y = \csc x$;

反三角函数 $y = \arcsin x, y = \arccos x, y = \arctan x, y = \text{arccot } x$.

由上述六种基本初等函数经过有限次四则运算和复合得到的函数称为初等函数.

习题 1.2

1. 求下列函数的定义域:

(1) $y = \dfrac{1}{x^3 - 7x + 6}$;

(2) $y = \sqrt{x+1}$;

(3) $y = \dfrac{x}{\sqrt{x^2 - 1}}$;

(4) $y = \dfrac{\sqrt{4 - x^2}}{x^2 - 1}$;

(5) $y = \dfrac{1}{\ln \ln x}$;

(6) $y = \arcsin \dfrac{2x^2 + 1}{x^2 + 5}$;

(7) $y = \sqrt{\ln(x-1)}$;

(8) $y = \arccos \dfrac{2x+1}{5} + \sqrt{x+1}$;

(9) $y = \dfrac{\ln(x-3) + \ln(7-x)}{\sqrt{(x-2)(x-4)(x-6)}}$.

2. 已知 $f(x)$ 的定义域为 $(-2,3)$,求 $f(x+1) + f(x-1)$ 的定义域.

3. 设 $f(x) = \begin{cases} \sqrt{x-1}, & x \geq 1, \\ x^2, & x < 1, \end{cases}$ 作出 $f(x)$ 的图形,并求 $f(5)$,$f(-2)$ 的值.

4. 设 $f(\sin x) = \sin 3x - \sin x$,求 $f(x)$.

5. 设 $f\left(x + \dfrac{1}{x}\right) = \dfrac{1}{x^2} + x^2$,求 $f(x)$.

6. 求下列函数的反函数

(1) $y = \dfrac{1}{x^2}$ $(x > 0)$; (2) $y = \dfrac{1-x}{1+x}$; (3) $y = \dfrac{e^x - e^{-x}}{2}$.

7. 已知 $f(x)$ 在区间 $(-\infty, +\infty)$ 上是奇函数,当 $x > 0$ 时,$f(x) = x^2 + 1$,试写出 $f(x)$ 在 $(-\infty, +\infty)$ 上的函数表达式并作图.

8. 判断下列函数的奇偶性:

(1) $y = \dfrac{1}{x^5}$; (2) $y = \dfrac{e^x - e^{-x}}{2}$;

(3) $y = \dfrac{x\cos x}{x^2 + 1}$; (4) $y = e^{x^2}$;

(5) $y = \ln(x + \sqrt{1 + x^2})$.

9. 求下列函数的周期:

(1) $y = \sin\dfrac{1}{2}x$; (2) $y = 2 + \cos 3x$; (3) $y = \sin x \cos x$.

10. 设 $f(x) = \dfrac{1}{1-x}$,求 $f[f(x)]$.

11. 通过适当引入中间变量分析下列复合函数的变量关系:

(1) $y = (1-x)^3$; (2) $y = \sin^2 x$;

(3) $y = e^{\sqrt{2+x^2}}$;

(4) $y = \ln \arcsin \dfrac{1}{1+x}$;

(5) $y = \arcsin \sqrt{\cos x}$;

(6) $y = \ln \ln x$;

(7) $y = \tan^3(e^{3x})$;

(8) $y = \arctan \sqrt{\ln(1+x^2)}$.

附录 1.1　基本初等函数的图像

1. 幂函数 $x^\alpha (x > 0, \alpha \in \mathbf{R})$

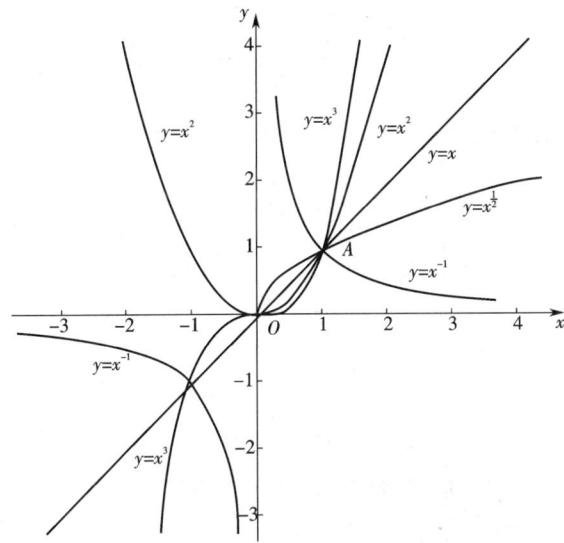

2. 指数函数 a^x ($a>0, x \in \mathbf{R}$)

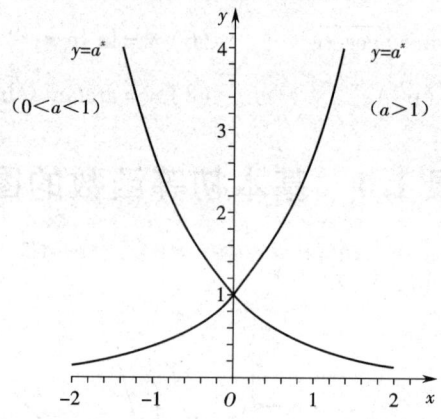

3. 对数函数 $\log_a x$ ($a, x > 0$)

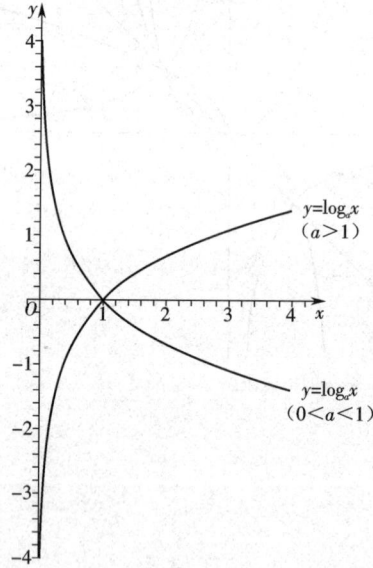

4. 正弦函数(sin x),余弦函数(cos x)

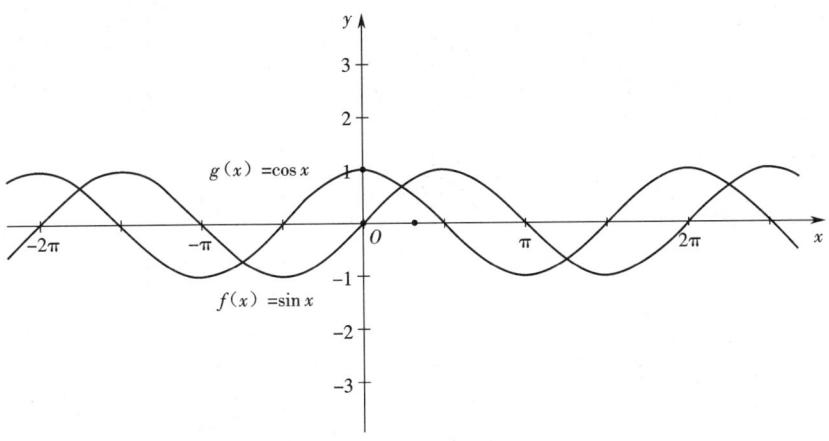

5. 正切函数(tan x)、余切函数(cot x)

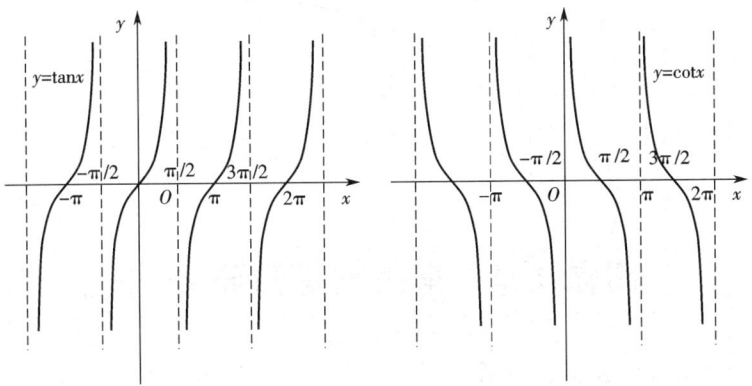

6. arcsin x

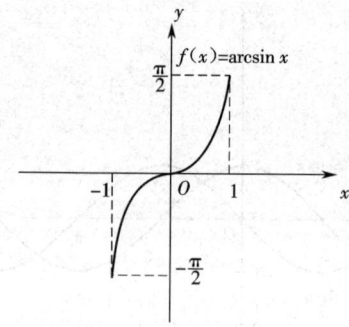

7. arctan x

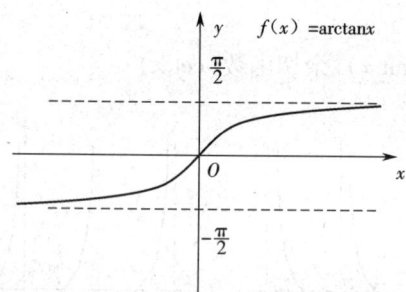

附录1.2 常用初等数学公式

一、常用三角函数公式

1. 和角公式

$\sin(\alpha+\beta) = \sin\alpha\cos\beta + \cos\alpha\sin\beta$

$\cos(\alpha+\beta) = \cos\alpha\cos\beta - \sin\alpha\sin\beta$

2. 倍角和半角公式

$$\sin 2\alpha = 2\sin \alpha \cos \alpha = \frac{2\tan \alpha}{1 + \tan^2 \alpha}$$

$$\cos 2\alpha = \cos^2 \alpha - \sin^2 \alpha = \frac{1 - \tan^2 \alpha}{1 + \tan^2 \alpha}$$

$$\sin^2 \alpha = \frac{1}{2}(1 - \cos 2\alpha)$$

$$\cos^2 \alpha = \frac{1}{2}(1 + \cos 2\alpha)$$

3. 和差化积公式

$$\sin \alpha + \sin \beta = 2\sin \frac{\alpha + \beta}{2} \cos \frac{\alpha - \beta}{2}$$

$$\cos \alpha + \cos \beta = 2\cos \frac{\alpha + \beta}{2} \cos \frac{\alpha - \beta}{2}$$

4. 积化和差公式

$$\sin \alpha \cos \beta = \frac{1}{2}[\sin(\alpha + \beta) + \sin(\alpha - \beta)]$$

$$\cos \alpha \cos \beta = \frac{1}{2}[\cos(\alpha + \beta) + \cos(\alpha - \beta)]$$

$$\sin \alpha \cos \beta = -\frac{1}{2}[\cos(\alpha + \beta) - \cos(\alpha - \beta)]$$

二、指数运算公式

1. $a^x \cdot a^y = a^{x+y}$,

2. $\dfrac{a^x}{a^y} = a^{x-y} \Rightarrow a^0 = 1$,

3. $(a^x)^y = a^{xy}$,

4. $(ab)^x = a^x \cdot b^x$,

其中 $a, b, x, y \in \mathbf{R}, a, b > 0$.

三、对数公式

1. 对数定义

$$a^x = b \overset{\text{def}}{\Longleftrightarrow} x = \log_a b \ (a > 0, a \neq 1)$$

当 $a = \mathrm{e}$ 时 $\log_a b$ 记为 $\ln b$, $\ln 1 = 0$, $\ln \mathrm{e} = 1$.

2. 对数运算公式

$$\ln(a \cdot b) = \ln a + \ln b$$

$$\ln \frac{a}{b} = \ln a - \ln b$$

$$\ln a^x = x \ln a \Rightarrow a^x = \mathrm{e}^{x \ln a}$$

3. 对数换底公式

$$\log_a b = \frac{\ln b}{\ln a}$$

其中 $a, b > 0$.

四、排列组合公式

1. 阶乘

$$n! = 1 \cdot 2 \cdot 3 \cdots (n-1)n, \ 0! = 1$$

2. 排列

$$A_n^m = \frac{n!}{(n-m)!}$$

A_n^m 是 n 个元素中取 m 个的排列.

3. 组合

$$C_n^m = \frac{n!}{m!(n-m)!}$$

$$C_n^m + C_n^{m-1} = C_{n+1}^m$$

4. 二项式公式

$$(a+b)^n = a^n + C_n^1 a^{n-1} b + \cdots + C_n^k a^{n-k} b^k + \cdots + b^n$$

其中 n,m,k 是非负整数.

五、常用面积、体积公式

1. 扇形面积

$$S = \frac{1}{2} R^2 \theta,$$

其中 R 是半径,角 θ 是弧度制.

2. 圆锥的侧面积和体积

$$侧面积 = \pi R \sqrt{R^2 + H^2},$$

$$体积 = \frac{1}{3} \pi R^2 H,$$

其中 R 是圆锥底面的半径,H 是圆锥的高.

第 2 章 极限与连续函数

2.1 数列极限

导言 极限概念的困难在于其涉及了无穷的概念. 由牛顿和莱布尼兹发明微积分的过程可以了解到, 在严谨的极限理论形成之前, 数学在本质上是建立在物理直观和几何直观的基础上的. 极限理论的严谨化过程实际上是数学家再抽象的过程, 把数学建立在明确的定义和符号基础之上.

2.1.1 数列极限的定义

1. 数列的概念

定义 2.1.1 如果函数 $f(x)$ 的定义域是正整数集 $\mathbf{N}_+$, 并按 $n \in \mathbf{N}_+$ 由小到大的顺序把对应的函数值 $f(n) = y_n$ 排成一列

$$y_1, y_2, \cdots, y_n, \cdots$$

则称之为数列, 记为 $\{y_n\}$, 其中 n 是自变量, 也称之为下标, y_n 称之为数列的通项.

以下是一些数列的例子:

(1) $\left\{\dfrac{1}{n}\right\}: 1, \dfrac{1}{2}, \dfrac{1}{3}, \cdots, \dfrac{1}{n}, \cdots;$

(2) $\left\{\dfrac{(-1)^n}{n^2}\right\}: -1, \dfrac{1}{2^2}, -\dfrac{1}{3^2}, \cdots, \dfrac{(-1)^n}{n^2}, \cdots;$

(3) 常数列: $C, C, \cdots, C, \cdots$ (尽管各项相同, 但是它们在数列中处

于不同位置,与不同的自变量 n 相对应,所以应该把它们看作是数列的不同的项);

(4) 无理数 $\sqrt{2}$ 的不足近似值,精确到 $1, 0.1, 0.01, 0.001, \cdots$ 的数列是
$$1, 1.4, 1.41, 1.414, 1.4142, \cdots.$$

数列也可用递推公式给出,即先给出数列前几项,然后用递推公式给出其余项. 例如:

(5) 设 $a_1 > 0, a_{n+1} = \dfrac{1}{2}\left(a_n + \dfrac{2}{a_n}\right), n \in \mathbf{N}_+$,这个数列是
$$a_1, a_2 = \dfrac{1}{2}\left(a_1 + \dfrac{2}{a_1}\right), \cdots, a_{n+1} = \dfrac{1}{2}\left(a_n + \dfrac{2}{a_n}\right), \cdots;$$

(6) 设 $a_1 = a > 0, a_2 = b > 0, a_{n+2} = \sqrt{a_n a_{n+1}}, \cdots, n \in \mathbf{N}_+$,这个数列是
$$a_1 = a, a_2 = b, a_3 = \sqrt{a_1 a_2}, \cdots, a_{n+2} = \sqrt{a_n a_{n+1}}, \cdots;$$

(7) 设 $a_1 = 1, a_2 = 1, a_{n+2} = a_{n+1} + a_n, \cdots, n \in \mathbf{N}_+$,这个数列是
$$1, 1, 2, 3, 5, 8, \cdots, a_{n+2} = a_{n+1} + a_n, \cdots,$$
此即著名的斐波那契数列,通过递推关系可以解出通项公式
$$a_n = \dfrac{1}{\sqrt{5}}\left[\left(\dfrac{1+\sqrt{5}}{2}\right)^n - \left(\dfrac{1-\sqrt{5}}{2}\right)^n\right].$$

2. 数列极限的定义

现在,我们来阐述数列极限的概念.

定义 2.1.2 对数列 $\{y_n\}$,如果存在常数 a,对任意 $\varepsilon > 0$,总存在正整数 N,使得当 $n > N$ 时,
$$|y_n - a| < \varepsilon$$
恒成立,则称数列 $\{y_n\}$ 的极限值(简称极限)是 a,或称数列 $\{y_b\}$ 收敛于 a,记作
$$\lim_{n \to \infty} y_n = a \text{ 或 } y_n \to a \ (n \to \infty).$$

如果一个数列有极限,就称其是收敛的,否则称其为发散的.

对初学者来说,定义 2.1.2 的表述有些艰涩,困难主要来自表述中出现的两个重要的量 ε 和 N,即"对任意 $\varepsilon > 0$"和"总存在正整数 $N\cdots$".下面,我们通过考察数列 $\left\{\dfrac{1}{n}\right\}$ 的收敛性,对"对任意 $\varepsilon > 0$"和"总存在正整数 $N\cdots$"做出初步解释.显然,常数 0 是其极限,或者说随着 n 增加,数列的通项 $\dfrac{1}{n}$ 越来越接近 0,这里定义 2.1.2 中的 ε 可以理解为误差要求,用来衡量 $\dfrac{1}{n}$ 接近 0 的程度.事实上,若给定 $\varepsilon = 0.1$,只要取 $N = 11$,当 $n > N$ 时,就有 $\left|\dfrac{1}{n} - 0\right| < \varepsilon = 0.1$.当然,可以取 $N = 12$ 或更大的数,这里我们通过找到具体的 N(如 $N = 11$ 或 $N = 12$)令人信服地说明了 N 的存在性(相对于 $\varepsilon = 0.1$),或者说为 N 的存在性提供了最有力的证据;若给定 $\varepsilon = 0.01$,则只要取 $N \geqslant 101$,当 $n > N$ 时,就有 $\left|\dfrac{1}{n} - 0\right| < \varepsilon = 0.01$.从上述的具体情况可以观察到,即使给出更严苛的误差要求,也总能找到符合要求的 N,由此说明 N 的存在性.一般地,对任意给定的 $\varepsilon > 0$,为找出与之相匹配的 N,可以由不等式

$$\left|\dfrac{1}{n} - 0\right| = \dfrac{1}{n} < \varepsilon$$

解出 $n > \dfrac{1}{\varepsilon}$,可见,只要取 N 为大于 $\dfrac{1}{\varepsilon}$ 的正整数,例如取 $N = \left[\dfrac{1}{\varepsilon}\right] + 1$ 或 $N = \left[\dfrac{1}{\varepsilon}\right] + 2$ 等,当 $n > N$ 时,就一定有 $\left|\dfrac{1}{n} - 0\right| < \varepsilon$.综上分析,由定义 2.1.2 可知数列 $\left\{\dfrac{1}{n}\right\}$ 收敛,且极限为 0.在这个具体的例子里,ε 的任意性体现为我们可以随意地、不受任何限制地选择非常小的 ε 的值,另外我们通过找到符合要求的 N 来说明 N 的存在性,还需要注意,当 ε 选定之后,N 的选择不是唯一的.

为帮助读者更好地理解定义 2.1.2,这里做几点说明.

(1) 当数列 $\{y_n\}$ 以 a 为极限时,对于任意给定的正数 ε,使不等式 $|y_n - a| < \varepsilon$ 成立的 N 不是唯一的.

(2) 定义中的 ε 仅用以表示任意给定的正数,因此,$C\varepsilon$(C 为正常数),$\sqrt{\varepsilon}$,ε^2……也都可以理解为任意的正数,虽然它们在形式上与 ε 不同,但本质上与 ε 起同样作用.

(3) 定义 2.1.2 称为数列极限的"$\varepsilon - N$ 定义",它可以用逻辑符号更简捷地表示为:
$$\lim_{n\to\infty} y_n = a \Leftrightarrow \forall \varepsilon > 0, \exists N \in \mathbf{N}_+, \forall n > N \Rightarrow |y_n - a| < \varepsilon.$$

3. 数列极限的几何意义

在定义 2.1.2 中,不等式 $|y_n - a| < \varepsilon$ 等价于 $a - \varepsilon < y_n < a + \varepsilon$. 这表示在 y_n 之后所有项都位于开区间 $(a - \varepsilon, a + \varepsilon)$ 内,因此数列 $\{y_n\}$ 以 a 为极限的几何解释是:对任意事先给定的正数 ε,无论它多么小,总存在一个正整数 N,使得第 N 项之后的一切项 $y_{N+1}, y_{N+2}, \cdots$ 全都落在开区间 $(a - \varepsilon, a + \varepsilon)$ 内. 显然,对任意给定的 $\varepsilon > 0$,区间 $(a - \varepsilon, a + \varepsilon)$ 内总包含有数列 $\{y_n\}$ 的无穷多项,而在该区间之外,只有 $\{y_n\}$ 的有限多项.

如果我们把数对 (n, y_n) ($n = 1, 2, \cdots$) 在 nOy 平面上画出散点图,那么从第 $N + 1$ 项开始的一切点
$$(N+1, y_{N+1}), (N+2, y_{N+2}), \cdots, (n, y_n), \cdots (n > N)$$
都夹在两直线 $y = a - \varepsilon$ 和 $y = a + \varepsilon$ 之间(图 2 - 1).

由上述讨论可见,数列是否有极限,只与它的总体变化趋势有关. 因此,在讨论数列极限时,可以添加、去掉或改变它的有限个项的数值,对收敛性和极限值都不会发生影响.

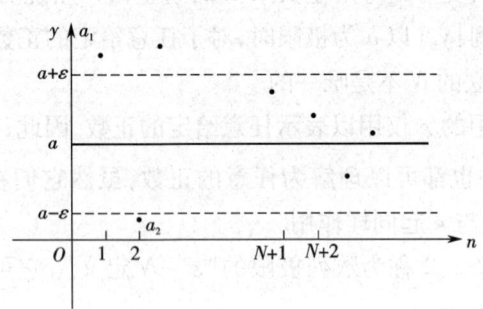

图 2-1

4. 几个简单收敛数列的证明

例 2.1.1 证明 $\lim\limits_{n\to\infty}\dfrac{1}{n^{\alpha}}=0\ (\alpha>0)$.

分析 任给 $\varepsilon>0$，我们要证存在 N，使当 $n>N$ 时，总有 $\left|\dfrac{1}{n^{\alpha}}-0\right|=\dfrac{1}{n^{\alpha}}<\varepsilon$. 由 $\dfrac{1}{n^{\alpha}}<\varepsilon$，可得 $n^{\alpha}>\dfrac{1}{\varepsilon}$ 或 $n>\left(\dfrac{1}{\varepsilon}\right)^{\frac{1}{\alpha}}$，因此，取 $N=\left[\left(\dfrac{1}{\varepsilon}\right)^{\frac{1}{\alpha}}\right]+1$ 即可. 将前面的分析过程整理成严谨、简洁的数学证明如下.

证明 $\forall\varepsilon>0$，取 $N=\left[\left(\dfrac{1}{\varepsilon}\right)^{\frac{1}{\alpha}}\right]+1$，则当 $n>N$ 时，总有
$$\left|\dfrac{1}{n^{\alpha}}-0\right|=\dfrac{1}{n^{\alpha}}<\varepsilon,$$
由定义，
$$\lim\limits_{n\to\infty}\dfrac{1}{n^{\alpha}}=0\ (\alpha>0).$$

注 2.1.1 由此例可得证明数列 $\{y_n\}$ 以 a 为极限的一般思路. "$\forall\varepsilon>0$" 是证明的开始. 给出 ε 之后，要找出 $N\in\mathbf{N}_+$，使 $n>N$ 时，不

等式 $|y_n - a| < \varepsilon$ 成立. 因此,找 N 是证明的关键. 为此,一般应解关于 n 的不等式 $|y_n - a| < \varepsilon$,而满足此不等式的 n 有无穷多个,从中任取一个作为 N 即可. 若直接求解不等式 $|y_n - a| < \varepsilon$ 比较困难,则可以通过适当放大 $|y_n - a|$ 等办法,简化此不等式,使之易于求解.

例 2.1.2 证明 $\lim\limits_{n\to\infty} \sqrt[n]{n} = 1$.

分析 当 $n \geqslant 2$ 时,利用几何平均值和算数平均值之间的不等式

$$\sqrt[n]{a_1 a_2 \cdots a_n} \leqslant \frac{a_1 + a_2 + \cdots + a_n}{n}, \quad a_1, a_2, \cdots, a_n > 0$$

有

$$1 \leqslant \sqrt[n]{n} = (\sqrt{n} \cdot \sqrt{n} \cdot \underbrace{1 \cdot 1 \cdot \cdots \cdot 1}_{n-2\text{个}})^{\frac{1}{n}} < \frac{2\sqrt{n} + n - 2}{n} < 1 + \frac{2}{\sqrt{n}},$$

因此,有

$$0 \leqslant \sqrt[n]{n} - 1 < \frac{2}{\sqrt{n}}.$$

解不等式 $\frac{2}{\sqrt{n}} < \varepsilon$,得 $n > \frac{4}{\varepsilon^2}$. 所以,对任意给定的 $\varepsilon > 0$,取 $N = \left[\frac{1}{\varepsilon^2}\right] + 1$ 即可.

证明 $\forall \varepsilon > 0$,取 $N = \left[\frac{4}{\varepsilon^2}\right]$,当 $n > N$ 时,总有

$$|\sqrt[n]{n} - 1| < \frac{2}{\sqrt{n}} < \varepsilon,$$

由定义, $\lim\limits_{n\to\infty} \sqrt[n]{n} = 1$.

注 2.1.2 例 2.1.2 中的极限今后会经常用到,请读者记住.

为了证明下面的例 2.1.3,先给出子数列的概念.

定义 2.1.3 设 $\{y_n\}$ 是一数列,如果 $n_k (k = 1, 2, \cdots)$ 是一正整数数列,且

$$n_1 < n_2 < n_3 < \cdots < n_k < \cdots,$$

则称以 n_k 为下标的数列 $\{y_{n_k}\}$ 是数列 $\{y_n\}$ 的一个子数列,简称子列.

注意,子数列 $\{y_{n_k}\} \subseteq \{y_n\}$ 有无穷多项,且有 $n_k \geq k$.

例 2.1.3 设 $\lim\limits_{n\to\infty} x_n = a$,$\lim\limits_{n\to\infty} y_n = a$,且

$$z_n = \begin{cases} x_k, & n = 2k-1, \\ y_k, & n = 2k, \end{cases} \quad k = 1, 2, \cdots$$

即数列 $\{z_n\}$ 为 $x_1, y_1, \cdots, x_n, y_n, \cdots$,则

$$\lim_{n\to\infty} z_n = a.$$

证明 由定义 2.1.2 和题设,可知 $\forall \varepsilon > 0$, $\exists N_1, N_2$,使当 $n > N_1$ 时,有 $|x_n - a| < \varepsilon$;当 $n > N_2$ 时,有 $|y_n - a| < \varepsilon$.

今取 $N = \max\{2N_1, 2N_2\}$,则当 $n > N$ 时,如果 $n = 2k-1$,则由 $n = 2k-1 > N \geq 2N_1 > 2N_1 - 1$,可推出 $k > N_1$. 同理,如果 $n = 2k$,可推出 $k > N_2$. 于是,当 $n > N$ 时,

$$|z_n - a| = \begin{cases} |x_k - a| < \varepsilon, & n = 2k-1 \ (k > N_1); \\ |y_k - a| < \varepsilon, & n = 2k \ (k > N_2), \end{cases}$$

即无论 n 是奇数还是偶数,当 $n > N$ 时,总有

$$|z_n - a| < \varepsilon,$$

所以

$$\lim_{n\to\infty} z_n = a.$$

2.1.2 收敛数列的性质

定理 2.1.1(唯一性) 若数列 $\{y_n\}$ 收敛,则其极限唯一.

分析 用反证法. 不妨设 $\lim\limits_{n\to\infty} y_n = a$,$\lim\limits_{n\to\infty} y_n = b$,且 $a < b$. 只要推出在某一项之后的 y_n 大于并小于某个数 C,得到矛盾,证明即告完成.

基本思想及作法是,设法找到某个 ε_0,相应地,有 N_1 和 N_2,使当 $n > N = \max\{N_1, N_2\}$ 时,同时有 $|y_n - a| < \varepsilon_0$ 和 $|y_n - b| < \varepsilon_0$,即

$$a - \varepsilon_0 < y_n < a + \varepsilon_0,$$
$$b - \varepsilon_0 < y_n < b + \varepsilon_0,$$

令 $a + \varepsilon_0 = b - \varepsilon_0$，解得 $\varepsilon_0 = \frac{1}{2}(b - a)$. 于是，得到

$$C = a + \frac{1}{2}(b - a) = b - \frac{1}{2}(b - a) = \frac{a + b}{2}.$$

综合上面不等式，即推出 y_n 既要小于又要大于 $\frac{a + b}{2}$.

证明（反证法） 假设 $\lim_{n \to \infty} y_n = a$，$\lim_{n \to \infty} y_n = b$，且 $a < b$，取 $\varepsilon_0 = \frac{1}{2}(b - a)$，则存在 N_1 和 N_2，使当 $n > N_1$ 时，有 $|y_n - a| < \varepsilon_0$；当 $n > N_2$ 时，有 $|y_n - b| < \varepsilon_0$. 今取 $N = \max\{N_1, N_2\}$，则当 $n > N$ 时，同时有 $|y_n - a| < \varepsilon_0$ 和 $|y_n - b| < \varepsilon_0$，即

$$a - \frac{b - a}{2} < y_n < a + \frac{b - a}{2} = \frac{a + b}{2}$$

和

$$b - \frac{b - a}{2} = \frac{a + b}{2} < y_n < b + \frac{b - a}{2},$$

令 $C = \frac{a + b}{2}$，则由上两式导出 $y_n < C$ 与 $y_n > C$ 同时成立，这是不可能的. 这矛盾证明了本定理的结论.

扩展理解 仍用反证法，取 $\varepsilon_0 = \frac{1}{3}(b - a)(b > a)$，试证明"唯一性"定理.

定理 2.1.2（有界性） 若数列 $\{y_n\}$ 收敛，则 $\{y_n\}$ 有界.

分析 设 $\lim_{n \to \infty} y_n = a$. 由数列极限定义，取定 $\varepsilon = 1$，则 $\{y_n\}$ 中必存在一项 y_N，在 y_N 之后的所有项都在开区间 $(a - 1, a + 1)$ 之内，显然有界. 又，数列 $\{y_n\}$ 在区间 $(a - 1, a + 1)$ 之外至多有有限多项，有限多项当然有界. 综合两者，可证得此定理.

证明 设 $\lim_{n \to \infty} y_n = a$，取定 $\varepsilon = 1$，则 $\exists N$，使当 $n > N$ 时，有

$$|y_n - a| < 1,$$

可得

$$y_n < a+1.$$

令
$$M = \max\{|y_1|, |y_2|, \cdots, |y_N|, |a|+1\},$$
则有
$$|y_n| < M, n = 1, 2, \cdots,$$
由集合有界性定义,可知收敛数列必有界.

注2.1.3 定理2.1.2的等价命题是,无界数列$\{y_n\}$一定发散. 提请注意,本定理的逆一般不成立,即有界数列不一定有极限.

扩展理解 请读者自己举例,说明有界数列不一定有极限.

定理2.1.3 收敛数列的任何子列都收敛,且与原数列有相同的极限.

证明 设数列$\{y_n\}$收敛且极限为a,又设$\{y_{m_k}\}$是$\{y_n\}$的任一子列,其中m_k是正整数,且
$$m_1 < m_2 < m_3 < \cdots < m_k < \cdots,$$
$\forall \varepsilon > 0$,于是$\exists N$,使当$n > N$时,有$|y_n - a| < \varepsilon$. 由于$m_n > m_N \geq N$,因此,$|y_{m_k} - a| < \varepsilon$,所以$\lim\limits_{k \to \infty} y_{m_k} = a$.

注2.1.4 定理2.1.3经常可以用来证明一些数列的发散性. 例如,我们可以用反证法证明$y_n = (-1)^n$是发散的. 事实上,假设$\{y_n\}$收敛,由定理2.1.3,$\{y_n\}$的子列$\{y_{2n}\}$和$\{y_{2n+1}\}$应该收敛且有相同的极限. 但现在$y_{2n} = (-1)^{2n} = 1$,极限为1;而$y_{2n+1} = (-1)^{2n+1} = -1$,极限为$-1$. 当然$-1 \neq 1$,所以$\{y_n\}$发散.

定理2.1.4(保号性) 若$\lim\limits_{n \to \infty} y_n = a$,且$a \neq 0$,则存在正整数$N$,当$n > N$时,$y_n$与$a$同号.

证明 不妨设$a > 0$. 由数列极限定义,对$\varepsilon = \dfrac{a}{2} > 0$,存在正整数$N$,当$n > N$时,有$|y_n - a| < \dfrac{a}{2}$,从而$y_n > a - \dfrac{a}{2} = \dfrac{a}{2} > 0$.

模仿练习 在定理2.1.4中,试就$a < 0$进行证明.

定理 2.1.5(收敛数列的四则运算法则) 设 $\{x_n\}$,$\{y_n\}$ 为收敛数列,则它们的和、差、积、商的数列也收敛,且

$$\lim_{n\to\infty}(x_n \pm y_n) = \lim_{n\to\infty} x_n \pm \lim_{n\to\infty} y_n;$$

$$\lim_{n\to\infty}(x_n \cdot y_n) = \lim_{n\to\infty} x_n \cdot \lim_{n\to\infty} y_n;$$

$$\lim_{n\to\infty}\frac{x_n}{y_n} = \frac{\lim\limits_{n\to\infty} x_n}{\lim\limits_{n\to\infty} y_n} \quad (y_n \neq 0, \forall n \in \mathbf{N}_+ \text{ 且 } \lim_{n\to\infty} y_n \neq 0).$$

证明 (证明略).

推论 若 $\lim\limits_{n\to\infty} y_n = a$,则对任意常数 C,$\lim\limits_{n\to\infty} Cy_n = C\lim\limits_{n\to\infty} y_n = Ca$.

注 2.1.5 在应用定理 2.1.5 及其推论时,注意参与运算的数列必须都是收敛的,且是有限多个.

例 2.1.4 求极限 $\lim\limits_{n\to\infty}\dfrac{1+2+\cdots+n}{n^2}$.

解 原式 $= \lim\limits_{n\to\infty}\dfrac{n(n+1)}{2n^2}$

$= \lim\limits_{n\to\infty}\dfrac{1}{2}\left(1+\dfrac{1}{n}\right) = \dfrac{1}{2}\left(\lim\limits_{n\to\infty} 1 + \lim\limits_{n\to\infty}\dfrac{1}{n}\right) = \dfrac{1}{2}.$

辨正 以下做法是错误的,原式 $= \lim\limits_{n\to\infty}\left(\dfrac{1}{n^2}+\dfrac{2}{n^2}+\cdots+\dfrac{n}{n^2}\right)$. 因为当 $n\to\infty$ 时,虽然等式右端中的每一项都有极限,但其项数是在无限增多,不满足定理 2.1.5 的有限个收敛数列的条件.

2.1.3 数列收敛的判别方法

一个数列不是收敛就是发散,下面给出两个数列收敛的判别法,它们是便于应用的充分条件.

1. 两边夹定理

定理 2.1.6(两边夹定理) 设数列 $\{x_n\}$,$\{y_n\}$,$\{z_n\}$ 满足:

(1) $\lim\limits_{n\to\infty} x_n = \lim\limits_{n\to\infty} z_n = a$;

(2) $\exists N \in \mathbf{N}_+$,使当 $n > N$ 时,总有 $x_n \leq y_n \leq z_n$,则
$$\lim_{n\to\infty} y_n = a.$$

证明 因为 $\lim\limits_{n\to\infty} x_n = \lim\limits_{n\to\infty} z_n = a$,所以 $\forall \varepsilon > 0$,$\exists N_1$,使当 $n > N_1$ 时,有 $|x_n - a| < \varepsilon$,即 $a - \varepsilon < x_n < a + \varepsilon$;同时,$\exists N_2$,使当 $n > N_2$ 时,有 $|z_n - a| < \varepsilon$,即 $a - \varepsilon < z_n < a + \varepsilon$. 于是,当 $n > \max\{N_1, N_2, N\}$ 时,有
$$a - \varepsilon < x_n \leq y_n \leq z_n < a + \varepsilon.$$
由此得
$$|y_n - a| < \varepsilon,$$
即
$$\lim_{n\to\infty} y_n = a.$$

注 2.1.6 应用两边夹定理的关键是要找到满足定理中两个条件的数列 $\{x_n\}$ 和 $\{z_n\}$. 一个可供参考的思路是,将数列 $\{y_n\}$ 分别适当地缩小和放大,以帮助我们找到 $\{x_n\}$ 和 $\{z_n\}$.

例 2.1.5 计算 $\lim\limits_{n\to\infty} \sqrt[n]{a}$ ($a > 0$).

解 此题需要分三种情况考虑.

(1) 当 $a > 1$ 时,取 $n = [a] + 1$ 有
$$1 < \sqrt[n]{a} < \sqrt[n]{n},$$
由例 2.1.1,$\lim\limits_{n\to\infty} \sqrt[n]{n} = 1$,再由两边夹定理,有 $\lim\limits_{n\to\infty} \sqrt[n]{a} = 1$.

(2) 当 $0 < a < 1$ 时,$\dfrac{1}{a} > 1$,由 (1) 知 $\lim\limits_{n\to\infty} \sqrt[n]{\dfrac{1}{a}} = 1$,所以
$$\lim_{n\to\infty} \sqrt[n]{a} = \frac{1}{\lim\limits_{n\to\infty} \sqrt[n]{\dfrac{1}{a}}} = \frac{1}{1} = 1.$$

(3) 当 $a = 1$ 时,$\lim\limits_{n\to\infty} \sqrt[n]{a} = 1$.

综上,$\lim\limits_{n\to\infty} \sqrt[n]{a} = 1$ ($a > 0$).

注 2.1.7 此极限以后也会经常用到.

例 2.1.6 证明 $\lim\limits_{n\to\infty}\dfrac{a^n}{n!}=0\ (a>0)$.

证明 此题可以应用两边夹定理证明. 显然, $0\leqslant\dfrac{a^n}{n!}$, 因此, 要想成功地应用两边夹定理, 可以将 $\dfrac{a^n}{n!}$ 适当放大, 得到一个新的数列 $\{z_n\}$, $\{z_n\}$ 有如下特点:

(1) 当下标 n 足够大时, $\dfrac{a^n}{n!}\leqslant z_n$;

(2) $z_n\to 0\ (n\to\infty)$;

(3) z_n 的形式足够简单.

事实上, $\exists N$, 且满足 $N>a$, 从而当 $n>N$ 时,

$$0\leqslant \dfrac{a^n}{n!}=\dfrac{a}{1}\cdot\dfrac{a}{2}\cdots\dfrac{a}{N}\cdot\dfrac{a}{N+1}\cdots\dfrac{a}{n}$$

$$\leqslant \dfrac{a^N}{N!}\cdot\dfrac{a}{n}=\dfrac{a^{N+1}}{N!}\cdot\dfrac{1}{n},$$

而

$$\lim_{n\to\infty}\dfrac{a^{N+1}}{N!}\cdot\dfrac{1}{n}=0,$$

由两边夹定理, 有 $\lim\limits_{n\to\infty}\dfrac{a^n}{n!}=0\ (a>0)$.

例 2.1.7 求 $\lim\limits_{n\to\infty}\sqrt[n]{a_1^n+a_2^n+\cdots+a_m^n}$, 其中 $a_1,a_2,\cdots,a_m>0$.

解 令 $a=\max\{a_1,a_2,\cdots,a_m\}$, 则

$$a\leqslant \sqrt[n]{a_1^n+a_2^n+\cdots+a_m^n}\leqslant a\sqrt[n]{m}.$$

由例 2.1.5 知, $\lim\limits_{n\to\infty}\sqrt[n]{m}=1$, 故 $\lim\limits_{n\to\infty}a\sqrt[n]{m}=a$. 由两边夹定理, 有

$$\lim_{n\to\infty}\sqrt[n]{a_1^n+a_2^n+\cdots+a_m^n}=a.$$

注 2.1.8 本例题可以利用由特殊到一般的思想来建立解题思路:

当 $m=1$ 时,$\lim_{n\to\infty}\sqrt[n]{a_1^n}=a_1$;当 $m=2$ 时,分两种情况考察:

① $a_1=a_2>0$,$\sqrt[n]{a_1^n+a_2^n}=\sqrt[n]{a_1^n+a_1^n}=\sqrt[n]{2a_1^n}=\sqrt[n]{2}a_1\to a_1(n\to\infty)$,

② $a_1\neq a_2$,不妨设 $a_1>a_2>0$,则 $\sqrt[n]{a_1^n}<\sqrt[n]{a_1^n+a_2^n}<\sqrt[n]{2a_1^n}(\forall n)$,$\sqrt[n]{a_1^n+a_2^n}\to a_1(n\to\infty)$(注意,不等式不可取为 $\sqrt[n]{a_2^n}<\sqrt[n]{a_1^n+a_2^n}<\sqrt[n]{2a_1^n}$,为什么?);由 $m=1,2$ 两种具体情况,我们可以得到启发,对一般的 m,令 $a=\max\{a_1,a_2,\cdots,a_m\}$,则

$$\sqrt[n]{a^n}<\sqrt[n]{a_1^n+a_2^n+\cdots+a_m^n}<\sqrt[n]{ma^n},$$

故

$$\lim_{n\to\infty}\sqrt[n]{a_1^n+a_2^n+\cdots+a_m^n}=a.$$

总结上述三个例题,应用两边夹定理的关键是对所讨论的数列进行适当放大(缩小),而放大(缩小)的过程是一个**化简的过程**,即用简单的或者我们熟知的变量刻画复杂的变量.

2. 单调有界定理

以下我们转而讨论单调数列收敛的判别定理,即单调有界定理. 为此,需做如下准备.

定义 2.1.4 设数列 $\{y_n\}$ 满足

$$y_n\leqslant y_{n+1}(y_n\geqslant y_{n+1}),n=1,2,\cdots,$$

则称 $\{y_n\}$ 是单调增加(减少)数列. 若等号不成立,则称之为严格单调增加(减少)数列. 单调增加和单调减少数列统称单调数列.

定义 2.1.5 对于数列 $\{y_n\}$,若存在实数 M,使得对一切 n,有 $y_n\leqslant M(y_n\geqslant M)$,则称之为有上(下)界数列. 既有上界又有下界的数列,称为有界数列.

注 2.1.8 单调增加(减少)数列必有下(上)界.

定理 2.1.7(单调有界数列定理) 单调有界数列必有极限.

因为定理 2.1.7 的证明涉及实数理论,故本书仅从几何直观上加

以解释. 以单调增加数列为例, 当 n 无限增大时, y_n 会无限接近但不会超过数列最小的上界 M, 这里 M 就是数列 $\{y_n\}$ 的极限(图 2-2). 在很多教科书里, 定理 2.1.7 被当作公理, 这里不做更多的讨论, 有兴趣的同学可以参考数学专业的数学分析教材.

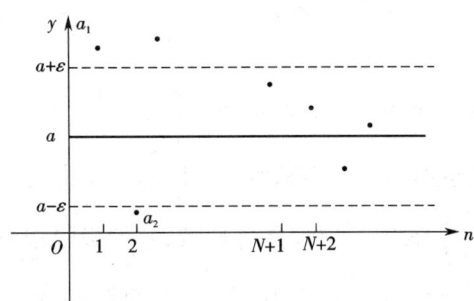

图 2-2

例 2.1.8 证明重要极限

$$\lim_{n \to \infty} \left(1 + \frac{1}{n}\right)^n$$

存在.

证明 首先验证一个与二项式公式有关的不等式

$$(1+a)^n \geq 1 + na, \ a > 0, n \in \mathbf{N}.$$

由二项式公式有

$$(1+a)^n = 1 + na + \cdots + C_n^k a^k + \cdots + a^n \geq 1 + na.$$

设 $y_n = \left(1 + \frac{1}{n}\right)^{n+1}$, 可以证明 $\{y_n\}$ 是单减的, 事实上

$$\frac{y_{n-1}}{y_n} = \frac{\left(1 + \frac{1}{n-1}\right)^n}{\left(1 + \frac{1}{n}\right)^{n+1}} = \frac{n^{2n}}{(n^2-1)^n} \cdot \frac{n}{n+1}$$

$$= \left(1 + \frac{1}{n^2-1}\right)^n \cdot \frac{n}{n+1} \geq \left(1 + \frac{n}{n^2-1}\right)\frac{n}{n+1} > \left(1 + \frac{1}{n}\right)\frac{n}{n+1} = 1.$$

显然 y_n 有界,由定理 2.1.7 知, y_n 收敛,而

$$\lim_{n\to\infty}\left(1+\frac{1}{n}\right)^n = \lim_{n\to\infty}\left(1+\frac{1}{n}\right)^{n+1}\left(1+\frac{1}{n}\right)^{-1} = \lim_{n\to\infty}\left(1+\frac{1}{n}\right)^{n+1},$$

于是有

$$\lim_{n\to\infty}\left(1+\frac{1}{n}\right)^n 存在,定义为 e.$$

注 2.1.9

(1) 有兴趣的读者可自行验证数列 $\left\{\left(1+\frac{1}{n}\right)^n\right\}$ 是单增的;

(2) e 是无理数,e = 2.718281828459045…. 由此我们可以发现,数列 $y_n = \left(1+\frac{1}{n}\right)^n$ 的每一项都是有理数,它的极限却是无理数. 这说明有理数集对于极限运算是不封闭的,所以极限理论必须在实数范围内讨论. 关于该数列的极限为什么是 e,有兴趣的读者可以参阅江泽坚《数学分析》(上册)第 52 ~ 53 页. 此重要极限的函数形式见本章 2.2 节.

例 2.1.9 求 $\lim\limits_{n\to\infty}\dfrac{2^n n!}{n^n}$.

解 设 $y_n = \dfrac{2^n n!}{n^n}$.

(1) 先分析该数列的有界性. 因为

$$\frac{y_{n+1}}{y_n} = \frac{2^{n+1}(n+1)!}{(n+1)^{n+1}} \cdot \frac{n^n}{2^n n!} = \frac{2}{\left(1+\dfrac{1}{n}\right)^n} \leqslant 1,$$

所以, $\{y_n\}$ 单调减少. 又, $y_n > 0$ ($n = 1, 2, \cdots$),即 $\{y_n\}$ 有下界,由定理 2.1.7, $\{y_n\}$ 收敛.

(2) 求极限. 设 $\lim\limits_{n\to\infty} y_n = A$. 由

$$y_{n+1} = \frac{2y_n}{\left(1+\dfrac{1}{n}\right)^n},$$

两边取极限,得
$$A = \frac{2A}{e},$$
即 $A = 0$,故 $\lim\limits_{n \to \infty} \dfrac{2^n n!}{n^n} = 0$.

例 2.1.10 数列 $\{x_n\}$ 满足递推公式
$$x_{n+1} = x_n^2 + 2x_n, \quad n = 0, 1, \cdots, \quad -1 < x_0 < 0,$$
求 $\lim\limits_{n \to \infty} x_n$.

解 将递推公式变形得 $x_{n+1} + 1 = (x_n + 1)^2$,注意 $0 < x_0 + 1 < 1$,设 $0 < x_n + 1 < 1$,显然有 $0 < x_{n+1} + 1 < 1$,由归纳法可知 $-1 < x_n < 0, n = 0, 1, \cdots$.

上述讨论表明数列 x_n 是有界数列,其上界是 0,下界是 -1.

下面说明数列 x_n 是单调数列,事实上 $\dfrac{x_{n+1}}{x_n} = x_n + 2 > 1$,即 $x_{n+1} < x_n$. 根据定理 2.1.7 可知 $\lim\limits_{n \to \infty} x_n$ 存在,设 $\lim\limits_{n \to \infty} x_n = a$,在递推公式 $x_{n+1} = x_n^2 + 2x_n$ 两边取极限,得 $a = a^2 + 2a$,解出 $a = -1$ 或 $a = 0$,由于数列 $\{x_n\}$ 单减,舍去 $a = 0$,最后有 $\lim\limits_{n \to \infty} x_n = -1$.

例 2.1.11 求 $\lim\limits_{n \to \infty} r^n$, $0 < r < 1$.

解 设 $x_n = r^n$,则有 $x_{n+1} = r x_n < x_n$,即 $\{x_n\}$ 是单减的,显然 $\{x_n\}$ 有界,因此有极限,设 $\lim\limits_{n \to \infty} r^n = a$,则有 $a = ra$,故 $a = 0$.

注 2.1.10 在上面三个例题中,应先确认数列是单调有界数列,进而确认其收敛,才可设其极限值为 A,并求出该值.

定理 2.1.8(柯西(Cauchy)准则 I) 数列 $\{x_n\}$ 收敛的充要条件是:$\forall \varepsilon > 0, \exists N$,当 $m, n > N$,就有 $|x_n - x_m| < \varepsilon$(称满足这个条件的数列 $\{x_n\}$ 为基本数列或称为柯西数列或基本列).

注 2.1.11 第 1 章曾谈到在实际应用中处理无理数的问题,柯西收敛准则是对这个过程的概括.

2.1.4 小结

极限概念有深刻而丰富的内涵,在本课程里可以从近似(逼近或渐进)的角度理解极限概念,近似的思想贯穿微积分的始终(近似、逼近或渐进对应同一个英文单词 approximation).数列是最简单的一类函数,从数列开始介绍极限概念及其基本性质,便于读者理解和接受.事实上在本课程的范围内,定义 2.1.2 已经包含了极限概念的基本精神,在后面的学习中会出现不同类型的极限,这些极限不过是定义 2.1.2 的各种推广.因此建议读者在理解极限概念时,将注意力更多地放在数列极限的情况.读者在学习本节时,应注意把握好以下内容.

基本概念:数列极限的定义,子数列的概念.

基本性质:极限的唯一性、有界性、保号性、子数列的收敛性;收敛数列的四则运算法则.

重要结论:两边夹定理,单调有界定理.

重要例子:

$$\lim_{n\to\infty}\left(1+\frac{1}{n}\right)^n = e; \quad \lim_{n\to\infty}\sqrt[n]{n}=1;$$

$$\lim_{n\to\infty}\sqrt[n]{a}=1\,(a>0); \quad \lim_{n\to\infty}r^n=0, 0<r<1.$$

习题 2.1

(A)

1. 写出下列数列的通项:

(1) $2, \dfrac{3}{2}, \dfrac{4}{3}, \dfrac{5}{4}, \cdots$; (2) $\dfrac{1}{2}, \dfrac{1}{4}, \dfrac{1}{8}, \dfrac{1}{16}, \cdots$;

(3) $1, 4, 9, 16, \cdots$; (4) $-\dfrac{1}{2}, \dfrac{1}{4}, -\dfrac{1}{8}, \dfrac{1}{16}, \cdots$.

2. 数列 $\{y_n\}$ 与 $\{y_{n+k}\}$(k 是固定自然数)是什么关系?试证:若

$\lim\limits_{n\to\infty} y_n = A$,则 $\lim\limits_{n\to\infty} y_{n+k} = A$.

3. 求下列极限:

(1) $\lim\limits_{n\to\infty} \dfrac{1+2n+3n^2+4n^3}{n^3}$;

(2) $\lim\limits_{n\to\infty} \dfrac{3^n-2^n}{3^{n+1}-2^{n+1}}$;

(3) $\lim\limits_{n\to\infty} \left(2-\dfrac{1}{n}+\dfrac{1}{n^2}\right)$;

(4) $\lim\limits_{n\to\infty} \left(1+\dfrac{1}{n}\right)\left(2-\dfrac{1}{n^2}\right)$;

(5) $\lim\limits_{n\to\infty} \dfrac{n^2-n+3}{2n^2+1}$.

4. 设数列 $\{y_n\}$ 的一般项 $y_n = \dfrac{1}{n}\cos\dfrac{n\pi}{2}$.(1) 试用数列极限定义证明 $\lim\limits_{n\to\infty} y_n = 0$;(2) 若给定 $\varepsilon = 0.001$,试求 N.

5. 求下列极限:

(1) $\lim\limits_{n\to\infty} \left(1+\dfrac{1}{2}+\dfrac{1}{4}+\cdots\dfrac{1}{2^n}\right)$;

(2) $\lim\limits_{n\to\infty} \dfrac{1+2+\cdots+(n-1)}{n^2}$;

(3) $\lim\limits_{n\to\infty} \left(\dfrac{3n+7}{3n+1}\right)^n$.

6. 试用两边夹定理求 $\lim\limits_{n\to\infty} \sqrt{1+\dfrac{1}{n}}$.

7. 试用两边夹定理证明:$\lim\limits_{n\to\infty}\left(\dfrac{1}{n+\dfrac{1}{n}}+\dfrac{1}{n+\dfrac{2}{n}}+\cdots+\dfrac{1}{n+\dfrac{n}{n}}\right)=1$.

8. 试用单调有界定理证明数列

$$y_n = \dfrac{1}{2}\left(y_{n-1}+\dfrac{2}{y_{n-1}}\right), n=1,2,\cdots,(y_0>0)$$

收敛,且求出其极限.

(B)

1. 若 $\lim\limits_{n\to\infty} y_n = A$,试证:$\lim\limits_{n\to\infty}|y_n|=|A|$,并举例说明,若 $\lim\limits_{n\to\infty}|y_n|=|A|$,则 $\lim\limits_{n\to\infty} y_n = A$ 未必成立.

2. 设数列 $y_n = \sqrt{a+y_{n-1}}$,$y_0=0, a>0, n=1,2,\cdots$.试用单调有界

定理证明$\{y_n\}$收敛,并求其极限.

2.2 函数极限

数列作为一类特殊函数,其自变量 n 只有一种变化状态,即 $n\to\infty$(实际是 $+\infty$,因为 n 取正整数,故"$+$"可以省略).但就一般函数而言,其自变量 x 就有趋于无穷大和趋于某个定点这样两种状态,而每一类又可细分为三种不同情况.无论是对数列还是函数,如果当自变量沿某一趋势变化时,函数以某一趋势变化,这个变化过程称为极限过程.

2.2.1 x 趋于点 x_0 时函数 $f(x)$ 的极限

现在,我们来讨论 x 趋于定点 x_0 时函数 $f(x)$ 的极限.

定义 2.2.1 设函数 $f(x)$ 在点 x_0 的某邻域内有定义(但在 x_0 处可以无定义),A 是常数.若 $\forall \varepsilon>0$,$\exists \delta>0$,使得当 $0<|x-x_0|<\delta$ 时,有
$$|f(x)-A|<\varepsilon,$$
则称当 $x\to x_0$ 时,$f(x)$ 以 A 为极限,记为
$$\lim_{x\to x_0}f(x)=A \text{ 或 } f(x)\to A \ (x\to x_0).$$

说明

(1) 函数 $f(x)$ 在点 x_0 是否有极限与其在 x_0 是否有定义是没有关系的.换言之,即使 $f(x)$ 在 x_0 没有定义,但 $f(x)$ 在点 x_0 仍可能有极限.例如 $f(x)=\dfrac{x^2-1}{x-1}$,尽管该函数在点 $x=1$ 没有定义,但我们可以证明它在 $x=1$ 处有极限,极限值为 2.如果 $f(x)$ 在点 x_0 有定义,那么 $f(x)$ 在 x_0 是否有极限也与之无关.不仅如此,与 $f(x_0)$ 的值是多少也无关.例如符号函数 $f(x)=\mathrm{sgn}\, x$ 在 $x=0$ 处有定义,但它在 $x=0$ 处无极限.

(2) 所谓 x 趋于 x_0,是指 x 不等于 x_0 而越来越接近 x_0 这样一种变化状态,而且,符号"$x\to x_0$"是指 x 既从左侧也从右侧趋于 x_0.

(3) 定义中 δ 的大小一般说来与 ε 有关. 如果某个 δ 能使不等式 $|f(x) - A| < \varepsilon$ 成立,那么比这个 δ 小的任何正数也必然能使该不等式成立.

(4) 定义 2.2.1 又称为函数极限的"$\varepsilon - \delta$"定义.

(5) 定义 2.2.1 的几何意义见图 2-3,即只要 x 进入 x_0 的 δ 邻域 $(x \neq x_0)$,对应的 $f(x)$ 就落在 A 的邻域 $(A - \varepsilon, A + \varepsilon)$ 内.

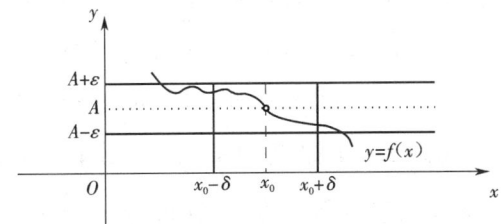

图 2-3

思考 在定义 2.2.1 中为何要求"$0 < |x - x_0|$"?

在定义 2.2.1 中,如果我们考虑 x 沿 x_0 一侧趋向 x_0,即 x 趋向 x_0 同时 $x > x_0$(或 x 趋向 x_0 同时 $x < x_0$),便有以下关于单侧极限的定义.

定义 2.2.2 设函数 $f(x)$ 在 x_0 的左邻域(或右邻域)有定义(但在 x_0 可以无定义),A 是常数. 若 $\forall \varepsilon > 0, \exists \delta > 0$,使得当 $x_0 - \delta < x < x_0$ (或 $x_0 < x < x_0 + \delta$)时,有

$$|f(x) - A| < \varepsilon,$$

则称 A 是当 $x \to x_0$ 时 $f(x)$ 的左(或右)极限,记为

$$\lim_{x \to x_0^-} f(x) = A \ (或 \lim_{x \to x_0^+} f(x) = A)$$

或

$$f(x_0 - 0) = A \ (或 f(x_0 + 0) = A).$$

左极限与右极限统称单侧极限.

定理 2.2.1 $\lim_{x \to x_0} f(x) = A \Leftrightarrow \lim_{x \to x_0^-} f(x) = \lim_{x \to x_0^+} f(x) = A.$

证明 必要性($\Rightarrow$). 已知 $\lim_{x \to x_0} f(x) = A$. 由定义知,$\forall \varepsilon > 0, \exists \delta > 0$,

使当 $0<|x-x_0|<\delta$,即 $0<x-x_0<\delta$ 和 $0<x_0-x<\delta$ 时,有 $|f(x)-A|<\varepsilon$.

当 $0<x-x_0<\delta$ 时,有 $|f(x)-A|<\varepsilon$,即 $\lim_{x\to x_0^+}f(x)=A$. 同理,有 $\lim_{x\to x_0^-}f(x)=A$,故 $\lim_{x\to x_0^-}f(x)=\lim_{x\to x_0^+}f(x)=A$.

充分性($\Leftarrow$). 因为 $\lim_{x\to x_0^-}f(x)=A$,所以 $\forall \varepsilon>0$, $\exists \delta_1>0$,使当 $0<x_0-x<\delta_1$ 时,有 $|f(x)-A|<\varepsilon$. 又因为 $\lim_{x\to x_0^+}f(x)=A$,则对同一个 ε, $\exists \delta_2>0$,使当 $0<x-x_0<\delta_2$ 时,有 $|f(x)-A|<\varepsilon$. 今取 $\delta=\min\{\delta_1,\delta_2\}$,则当 $0<|x-x_0|<\delta$ 时,有 $|f(x)-A|<\varepsilon$,即 $\lim_{x\to x_0}f(x)=A$.

注2.2.1 从定理2.2.1知,若 $\lim_{x\to x_0^-}f(x)=A$ 和 $\lim_{x\to x_0^+}f(x)=A$ 中有一个不存在,或两者都存在但不想等,则 $\lim_{x\to x_0}f(x)=A$ 不存在. 因此,此定理经常用来证明函数在一点的极限不存在.

例2.2.1 证明 $\lim_{x\to x_0}x=x_0$.

证明 $\forall \varepsilon>0$,要求 $|f(x)-x_0|=|x-x_0|<\varepsilon$,于是,取 $\delta=\varepsilon$,则当 $0<|x-x_0|<\delta$ 时,就有 $|f(x)-x_0|=|x-x_0|<\varepsilon$,所以 $\lim_{x\to x_0}x=x_0$.

例2.2.2 证明 $\lim_{x\to 2}(2x-1)=3$.

证明 $\forall \varepsilon>0$,要使 $|f(x)-A|=|(2x-1)-3|=2|x-2|<\varepsilon$,只要 $|x-2|<\dfrac{\varepsilon}{2}$ 即可,故取 $\delta=\dfrac{\varepsilon}{2}$,则当 $0<|x-2|<\delta$ 时,就总有 $|f(x)-3|=|(2x-1)-3|<\varepsilon$,所以 $\lim_{x\to 2}(2x-1)=3$.

例2.2.3 证明 $\lim_{x\to a}\sin x=\sin a$.

分析 由三角函数的公式有

$$|\sin x-\sin a|=2\left|\cos\dfrac{x+a}{2}\sin\dfrac{x-a}{2}\right|\leq 2\left|\sin\dfrac{x-a}{2}\right|$$

$$\leq 2\left|\dfrac{x-a}{2}\right|=|x-a|.$$

证明 $\forall \varepsilon>0$,取 $\delta=\varepsilon$,则当 $0<|x-a|<\delta$ 时,则有

$$|\sin x - \sin a| \leqslant |x-a| < \varepsilon,$$

所以 $\lim\limits_{x \to a} \sin x = \sin a$.

思考 本例题分析中,将 $|\sin x - \sin a|$ 放大为 $\leqslant 2\left|\sin\dfrac{x-a}{2}\right|$. 如果放大为 $2\left|\cos\dfrac{x+a}{2}\right|$,证明还能进行下去吗?

模仿练习 请读者试证:$\lim\limits_{x \to a} \cos x = \cos a$.

例 2.2.4 证明函数

$$f(x) = \begin{cases} x+1, & x<0, \\ 0, & x=0, \\ x-1, & x>0, \end{cases}$$

当 $x \to 0$ 时,极限不存在.

证明 因为

$$\lim_{x \to 0^+} f(x) = \lim_{x \to 0^+}(x+1) = 1,$$
$$\lim_{x \to 0^-} f(x) = \lim_{x \to 0^-}(x-1) = -1,$$
$$\lim_{x \to 0^-} f(x) \neq \lim_{x \to 0^+} f(x),$$

所以由定理 2.2.1,$\lim\limits_{x \to 0} f(x)$ 不存在.

2.2.2 x 趋于无穷大时函数 $f(x)$ 的极限

x 趋于无穷大的方式有三种:

$$x \to +\infty, x \to -\infty \text{ 和 } x \to \infty (|x| \to \infty).$$

定义 2.2.3 设函数 $f(x)$ 定义在区间 $(a, +\infty)$. 若存在数 A,对任意 $\varepsilon > 0$,总存在数 $M > a$,对任意 $x > M$,有

$$|f(x) - A| < \varepsilon,$$

则称 A 是当 $x \to +\infty$ 时函数 $f(x)$ 的极限,记为

$$\lim_{x \to +\infty} f(x) = A \text{ 或 } f(x) \to A \ (x \to +\infty).$$

定义 2.2.3 的几何意义是:对任意给定的 $\varepsilon > 0$,总能找到 $M > a$,

当 $x>M$ 时,$y=f(x)$ 的图像完全位于以 $y=A$ 为中心、宽为 2ε 的带形区域内(参见图 2-4)

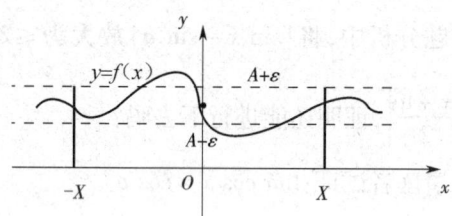

图 2-4

注 2.2.2 不难看出函数 $f(x)$ 在 $x\to +\infty$ 时的极限过程与收敛数列 $\{y_n\}$ 的相似之处,它们的自变量都以无限增大方式趋于 $+\infty$。它们的区别在于函数 $f(x)$ 的自变量 x 取遍 $(a,+\infty)$ 的所有实数,而数列 $\{y_n\}$ 的自变量 n 只取 $(a,+\infty)$ 中的正整数。

类似于定义 2.2.3,我们还有关于 $x\to -\infty$,$x\to \infty$ 时的定义。

定义 2.2.4 设函数 $f(x)$ 定义在区间 $(-\infty,a)$。若存在数 A,对任意 $\varepsilon>0$,总存在数 $M>0$,对任意 $x<-M$,有
$$|f(x)-A|<\varepsilon,$$
则称 A 是当 $x\to -\infty$ 时函数 $f(x)$ 的极限,记为
$$\lim_{x\to -\infty}f(x)=A \text{ 或 } f(x)\to A\ (x\to -\infty).$$

定义 2.2.5 设函数 $f(x)$ 定义在区间 $(-\infty,-a)\cup(a,+\infty)$ $(a>0)$。若存在数 A,对任意 $\varepsilon>0$,总存在数 $M>a$,对任意 $|x|>M$,有
$$|f(x)-A|<\varepsilon,$$
则称 A 是当 $x\to \infty$ 时函数 $f(x)$ 的极限,记为
$$\lim_{x\to \infty}f(x)=A \text{ 或 } f(x)\to A\ (x\to \infty).$$

定义 2.2.3~2.2.5 统称为函数极限的"$\varepsilon-M$"定义。

定理 2.2.2 $\lim\limits_{x\to \infty}f(x)$ 存在的充分必要条件是:$\lim\limits_{x\to -\infty}f(x)$ 和 $\lim\limits_{x\to +\infty}f(x)$ 存在且相等。

证明 必要性. 显然.

充分性. 设 $\lim\limits_{x \to +\infty} f(x) = \lim\limits_{x \to -\infty} f(x) = A$, 可知, $\forall \varepsilon > 0, \exists M_1 > 0$, 当 $x > M_1$ 时, 有 $|f(x) - A| < \varepsilon$. 同理, $\exists M_2 > 0$, 当 $x < -M_2$ 时, 有 $|f(x) - A| < \varepsilon$. 取 $M = \max\{M_1, M_2\}$, 则当 $|x| > M$ 时, 有 $|f(x) - A| < \varepsilon$, 即 $\lim\limits_{x \to \infty} f(x) = A$.

例 2.2.5 证明 $\lim\limits_{x \to \infty} \dfrac{x}{2x+1} = \dfrac{1}{2}$.

分析 $\forall \varepsilon > 0$, 要证 $\exists M > 0$, 使当 $|x| > M$ 时, 有 $\left|\dfrac{x}{2x+1} - \dfrac{1}{2}\right| < \varepsilon$. 由于

$$\left|\frac{x}{2x+1} - \frac{1}{2}\right| = \left|\frac{2x - (2x+1)}{2(2x+1)}\right| = \frac{1}{2|2x+1|} < \frac{1}{|2x+1|},$$

而当 $|x| > 1$ 时, $\dfrac{1}{|2x+1|} < \dfrac{1}{|x|}$. 所以, 若 $\dfrac{1}{|x|} < \varepsilon$, 就有 $\left|\dfrac{x}{2x+1} - \dfrac{1}{2}\right| < \varepsilon$. 而这只要使 $|x| > \dfrac{1}{\varepsilon}$ 即可.

证明 $\forall \varepsilon > 0$, 取 $M = \max\left\{1, \dfrac{1}{\varepsilon}\right\}$, 则当 $|x| > M$ 时, 有

$$\left|\frac{x}{2x+1} - \frac{1}{2}\right| < \frac{1}{|x|} < \frac{1}{\frac{1}{\varepsilon}} = \varepsilon,$$

所以 $\lim\limits_{x \to \infty} \dfrac{x}{2x+1} = \dfrac{1}{2}$.

2.2.3 函数极限的性质

函数极限具有和数列极限相似的性质, 其证明过程也相当一致, 故有些定理只叙述不证明. 此外, 以下仅就 $x \to x_0$ 的情形给出相应定理, 读者很容易把它们推广到 $x \to \infty$ 等其他情形.

定理 2.2.3 设 $f(x) = C$ 是常数, 则对任意实数 x_0, $\lim\limits_{x \to x_0} f(x) = C$, 即常数函数的极限就是常数本身.

定理 2.2.4 设 $\lim\limits_{x \to x_0} f(x) = a$,则 $\lim\limits_{x \to x_0} |f(x)| = |a|$.

定理 2.2.5(唯一性) 若 $\lim\limits_{x \to x_0} f(x)$ 存在,则 $f(x)$ 在 x_0 点的极限是唯一的.

定理 2.2.6(局部有界性) 若 $\lim\limits_{x \to x_0} f(x) = a$,则存在 $M > 0$ 和 $\delta_0 > 0$,使当 $0 < |x - x_0| < \delta_0$ 时,有 $|f(x)| \leq M$.

证明 设 $\lim\limits_{x \to x_0} f(x) = a$,则对任意给定的 $\varepsilon_0 > 0$,$\exists \delta_0 > 0$,使当 $0 < |x - x_0| < \delta_0$ 时,有 $|f(x) - a| < \varepsilon_0$. 因为 $|f(x)| - |a| \leq |f(x) - a| < \varepsilon_0$,所以 $|f(x)| < |a| + \varepsilon_0$,取 $M = |a| + \varepsilon_0$,于是,当 $0 < |x - x_0| < \delta_0$ 时,就有 $|f(x)| \leq M$.

定理 2.2.7(保号性) 若 $\lim\limits_{x \to x_0} f(x) = a$ 且 $a > 0$(或 $a < 0$),则 $\exists \delta > 0$,使当 $0 < |x - x_0| < \delta$ 时,有 $f(x) > 0$(或 $f(x) < 0$).

证明 仅就 $a > 0$ 的情形来证明. 不妨取 $\varepsilon = \dfrac{a}{2}$,则 $\exists \delta > 0$,使当 $0 < |x - x_0| < \delta$ 时,总有 $|f(x) - a| < \varepsilon = \dfrac{a}{2}$,即 $0 < \dfrac{a}{2} < f(x) < \dfrac{3}{2}a$,亦即 $f(x) > 0$.

模仿练习 读者可就 $a < 0$ 的情形进行证明.

定理 2.2.8 若 $\delta_0 > 0$,当 $0 < |x - x_0| < \delta_0$ 时,总有 $f(x) \geq 0$(或 $f(x) \leq 0$),且 $\lim\limits_{x \to x_0} f(x) = a$,则 $a \geq 0$(或 $a \leq 0$).

证明 仅就 $f(x) \geq 0$ 的情形来证明. 用反证法. 若 $a < 0$,由定理 2.2.7,$\exists \delta > 0$,当 $0 < |x - x_0| < \delta$ 时,$f(x) < 0$. 这与 $f(x) \geq 0$ 假设矛盾,所以 $a \geq 0$.

模仿练习 读者可就 $f(x) \leq 0$ 的情形进行证明.

定理 2.2.9(函数极限的四则运算法则) 若 $\lim\limits_{x \to x_0} f(x)$ 和 $\lim\limits_{x \to x_0} g(x)$ 都存在,则

$$\lim_{x \to x_0} [f(x) \pm g(x)] = \lim_{x \to x_0} f(x) \pm \lim_{x \to x_0} g(x);$$

第2章 极限与连续函数

$$\lim_{x \to x_0}[f(x) \cdot g(x)] = \lim_{x \to x_0} f(x) \cdot \lim_{x \to x_0} g(x);$$

$$\lim_{x \to x_0}\frac{f(x)}{g(x)} = \frac{\lim\limits_{x \to x_0} f(x)}{\lim\limits_{x \to x_0} g(x)} \ (\lim_{x \to x_0} g(x) \neq 0).$$

注2.2.3 此运算法则可以推广到有限多个函数极限的情形. 在应用此运算法则时,必须注意两点:一是参与运算的函数在 x_0 点的极限均存在;二是参与运算的函数一定是有限多个,不能是无限多个.

推论 设 $\lim\limits_{x \to x_0} f(x)$ 存在,则对任意常数 c,有 $\lim\limits_{x \to x_0} cf(x) = c\lim\limits_{x \to x_0} f(x)$.

定理2.2.10(复合函数的极限) 设函数 $y = f[g(x)]$ 由函数 $y = f(u)$ 和 $u = g(x)$ 复合而成. 若 $\lim\limits_{u \to u_0} f(u) = A$,$\lim\limits_{x \to x_0} g(x) = u_0$(当 $x \neq x_0$ 时,$g(x) \neq u_0$),则

$$\lim_{x \to x_0} f[g(x)] = A.$$

证明 因为 $\lim\limits_{u \to u_0} f(u) = A$,所以,$\varepsilon > 0$,$\exists \eta > 0$,使当 $0 < |u - u_0| < \eta$ 时,有 $|f(u) - A| < \varepsilon$.

又因为 $\lim\limits_{x \to x_0} g(x) = u_0$,且当 $x \neq x_0$ 时,$g(x) \neq u_0$,所以对上述 η,$\exists \delta > 0$,使当 $0 < |x - x_0| < \delta$ 时,有 $0 < |g(x) - u_0| = |u - u_0| < \eta$,故有

$$|f[g(x)] - A| = |f(u) - A| < \varepsilon,$$

即

$$\lim_{x \to x_0} f[g(x)] = A.$$

注2.2.4 利用定理2.2.9和定理2.2.10可以方便地求一些函数的极限.

例2.2.6 求 $\lim\limits_{x \to 2}(2x^2 - 3x + 5)$.

解 直接运用函数极限的四则运算法则,有

$$原式 = \lim_{x \to 2}(2x^2) - \lim_{x \to 2}(3x) + \lim_{x \to 2} 5 = 2(\lim_{x \to 2} x)^2 - 3\lim_{x \to 2} x + \lim_{x \to 2} 5$$
$$= 2 \cdot 2^2 - 3 \cdot 2 + 5 = 7.$$

注2.2.5 本例题只是向读者表明,计算的每一步都是有根据

的,充分体现出数学的严谨性思想. 当然,在熟练掌握了这些运算法则之后,计算过程可以写得简洁些.

注 2.2.6 将本例题推而广之,对一般的 n 次多项式

$$P_n(x) = a_n x^n + a_{n-1} x_{n-1} + \cdots + a_1 x + a_0,$$

有

$$\lim_{x \to x_0} P_n(x) = \lim_{x \to x_0} (a_n x^n + a_{n-1} x_{n-1} + \cdots + a_1 x + a_0)$$
$$= a_n x_0^n + a_{n-1} x_0^{n-1} + \cdots + a_1 x_0 + a_0,$$

即

$$\lim_{x \to x_0} P_n(x) = P_n(x_0).$$

进一步,对有理分式函数 $f(x) = \dfrac{P(x)}{Q(x)}$,其中 $P(x), Q(x)$ 均为多项式,且 $Q(x_0) \neq 0$,则

$$\lim_{x \to x_0} f(x) = \lim_{x \to x_0} \frac{P(x)}{Q(x)} = \frac{\lim\limits_{x \to x_0} P(x)}{\lim\limits_{x \to x_0} Q(x)} = \frac{P(x_0)}{Q(x_0)} = f(x_0).$$

2.2.4 小结

本节主要是讨论函数极限概念及其性质.

基本概念:函数 $f(x)$ 在 $x \to \infty, x \to -\infty$ 和 $x \to \infty$ 时的极限定义,函数 $f(x)$ 在 $x \to x_0, x \to x_0^-$ 和 x_0^+ 时的极限定义,见表 2.1.

表 2.1

$\lim\limits_{x \to x_0} f(x) = A$	$\forall \varepsilon > 0, \exists \delta > 0, 0 < |x - x_0| < \delta \Rightarrow |f(x) - A| < \varepsilon$
$\lim\limits_{x \to x_0^-} f(x) = A$	$\forall \varepsilon > 0, \exists \delta > 0, 0 < x - x_0 < \Rightarrow |f(x) - A| < \varepsilon$
$\lim\limits_{x \to x_0^+} f(x) = A$	$\forall \varepsilon > 0, \exists \delta > 0, 0 < x_0 - x < \delta \Rightarrow |f(x) - A| < \varepsilon$
$\lim\limits_{x \to \infty} f(x) = A$	$\forall \varepsilon > 0, \exists M > 0, |x| > M \Rightarrow |f(x) - A| < \varepsilon$
$\lim\limits_{x \to +\infty} f(x) = A$	$\forall \varepsilon > 0, \exists M > 0, x > M \Rightarrow |f(x) - A| < \varepsilon$
$\lim\limits_{x \to -\infty} f(x) = A$	$\forall \varepsilon > 0, \exists M > 0, x < -M \Rightarrow |f(x) - A| < \varepsilon$

基本性质: $\lim_{x \to x_0} f(x) = A \Leftrightarrow \lim_{x \to x_0^-} f(x) = \lim_{x \to x_0^+} f(x) = A$; 函数极限的性质, 主要是唯一性、局部有界性、保号性、四则运算法则和复合函数的极限等.

习题 2.2

(A)

1. 求极限:

(1) $\lim\limits_{x \to \infty} x^2 \left(\dfrac{1}{x+1} - \dfrac{1}{x-1} \right)$;

(2) $\lim\limits_{x \to \infty} \dfrac{3x^2 + 2x}{4x^2 - 2x + 1}$;

(3) $\lim\limits_{x \to \infty} \dfrac{(2x-3)^2 (3x+1)^3}{(2x+1)^5}$;

(4) $\lim\limits_{x \to 3} \dfrac{\sqrt{1+x} - 2}{x-3}$.

2. 用代数方法求极限 $\lim\limits_{x \to \infty} \dfrac{\sqrt{4x^2 + x - 1} + x + 1}{\sqrt{x^2 + \sin x}}$.

3. 求下列极限:

(1) $\lim\limits_{x \to \infty} \dfrac{5x+2}{2x+3}$;

(2) $\lim\limits_{x \to 4} \dfrac{5x+2}{2x+3}$;

(3) $\lim\limits_{x \to 0} \dfrac{x^2 - 5x + 6}{10x + 9}$;

(4) $\lim\limits_{x \to 3} \dfrac{x^2 - 9}{x^2 - 3x}$.

4. 用变量代换方法求下列极限:

(1) $\lim\limits_{x \to 1} \dfrac{\sqrt[3]{x} - 1}{\sqrt{x} - 1}$;

(2) $\lim\limits_{x \to 16} \dfrac{\sqrt[4]{x} - 2}{\sqrt{x} - 4}$;

(3) $\lim\limits_{x \to 1} \dfrac{\sqrt[3]{x^2} - 2\sqrt[3]{x} + 1}{(x-1)^2}$;

(4) $\lim\limits_{x \to 0} \dfrac{\sqrt[4]{1+x} - 1}{\sqrt[3]{1+x} - 1}$;

(5) $\lim\limits_{x \to 4} \dfrac{\sqrt{2x+1} - 3}{\sqrt{x-2} - \sqrt{2}}$.

(B)

1. 求下列极限:

(1) $\lim\limits_{x\to 1}\dfrac{x^n-1}{x-1}$ (n 为正整数);　(2) $\lim\limits_{x\to 1}\dfrac{\sqrt[m]{x}-1}{x-1}$ (m 为正整数);

(3) $\lim\limits_{x\to 1}\dfrac{x+x^2+x^3+\cdots+x^n-n}{x-1}$ (n 为正整数).

2. 若 $\lim\limits_{x\to\infty}\left(\dfrac{x^2+1}{x+1}-ax-b\right)=0$,求 a,b 的值.

2.3　函数极限的几个判别定理和两个重要极限

2.3.1　函数极限的三个判别定理

将数列极限的三个判别定理推广到函数情形,便有函数极限的三个判别定理,下面我们不加证明地给出这三个定理.

定理2.3.1(两边夹定理)　若函数 $f(x),g(x),h(x)$ 在点 x_0 的某去心邻域 $\mathring{U}(x_0)$ 内满足:

(1) $g(x)\leqslant f(x)\leqslant h(x)$;

(2) $\lim\limits_{x\to x_0}g(x)=\lim\limits_{x\to x_0}h(x)=A$,

则

$$\lim\limits_{x\to x_0}f(x)=A.$$

定理2.3.2(单调有界定理)　若函数 $f(x)$ 在点 x_0 的某一侧邻域内单侧有界(在 x_0 可以没有定义),则相应的单调极限存在.

定理2.3.3(柯西准则)　设函数 $f(x)$ 在点 x_0 的某空心邻域 $\mathring{U}(x_0,\delta_0)=\{x\mid 0<\mid x-x_0\mid <\delta_0\}$(或 $\mid x\mid >X_0$ 内有定义,则极限 $\lim\limits_{x\to x_0}f(x)$(或极限 $\lim\limits_{x\to\infty}f(x)$)存在的充要条件是:$\forall \varepsilon>0$,存在 $\delta>0$(或存在 $X>0$),当 $0<\mid x_1-x_0\mid <\delta$ 且 $0<\mid x_2-x_0\mid <\delta$ 时(或当 $\mid x_1\mid >X$

且 $|x_2|>X$ 时),就有 $|f(x_1)-f(x_2)|<\varepsilon$.

例 2.3.1 证明 $\lim\limits_{x\to c} a^x = a^c$ $(a>0, c\in \mathbf{R})$.

证明 先证明 $\lim\limits_{x\to 0} a^x = 1$,即 $c=0$ 的情况. 不妨设 $1>|x|>0, a>1$,取 $n=\left[\dfrac{1}{|x|}\right]$,则有 $|x|\leqslant\dfrac{1}{n}$,进而有不等式

$$\left(\dfrac{1}{a}\right)^{\frac{1}{n}} < a^x < a^{\frac{1}{n}}.$$

显然当 $x\to 0$ 时 $n\to +\infty$,由 2.1 节的例 2.1.5 及定理 2.3.1 可得所需结论.

当 $1\geqslant a>0$ 时,有

$$\lim_{x\to 0} a^x = \dfrac{1}{\lim\limits_{x\to 0}\left(\dfrac{1}{a}\right)^x} = 1,$$

当 $c\neq 0$ 时,$a^x = a^c \cdot a^{x-c}$,由前面的讨论可知 $\lim\limits_{x\to c} a^x = a^c$.

例 2.3.2 证明 $\lim\limits_{x\to +\infty} a^x = 0$ $(1>a>0)$

证明 取 $n=[x]$,则有 $n\leqslant x$,且当 $x\to +\infty$ 时 $n\to +\infty$,注意不等式

$$0<a^x\leqslant a^n,$$

由 2.1 节的例 2.1.11 及定理 2.3.1 可得所需结论.

例 2.3.3 证明 $\lim\limits_{x\to c} \ln x = \ln c$, $(c>0)$.

证明 先证明 $\lim\limits_{x\to 1} \ln x = 0$,或者 $\lim\limits_{x\to 0^+} \ln(1+x) = 0$,回忆 2.1 节的例 2.1.8 及注 2.1.9 可知 $\lim\limits_{x\to +\infty}\left(1+\dfrac{1}{n}\right)^n = e$ 且数列 $\left\{\left(1+\dfrac{1}{n}\right)^n\right\}$ 单增,因此有

$$\left(1+\dfrac{1}{n}\right)^n < e \quad (n=1,2,\cdots),$$

对不等式两端取对数有

$$\ln\left(1+\dfrac{1}{n}\right) < \dfrac{1}{n}.$$

不妨设 $1 > x > 0$，取 $n = \left[\dfrac{1}{x}\right]$，则有

$$0 < \ln(1+x) \leqslant \ln\left(1+\dfrac{1}{n}\right) < \dfrac{1}{n}.$$

显然当 $x \to 0^+$ 时 $n \to +\infty$，由定理 2.3.1 可得所需结论. 令 $u = \dfrac{1}{x}$，则 $\lim\limits_{x \to 1^-} \ln x = -\lim\limits_{u \to 1^+} \ln u = 0$，综合起来可得 $\lim\limits_{x \to 1} \ln x = 0$. 注意 $\ln x = \ln \dfrac{x}{c} + \ln c$，应用前面讨论的结果可得 $\lim\limits_{x \to c} \ln x = \ln c$.

2.3.2 两个重要极限

函数极限的两个判别准则，特别是两边夹定理的一个重要应用就是导出了两个重要极限，并且这两个重要极限成为求函数以及数列极限的重要工具.

1. 重要极限一：$\lim\limits_{x \to \infty} \left(1 + \dfrac{1}{x}\right)^x = e.$

证明 先证 $\lim\limits_{x \to +\infty} \left(1 + \dfrac{1}{x}\right)^x = e.$ $\forall x \geqslant 1$，取 $n = [x]$，则有 $n \leqslant x < n+1$ 或 $\dfrac{1}{n+1} < \dfrac{1}{x} \leqslant \dfrac{1}{n}$. 从而

$$1 + \dfrac{1}{n+1} < 1 + \dfrac{1}{x} \leqslant 1 + \dfrac{1}{n}.$$

由于上述不等式中各项均大于 1，所以

$$\left(1 + \dfrac{1}{n+1}\right)^n < \left(1 + \dfrac{1}{x}\right)^x \leqslant \left(1 + \dfrac{1}{n}\right)^{n+1}.$$

又

$$\lim_{n \to \infty} \left(1 + \dfrac{1}{n+1}\right)^n = \lim_{n \to \infty} \left[\left(1 + \dfrac{1}{n+1}\right)^{n+1} \left(1 + \dfrac{1}{n+1}\right)^{-1}\right] = \dfrac{e}{1} = e,$$

$$\lim_{n \to \infty} \left(1 + \dfrac{1}{n}\right)^{n+1} = \lim_{n \to \infty} \left[\left(1 + \dfrac{1}{n}\right)^x \left(1 + \dfrac{1}{n}\right)\right] = e \cdot 1 = e.$$

当 $x \to +\infty$ 时,有 $n \to \infty$,由定理 2.3.1,有

$$\lim_{x \to +\infty} \left(1 + \frac{1}{x}\right)^x = e.$$

再证 $\lim\limits_{x \to -\infty} \left(1 + \frac{1}{x}\right)^x = e.$ 设 $x = -y$,则当 $x \to -\infty$ 时, $y \to +\infty$,有

$$\lim_{x \to -\infty} \left(1 + \frac{1}{x}\right)^x = \lim_{y \to +\infty} \left(1 - \frac{1}{y}\right)^{-y}$$

$$= \lim_{x \to +\infty} \left[\left(1 + \frac{1}{y-1}\right)^{y-1} \cdot \left(1 + \frac{1}{y-1}\right)\right] = e.$$

综上, $\lim\limits_{x \to \infty} \left(1 + \frac{1}{x}\right)^x = e.$

例 2.3.4 计算下列极限

(1) $\lim\limits_{x \to 0} (1 + x)^{\frac{1}{x}}$; (2) $\lim\limits_{x \to 0} \dfrac{\ln(1+x)}{x}$.

解 (1) 令 $y = \dfrac{1}{x}$,则有 $(1+x)^{\frac{1}{x}} = \left(1 + \dfrac{1}{y}\right)^y$,由前面讨论的重要极限可得

$$\lim_{x \to 0} (1+x)^{\frac{1}{x}} = e.$$

(2) $\dfrac{\ln(1+x)}{x} = \ln(1+x)^{\frac{1}{x}}$,由(1)及例 2.3.3 得

$$\lim_{x \to 0} \frac{\ln(1+x)}{x} = 1.$$

2. 重要极限二: $\lim\limits_{x \to 0} \dfrac{\sin x}{x} = 1.$

证明 (1) 由于 $\dfrac{\sin x}{x}$ 是偶函数,所以只讨论 $x \to 0^+$ 的情形即可. 作单位圆(图 2-5). 设 $\angle AOB = x \left(0 < x < \dfrac{\pi}{2}\right)$, $OB = 1$. 比较 $\triangle AOB$、扇形 AOB 和 $\triangle AOC$ 的面积,有

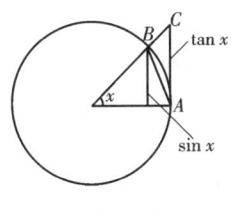

图 2-5

即
$$\frac{\sin x}{2} < \frac{x}{2} < \frac{\tan x}{2},$$

$$1 < \frac{x}{\sin x} < \frac{1}{\cos x},$$

得

$$\cos x < \frac{\sin x}{x} < 1.$$

由例 2.2.3 中的"模仿练习"知，$\lim\limits_{x\to 0^+}\cos x = 1$，故由两边夹定理，得 $\lim\limits_{x\to 0^+}\frac{\sin x}{x} = 1$.

（2）由对称性，知 $\lim\limits_{x\to 0^-}\frac{\sin x}{x} = 1$. 最后，由定理 2.2.2 知

$$\lim_{x\to 0}\frac{\sin x}{x} = 1.$$

例 2.3.5 求极限 $\lim\limits_{x\to 0}\sqrt[n]{1+x}$.

解 用函数极限的两边夹定理，因为 $x = -1$ 时

$$1 - |x| \leqslant \sqrt[n]{1+x} \leqslant 1 + |x|,$$

而

$$\lim_{x\to 0}(1-|x|) = \lim_{x\to 0}(1+|x|) = 1,$$

所以

$$\lim_{x\to 0}\sqrt[n]{1+x} = 1.$$

例 2.3.6 求 $\lim\limits_{x\to\infty}\left(\frac{x}{1+x}\right)^x$.

解 原式 $= \lim\limits_{x\to\infty}\dfrac{1}{\left(1+\dfrac{1}{x}\right)^x} = \dfrac{1}{\lim\limits_{x\to\infty}\left(1+\dfrac{1}{x}\right)^x} = \dfrac{1}{e}$.

例 2.3.7 求 $\lim\limits_{x\to 0}(1-2x^2)^{\frac{1}{x^2}}$.

解 原式 $= \lim\limits_{x\to\infty} \left[(1-2x^2)^{\frac{1}{-2x^2}}\right]^{-2} = e^{-2}$.

例 2.3.8 求 $\lim\limits_{x\to\infty} \left(\dfrac{x+1}{x-1}\right)^x$.

解 原式 $= \lim\limits_{x\to\infty} \left(\dfrac{1+\dfrac{1}{x}}{1-\dfrac{1}{x}}\right)^x$

$= \lim\limits_{x\to\infty}\left[\left(1+\dfrac{1}{x}\right)^x \cdot \left(1-\dfrac{1}{x}\right)^{-x}\right] = e \cdot e = e^2.$

例 2.3.9 求 $\lim\limits_{x\to\infty}\left(\dfrac{2x+1}{2x+3}\right)^x$.

解 方法一

原式 $= \lim\limits_{x\to\infty}\left(1+\dfrac{-2}{2x+3}\right)^x = \lim\limits_{x\to\infty}\left[\left(1+\dfrac{-2}{2x+3}\right)^{\frac{2x+3}{-2}}\right]^{\frac{-2x}{2x+3}} = e^{-1}$.

(用到复合函数求极限定理).

方法二

原式 $= \lim\limits_{x\to\infty} \dfrac{\left[\left(1+\dfrac{1}{2x}\right)^{2x}\right]^{\frac{1}{2}}}{\left[\left(1+\dfrac{3}{2x}\right)^{\frac{2x}{3}}\right]^{\frac{3}{2}}} = \dfrac{\lim\limits_{x\to\infty}\left[\left(1+\dfrac{1}{2x}\right)^{2x}\right]^{\frac{1}{2}}}{\lim\limits_{x\to\infty}\left[\left(1+\dfrac{3}{2x}\right)^{\frac{2x}{3}}\right]^{\frac{3}{2}}} = \dfrac{e^{\frac{1}{2}}}{e^{\frac{3}{2}}} = e^{-1}$.

例 2.3.10 求 $\lim\limits_{x\to\frac{\pi}{2}}\left(1+\dfrac{\cos x}{2}\right)^{\sec x}$.

解 原式 $= \lim\limits_{x\to\frac{\pi}{2}}\left(1+\dfrac{\cos x}{2}\right)^{\frac{2}{\cos x}\cdot\frac{1}{2}} = e^{\frac{1}{2}}$.

例 2.3.11 求 $\lim\limits_{n\to\infty}\left(1+\dfrac{1}{n}+\dfrac{1}{n^2}\right)^{2n}$.

解 原式 $= 求 \lim\limits_{n\to\infty}\left(1+\dfrac{1}{n}+\dfrac{1}{n^2}\right)^{\frac{1}{\frac{1}{n}+\frac{1}{n^2}}\left(\frac{1}{n}+\frac{1}{n^2}\right)\cdot 2n}$

$= \left[\lim\limits_{n\to\infty}\left(1+\dfrac{1}{n}+\dfrac{1}{n^2}\right)^{\frac{1}{\frac{1}{n}+\frac{1}{n^2}}}\right]^{\left[\lim\limits_{n\to\infty}\left(\frac{1}{n}+\frac{1}{n^2}\right)\cdot 2n\right]} = e^2$.

例 2.3.12 求 $\lim\limits_{x\to 0}\dfrac{\tan x}{x}$.

解 原式 $=\lim\limits_{x\to 0}\left(\dfrac{\sin x}{x}\cdot\dfrac{1}{\cos x}\right)=\lim\limits_{x\to 0}\dfrac{\sin x}{x}\cdot\lim\limits_{x\to 0}\dfrac{1}{\cos x}=1$.

例 2.3.13 求 $\lim\limits_{x\to 0}\dfrac{1-\cos x}{x^2}$.

解 原式 $=\lim\limits_{x\to 0}\dfrac{2\sin^2\dfrac{x}{2}}{x^2}=\dfrac{1}{2}\lim\limits_{x\to 0}\dfrac{\sin^2\dfrac{x}{2}}{\left(\dfrac{x}{2}\right)^2}=\dfrac{1}{2}\left(\lim\limits_{x\to 0}\dfrac{\sin\dfrac{x}{2}}{\dfrac{x}{2}}\right)^2=\dfrac{1}{2}$.

例 2.3.14 求 $\lim\limits_{x\to\infty}x\sin\dfrac{1}{x}$.

解 原式 $=\lim\limits_{x\to\infty}\dfrac{\sin\dfrac{1}{x}}{\dfrac{1}{x}}=1$.

另外,可用柯西准则,证明数列(或函数)极限收敛,或是发散,比如下列例题:

例 2.3.15 设 $x_n=1+\dfrac{1}{2^2}+\dfrac{1}{3^2}+\cdots+\dfrac{1}{n^2}$,试证数列 $\{x_n\}$ 收敛.

证明 根据柯西准则,仅证 $\{x_n\}$ 是柯西数列即可.

$$|x_{n+p}-x_n|=\dfrac{1}{(n+1)^2}+\dfrac{1}{(n+2)^2}+\cdots+\dfrac{1}{(n+p)^2}$$

$$<\dfrac{1}{n(n+1)}+\dfrac{1}{(n+1)(n+2)}+\cdots+\dfrac{1}{(n+p-1)(n+p)}$$

$$=\left(\dfrac{1}{n}-\dfrac{1}{n+1}\right)+\left(\dfrac{1}{n+1}-\dfrac{1}{n+2}\right)+\cdots+\left(\dfrac{1}{n+p-1}-\dfrac{1}{n+p}\right)$$

$$=\dfrac{1}{n}-\dfrac{1}{n+p}<\dfrac{1}{n}.$$

故 $\forall\varepsilon>0$,要使 $|x_{n+p}-x_n|<\varepsilon$,即 $n>\dfrac{1}{\varepsilon}$,取 $N=\left[\dfrac{1}{\varepsilon}\right]+1$,当 $n>N$

时,对任意正整数 p,都有 $|x_{n+p} - x_n| < \dfrac{1}{n} < \varepsilon$. $\lim\limits_{n\to\infty} x_n$ 存在,即 $\lim\limits_{n\to\infty}\left(1 + \dfrac{1}{2^2} + \dfrac{1}{3^2} + \cdots + \dfrac{1}{n^2}\right)$ 存在. 这就证明了 $\{x_n\}$ 为柯西数列. 根据柯西准则, $\{x_n\}$ 收敛.

2.3.3 小结

重要结论:函数极限的两边夹定理;

两个重要极限: $\lim\limits_{x\to\infty}\left(1 + \dfrac{1}{x}\right)^x = e$, $\lim\limits_{x\to 0}\dfrac{\sin x}{x} = 1$.

两个重要极限的意义在于可以计算超越函数的极限,即三角函数(反三角函数)、指数(对数)函数、幂函数(幂为无理数)等的极限.

习题 2.3

(A)

1. 利用重要极限,求下列极限:

(1) $\lim\limits_{x\to\infty}\left(\dfrac{x}{1+x}\right)^x$; (2) $\lim\limits_{x\to\infty}\left(\dfrac{2+x}{x-3}\right)^x$; (3) $\lim\limits_{x\to 0}\left(1 + \dfrac{x}{2}\right)^{\frac{1}{x}}$;

(4) $\lim\limits_{n\to\infty}\left(1 - \dfrac{x}{n}\right)^n$; (5) $\lim\limits_{x\to 1} x^{\frac{1}{1-x}}$; (6) $\lim\limits_{x\to 0}(\cos 2x)^{\frac{1}{\sin^2 x}}$;

(7) $\lim\limits_{n\to\infty}\left(\dfrac{n+x}{n-1}\right)^n$; (8) $\lim\limits_{x\to 0}(1-3x)^{\frac{2}{\sin x}}$; (9) $\lim\limits_{x\to 0}\dfrac{\tan 2x}{\sin x}$;

(10) $\lim\limits_{x\to 0}\dfrac{\sin 5x}{\sin 2x}$; (11) $\lim\limits_{x\to a}\dfrac{\sin x - \sin a}{x - a}$;

(12) $\lim\limits_{x\to 0}\dfrac{\ln(x+a) - \ln a}{x}$.

2. 已知 $\lim\limits_{x\to\infty}\left(\dfrac{x+2a}{x-2a}\right)^x = 8$,求 a.

(B)

1. 设 $f(x) = \lim\limits_{t \to x} \left(\dfrac{x-1}{t-1}\right)^{\frac{1}{x-t}}$，其中 $(x-1)(t-1) > 0$，试求 $f(x)$ 的表达式.

2. 求下列极限：

(1) $\lim\limits_{x \to 0} \dfrac{1}{x} \ln \sqrt{\dfrac{1+x}{1-x}}$；

(2) $\lim\limits_{x \to +\infty} x[\ln(x+2) - 2\ln(x+1) + \ln x]$；

(3) $\lim\limits_{x \to 0} (\sec^2 x)^{\frac{1}{x^2}}$；　　　　(4) $\lim\limits_{x \to -2} \dfrac{\tan(\pi x)}{x+2}$；

(5) $\lim\limits_{x \to 1} \left(\dfrac{1-2x}{\pi x(1-x)} + \dfrac{1}{\sin \pi x}\right)$；　　(6) $\lim\limits_{x \to 0} \left(\dfrac{a^{x^2} + b^{x^2}}{a^x + b^x}\right)^{\frac{1}{x}}, a, b > 0$；

(7) $\lim\limits_{x \to +\infty} \ln(1 + 2^x) \ln\left(1 + \dfrac{3}{x}\right)$.

3. 试用柯西准则证明：

(1) 设 $x_n = 1 - \dfrac{1}{2} + \dfrac{1}{3} - \dfrac{1}{4} + \cdots + (-1)^{n-1}\dfrac{1}{n}, n = 1, 2, 3, \cdots$，证明 $\{x_n\}$ 收敛.

(2) 设 $x_n = 1 + \dfrac{1}{2} + \cdots + \dfrac{1}{n}, n = 1, 2, \cdots$，证明 $\{x_n\}$ 发散.

2.4　无穷小量和无穷大量

很多时候不仅需要知道函数是否有极限或者极限是什么，还希望知道函数作为一种变量趋于极限的快慢. 又由于当函数 $y = f(x)$ 以 A 为极限时，等价于 $f(x) - A$ 以零为极限，所以研究一般变量趋于极限值的快慢问题，总可以归结为讨论以零为极限的变量趋于零的快慢问题.

2.4.1 无穷小量

1. 无穷小量的概念

在 2.2 节中讨论了六个类型的函数极限,如果在这六种情况下函数的极限为零,则称该函数为无穷小量,简称无穷小.

注 2.4.1

(1) 上面关于无穷小的表述可以理解为无穷小量的定义,需要注意以下三点:

①无穷小量是一个变量;
②无穷小量涉及一个极限过程;
③该极限过程的极限为零.

因此,常数 0 是无穷小量,这里常量 0 看作是变量的特殊情况,但是一般情况下无穷小量不是 0,更不是一个绝对值很小的数.

(2) 更一般的可以称极限为 0 的变量为无穷小量,因此如果一个数列的极限为 0,则该数列仍可理解为无穷小量.

2. 无穷小量的性质

根据极限定义与极限四则运算法则,不难证明无穷小量的下列性质.

性质 1　有限个无穷小量的和、差仍是无穷小量.
性质 2　有限个无穷小量的乘积仍是无穷小量.
性质 3　无穷小量除以极限不为零的变量仍是无穷小量.
性质 4　无穷小量与有界变量的乘积仍是无穷小量.

特别是性质 4 是一个很有用的性质,例如 $\lim\limits_{x\to 0} x \sin\dfrac{1}{x}, \lim\limits_{x\to 0} x \cos\dfrac{1}{x}$ 和 $\lim\limits_{n\to\infty} \dfrac{1}{n} \sin n$,它们的极限均为零,即它们仍都是无穷小量.

下面的定理一般称作极限的无穷小量表示,在后面的学习中我们会用到.

定理2.4.1(极限的无穷小量表示) $\lim_{x \to x_0} f(x) = A$ 的充分必要条件是,存在一个无穷小量 $\alpha(x)(x \to x_0)$,使 $f(x) = A + \alpha(x)$.

证明 必要性($\Rightarrow$). 由假设 $\lim_{x \to x_0} f(x) = A$,得 $\lim_{x \to x_0} [f(x) - A] = 0$. 令 $\alpha(x) = f(x) - A$,则 $\lim_{x \to x_0} \alpha(x) = 0$,即 $\alpha(x)$ 是当 $x \to x_0$ 时的无穷小量,且 $f(x) = A + \alpha(x)$.

充分性($\Leftarrow$). 设 $f(x) = A + \alpha(x)$,且 $\lim_{x \to x_0} \alpha(x) = 0$,因而

$$\lim_{x \to x_0} f(x) = \lim_{x \to x_0} [A + \alpha(x)] A.$$

3. 无穷小量的比较

如前面的讨论,所有的极限问题可以归结为无穷小的问题,如果说极限值标志变量的变化趋势的话,那么这里不需要再讨论变化趋势. 事实上把无穷小作为讨论对象的目的在于讨论无穷小的比较,即在若干个无穷小量之间做比较. 这里的想法是为了研究一个无穷小量的变化过程,**以某个相对简单或了解得比较透彻的变量作为参照,通过比较解决问题**. 这里问题的焦点是变量的变化过程,较之前面的讨论更深入,可以说无穷小量的比较问题是微积分的核心问题之一.

现在我们来研究无穷小量趋近于零的速度问题. 函数 $x, x^2, \sin x$ 和 $\sin^2 x$ 在 $x \to 0$ 时都是无穷小量,可是

$$\lim_{x \to 0} \frac{\sin x}{x^2} = \lim_{x \to 0} \frac{\sin x}{x} \cdot \frac{1}{x} = \infty, \lim_{x \to 0} \frac{\sin x}{x} = 1,$$

$$\lim_{x \to 0} \frac{\sin^2 x}{x} = \lim_{x \to 0} \frac{\sin x}{x} \cdot \sin x = 0.$$

从上述无穷小量的比较中,明显看出它们趋于零的速度很不相同. 于是,便引出了无穷小量之间比较的概念.

定义2.4.1 设 $\alpha = \alpha(x), \beta = \beta(x)$ 是无穷小量,且 $\alpha(x) \neq 0$.

(1) 若 $\lim \frac{\beta}{\alpha} = 0$,则称 β 是较 α 高阶的无穷小量,记作 $\beta = o(\alpha)$.

(其中字母 o 是小写英文字母).

(2) 若 $\lim \dfrac{\beta}{\alpha} = C$（$C \neq 0$ 是常数），则称 β 与 α 是同阶的无穷小量,记作 $\beta = O(\alpha)$（其中字母 O 是大写英文字母）.

特别地,若 $\lim \dfrac{\beta}{\alpha} = 1$,则称 β 与 α 是等价无穷小量,记作 $\beta \sim \alpha$.

(3) 若 $\lim \dfrac{\beta}{\alpha^k} = C$（$C \neq 0$ 是常数,且 $k > 0$）,则称 β 是 α 的 k 阶无穷小量,记作 $\beta = O(\alpha^k)$.

例如,由于 $\lim\limits_{x \to 0} \dfrac{\sin^2 x}{x} = 0$,即当 $x \to 0$ 时,$\sin^2 x$ 比 x 趋于零的速度要快,因而 $\sin^2 x$ 是较 x 高阶的无穷小量,记作 $\sin^2 x = o(x)$；而由于 $\lim\limits_{x \to 0} \dfrac{\sin x}{x} = 1$,故 $\sin x$ 与 x 是当 $x \to 0$ 时的等价无穷小量,记作 $\sin x \sim x$.

2.4.2 等价无穷小量

由于等价无穷小量在求极限时具有重要的应用,所以这里我们特别就等价无穷小量的性质进行讨论.

定理 2.4.2 设 $\alpha = \alpha(x)$ 与 $\beta = \beta(x)$ 是无穷小量,则
$$\alpha \sim \beta \Leftrightarrow \alpha = \beta + o(\beta) \Leftrightarrow \beta = \alpha + o(\alpha).$$

证明 利用等价无穷小量的定义可以直接验证定理结论,具体细节留给读者.

注 2.4.2 上述定理表明,不能把等价无穷小量理解成两个量相等,这是两个不同的概念. 从概念上说,两个无穷小量等价,仅表明它们以相同的速度趋于零,而二者并不相等,事实上它们的差是比它们中的任何一个都是更高阶的无穷小量.

为了能熟练地运用等价无穷小量代换,记住一些常用的等价无穷小量是很必要的. 表 2.2 列出了当 $x \to 0$ 时常用的等价无穷小量.

表 2.2

$\sin x \sim x$	$\tan x \sim x$
$\arcsin x \sim x$	$\arctan x \sim x$
$1 - \cos x \sim \dfrac{1}{2}x^2$	$(1+x)^\alpha - 1 \sim \alpha x \ (\alpha \neq 0)$
$\log_a(1+x) \sim \dfrac{x}{\ln \alpha}$	$\ln(1+x) \sim x$
$a^x - 1 \sim x \ln \alpha$	$e^x - 1 \sim x$

例 2.4.1 求 $\lim\limits_{x \to 0} \dfrac{e^x - 1}{x}$.

解 令 $u = e^x - 1$，则 $x = \ln(1+u)$，显然当 $x \to 0$ 时 $u \to 0$，反之亦然. 故

$$\lim_{x \to 0} \frac{e^x - 1}{x} = \lim_{u \to 0} \frac{u}{\ln(1+u)} = 1.$$

例 2.4.1 可以引申出如下极限：

$$\lim_{x \to 0} \frac{a^x - 1}{x} = \ln a \ (a > 0) \text{ 和 } \lim_{x \to 0} \frac{(1+x)^\alpha - 1}{x} = \alpha \ (\alpha \neq 0).$$

以第二个极限为例，

$$\lim_{x \to 0} \frac{(1+x)^\alpha - 1}{x} = \lim_{x \to 0} \frac{e^{\alpha \ln(1+x)} - 1}{x} = \lim_{x \to 0} \frac{e^{\alpha \ln(1+x)} - 1}{\alpha \ln(1+x)} \cdot \frac{\alpha \ln(1+x)}{x} = \alpha.$$

例 2.4.2 求 $\lim\limits_{x \to 0} \dfrac{1 - \cos x}{x^2}$.

解 由三角函数公式 $1 - \cos x = 2\sin^2 \dfrac{x}{2}$，于是有

$$\lim_{x \to 0} \frac{1 - \cos x}{x^2} = \lim_{x \to 0} \frac{2\sin^2 \dfrac{x}{2}}{x^2} = \frac{1}{2} \lim_{x \to 0} \left(\frac{\sin \dfrac{x}{2}}{\dfrac{x}{2}} \right)^2 = \frac{1}{2}.$$

例 2.4.3 求 $\lim\limits_{x \to 0} \dfrac{(\sqrt[n]{1 + x - x^2} - 1) \arctan^2 x}{\sin 5x (1 - \cos x)}$.

解 原式 $= \lim\limits_{x\to 0} \dfrac{\dfrac{1}{n}(x-x^2)\cdot x^2}{5x\cdot \dfrac{1}{2}x^2} = \lim\limits_{x\to 0}\dfrac{2(1-x)}{5n} = \dfrac{2}{5n}$.

注2.4.3 等价无穷小量代换的主要功用是可以有效降低极限运算的复杂程度,它是化繁为简数学思想的具体应用,本例题充分体现了这一点.据此,在求极限过程中,应当优先考虑等价无穷小量代换方法的运用.

例2.4.4 求 $\lim\limits_{x\to 0}\dfrac{e^{\tan x} - e^{\sin x}}{\sqrt{4+x^3}-2}$.

解 此题是 $\dfrac{0}{0}$ 型不定式(关于不定式的概念,请参见后面罗必达法则的介绍).

$$\text{原式} = \lim\limits_{x\to 0}\dfrac{e^{\sin x}(e^{\tan x - \sin x}-1)}{2\left(\sqrt{1+\dfrac{x^3}{4}}-1\right)} \qquad ①$$

$$= \lim\limits_{x\to 0}\dfrac{1\cdot(\tan x - \sin x)}{2\cdot \dfrac{x^3}{8}} \qquad ②$$

$$= 4\lim\limits_{x\to 0}\dfrac{\tan x - \sin x}{x^3} \qquad ③$$

$$= 4\lim\limits_{x\to 0}\dfrac{\dfrac{\sin x}{\cos x}(1-\cos x)}{x^3} = 4\lim\limits_{x\to 0}\dfrac{\dfrac{x}{1}\cdot\dfrac{x^2}{2}}{x^3} = 4\cdot\dfrac{1}{2} = 2.$$

注2.4.4 ①将分子、分母变形,以便能利用等价无穷小量代换.

②分子运用了"$e^x - 1 \sim x$",分母运用了"$\ln(1+x) \sim x$"两个常用无穷小量代换.当然,这里运用了复合函数求极限的定理.此外,对于极限表达式中的乘除因子,可以预先将其极限求出,这在一定程度上简化了极限运算.

③这一步特别提请注意,尽管 $\tan x$ 和 $\sin x$ 都是当 $x\to 0$ 时的无穷

小量,但由于它们是以代数和的形式出现,所以一般情况下,不要对它们分别做等价无穷小量代换. 显而易见, 在这一步, 如果把它们分别代换成 x, 便得出了错误结果. 事实上, 当 $x\to 0$ 时, $\tan x - \sin x \sim \frac{1}{2}x^3$, 而与 $(x-x)$ 不等价.

从此例我们还可以看出,等价无穷小量代换在将极限运算简化的同时,也将一个十分难解的极限问题在"同解"意义下,转化为一个易解问题.

例 2.4.5 已知 $\lim\limits_{x\to 0}\dfrac{\sqrt{1+f(x)\sin 2x}-1}{e^{2x}-1}=2$, 求 $\lim\limits_{x\to 0}f(x)$.

解 因为

$$\lim_{x\to 0}\frac{\sqrt{1+f(x)\sin 2x}-1}{e^{2x}-1}=2,\ \lim_{x\to 0}(e^{2x}-1)=0,$$

所以

$$\lim_{x\to 0}(\sqrt{1+f(x)\sin 2x}-1)=0,$$

注意到

$$\lim_{x\to 0}f(x)\sin 2x=0,$$

则

$$\sqrt{1+f(x)\sin 2x}-1 \sim \frac{1}{2}f(x)\sin 2x\ (x\to 0),$$

从而

$$\lim_{x\to 0}\frac{\sqrt{1+f(x)\sin 2x}-1}{e^{2x}-1}=\frac{1}{2}\lim_{x\to 0}\frac{f(x)\sin 2x}{2x}=\frac{1}{2}\lim_{x\to 0}f(x)=2,$$

由此可得

$$\lim_{x\to 0}f(x)=4.$$

注 2.4.5 这是一个综合性较强的例题. 解题的关键点是:(1)由于原题分母是无穷小量,且已知极限等于 2, 由无穷小量阶的定义, 推知分子应当是与分母同阶的无穷小量.

(2) 因为

$$\lim_{x \to 0} \frac{\sqrt{1+f(x)\sin 2x} - 1}{e^{2x} - 1} = 2,$$

根据极限性质,推知

$$\frac{\sqrt{1+f(x)\sin 2x} - 1}{e^{2x} - 1}$$

有界,进一步推知 $f(x)$ 有界,所以才能有

$$\lim_{x \to 0} f(x)\sin 2x = 0,$$

也才能有

$$\sqrt{1+f(x)\sin 2x} - 1 \sim \frac{1}{2}f(x)\sin 2x.$$

2.4.3 无穷大量的概念

定义 2.4.2 设函数 $f(x)$ 在点 x_0 的去心邻域 $\mathring{U}(x_0)$ 内有定义. 若 $\forall M > 0, \exists \delta > 0$,使得当 $0 < |x - x_0| < \delta$ 时,有 $|f(x)| > M$,则称函数 $f(x)$ 是当 $x \to x_0$ 时的无穷大量,简称无穷大,记作 $\lim\limits_{x \to x_0} f(x) = \infty$ 或 $f(x) \to \infty \ (x \to x_0)$.

注 2.4.6 (1) 当 $x \to x_0$ 时的无穷大量 $f(x)$,从概念上说,其极限是不存在的,但出于方便的考虑,仍用极限的符号表示无穷大量.

(2) 在上述定义中,将不等式 $|f(x)| > M$ 分别改为 $f(x) > M$ 和 $f(x) < M$,则相应地称函数 $f(x)$ 是当 $x \to x_0$ 时的正无穷大量和负无穷大量,并记之为 $\lim\limits_{x \to x_0} f(x) = +\infty$ 和 $\lim\limits_{x \to x_0} f(x) = -\infty$.

无穷大量的性质:

性质 1 两个无穷大量的乘积仍是无穷大量.

性质 2 无穷大量和一个局部有界量之和仍是无穷大量.

关于无穷大量与无穷小量之间的关系,有如下定理.

定理 2.4.3 在自变量的同一变化中,若 $f(x)$ 是无穷大量,则

$\dfrac{1}{f(x)}$ 是无穷小量;反之,若 $f(x)$ 是无穷小量,且 $f(x) \neq 0$,则 $\dfrac{1}{f(x)}$ 是无穷大量.

利用无穷小量与无穷大量的定义,很容易给出此定理的证明,此处略.

2.4.4 小结

基本概念:无穷小量(无穷大量),无穷小量的比较.

基本方法:运用等价无穷小量计算极限,熟记常用的等价无穷小量.

习题 2.4

(A)

1. 若 α, β 是两个无穷小,且 $\alpha = 0(\beta^k)$,称 α 是 β 的 k 阶无穷小,当 $x \to 0$ 时,下列无穷小量是 x 的几阶无穷小量?

(1) $3x - 4x^2 + 5x^3$; (2) $\sqrt{x + \sqrt{x + \sqrt{x}}}$.

2. 证明:当 $x \to 0$ 时,$\sec x - 1 \sim \dfrac{1}{2}x^2$.

3. 两个无穷小量的商一定是无穷小量吗? 举例说明.

4. 设数列 $\{y_n\}$ 有界,又 $\lim\limits_{n \to \infty} x_n = 0$,证明:$\lim\limits_{n \to \infty} x_n y_n = 0$.

5. 运用无穷小量的性质,求下列极限:

(1) $\lim\limits_{x \to +\infty} e^{-x} \cos x$; (2) $\lim\limits_{x \to 0} x \cos \dfrac{1}{x}$;

(3) $\lim\limits_{n \to +\infty} \dfrac{n}{n^2 + 1} \sin n!$; (4) $\lim\limits_{x \to 0} \left(x \sin \dfrac{1}{x} + \dfrac{1}{x} \sin x \right)$.

6. 运用等价无穷小量代换,求下列极限:

(1) $\lim\limits_{x \to 0} \dfrac{\sin 5x}{\sin 2x}$; (2) $\lim\limits_{x \to 0} \dfrac{\tan 2x}{\sin x}$;

(3) $\lim\limits_{x\to 0}\dfrac{\arcsin 5x}{\sin 5x}$;

(4) $\lim\limits_{x\to 0}\dfrac{\arcsin\dfrac{x^2}{\sqrt{1-x^2}}}{x}$;

(5) $\lim\limits_{x\to 0}\dfrac{1-\cos(1-\cos 2x)}{\sin x^4}$;

(6) $\lim\limits_{x\to 0}\dfrac{\tan x-\sin x}{\arctan^3 x}$;

(7) $\lim\limits_{x\to a}\dfrac{\sin x-\sin a}{x-a}$;

(8) $\lim\limits_{x\to -2}\dfrac{\tan(\pi x)}{x+2}$;

(9) $\lim\limits_{x\to 1}\dfrac{1-x^2}{\sin(\pi x)}$;

(10) $\lim\limits_{x\to 1}\dfrac{\ln x}{1-x}$.

7. 证明:当 $x\to\infty$ 时, $f(x)=x\sin x$ 是无界函数,而非无穷大量.

8. 证明:当 $x\to 0$ 时, $f(x)$ 是无穷小量的充要条件是 $|f(x)|$ 是无穷小量.

(B)

1. 设 $\lim\limits_{n\to\infty}\dfrac{n^a}{n^b-(n-1)^b}=1$,试求常数 a,b 的值.

2. 已知当 $x\to 0$ 时,$\arctan 3x$ 与 $\dfrac{ax}{\cos x}$ 是等价无穷小量,试确定 a 的值.

3. 当 $x\to 1^+$ 时,$\ln x\cdot\sqrt{3x^2-2x-1}$ 与 $(x-1)^a$ 为同阶无穷小量,试确定 a 的值.

4. 求 $\lim\limits_{x\to +\infty}(\cos\sqrt{x^2+2}-\cos x)$.

5. 已知 $\lim\limits_{x\to +\infty}(5x-\sqrt{ax^2+bx+1})=2$,求常数 a 和 b.

6. 设函数 $f(x)$ 当 $x\to 0^+$ 时是 x 的等价无穷小量,且 $f(x)>x$,试证
$$\lim_{x\to 0^+}\dfrac{[f(x)]^x-x^x}{f(x)-x}=1.$$

2.5 连续函数

在第一章基于函数的基本定义讨论过函数的一些初等性质,如奇偶性、单调性和周期性等,这里基于函数极限概念讨论函数的一个具

有基本重要性的属性,即函数的连续性.人类在很早的时候就知道使用绳子,今天类似绳子的物品如电线、金属丝等数不胜数,它们可以用来传输、捆绑、牵引、编织等,其功能也不可胜数,这意味着人类已在通俗和直观的层面上理解连续性的概念,下面给出连续性的数学描述.

2.5.1 连续函数概念

定义 2.5.1 设函数 $f(x)$ 在 x_0 点的某个邻域内有定义,若
$$\lim_{x \to x_0} f(x) = f(x_0),$$
则称函数 $f(x)$ 在 x_0 点连续,且称 x_0 是函数 $f(x)$ 的连续点.

注 2.5.1 用 $\varepsilon - \delta$ 语言函数 $f(x)$ 在 x_0 点连续的定义可叙述如下:对 $\forall \varepsilon > 0$, $\exists \delta > 0$, 当 $|x - x_0| < \delta$ 时,有 $|f(x) - f(x_0)| < \varepsilon$.

这里需要注意,函数的连续性与函数极限两个概念之间的联系和区别,与函数 $f(x)$ 在 x_0 点的极限定义(定义 2.2.1)比较,会发现函数 $f(x)$ 在 x_0 点连续的定义与函数 $f(x)$ 在 x_0 点极限的定义有区别. 关键的区别在于不等式 $|x - x_0| < \delta$, 定义 2.2.1 中相应的不等式是 $0 < |x - x_0| < \delta$, 这意味着在定义 2.2.1 中, 函数 $f(x)$ 可以在 x_0 点处无定义, 或者即使函数 $f(x)$ 在 x_0 点处有定义, 等式 $\lim\limits_{x \to x_0} f(x) = f(x_0)$ 可能不成立. 为了清晰起见将这些区别列于表 2.3.

表 2.3

区别	函数 $f(x)$ 在 x_0 点极限的定义	函数 $f(x)$ 在 x_0 点连续的定义
邻域的区别	邻域不必包含 x_0 点(空心邻域)	邻域包含 x_0 点
不等式的区别	$0 < |x - x_0| < \delta$	$|x - x_0| < \delta$
极限值的区别	$|f(x) - A| < \varepsilon$	$|f(x) - f(x_0)| < \varepsilon$
表达式的区别	$\lim\limits_{x \to x_0} f(x) = A$	$\lim\limits_{x \to x_0} f(x) = f(x_0)$

类似函数 $f(x)$ 在 x_0 点的单侧极限,可以定义函数 $f(x)$ 在 x_0 点的单侧连续性.

定义 2.5.2 设函数 $f(x)$ 在 x_0 点的左半邻域 $(x_0-\delta,x_0]$(或 x_0 点的右半邻域 $[x_0,x_0+\delta))$($\delta>0$)上有定义,若
$$\lim_{x\to x_0^-}f(x)=f(x_0)(或 \lim_{x\to x_0^+}f(x)=f(x_0))$$
则称函数 $f(x)$ 在 x_0 点处左连续(或右连续).

注 2.5.2 显然函数 $f(x)$ 在 x_0 点连续的充分必要条件是函数 $f(x)$ 在 x_0 点左连续且右连续.

定义 2.5.3 若函数 $f(x)$ 在开区间 (a,b) 内的每一点都连续,则称函数 $f(x)$ 在开区间 (a,b) 内连续;若函数 $f(x)$ 在开区间 (a,b) 内连续,且在 a 点右连续,在 b 点左连续,则称函数 $f(x)$ 在闭区间 $[a,b]$ 内连续.

注 2.5.3 在上述定义中,函数在一个区间的连续性是逐点定义的,因此,**函数的连续性反映的是函数的局部性质**,即在某一点的一个邻域内的性质.

2.5.2 连续函数的性质

这一小节讨论函数的连续性与函数的运算之间的关系(这里把函数的复合也理解为一种运算).利用函数极限的性质即可得如下结论.

定理 2.5.1 设函数 $f(x)$ 和 $g(x)$ 在 x_0 点连续,C 是常数,则函数
$$C\cdot f(x),\ f(x)+g(x),\ f(x)\cdot g(x),\ \frac{f(x)}{g(x)}\ (g(x_0)\ne 0).$$
都在 x_0 点连续.

定理 2.5.2(复合函数的连续性) 设函数 $f(u)$ 在 u_0 点连续,函数 $g(x)$ 在 x_0 点连续,且 $u_0=g(x_0)$,则复合函数 $f(g(x))$ 在点 x_0 连续.

证明 由定理 2.2.10 可得结论.

定理 2.5.3(单调函数的连续性准则) 闭区间 $[a,b]$ 上的严格单调函数 $f(x)$ 在 $[a,b]$ 上连续的充分必要条件是,当 x 在 $[a,b]$ 上变化时,函数 $f(x)$ 的值域构成以 $f(a)$ 和 $f(b)$ 为端点的闭区间.

（证明略）

注 2.5.4 （1）定理 2.5.3 的结论对开区间的情况仍然成立,事实上连续性是函数的局部性质,任取开区间 (a,b) 内一点 x_0,在开区间 (a,b) 内取点 x_0 的闭邻域 $[x_0-\delta, x_0+\delta]$ $(\delta>0)$,则可以将开区间的情况转化为闭区间的情况,具体细节留给读者思考。

（2）对无限区间有类似的结论,读者可以自行思考如何叙述相关结论的条件,这里提示读者考虑函数 $f(x)$ 的值域与函数在区间端点处的极限的关系。

定理 2.5.4（反函数的连续性） 设函数 $y=f(x)$ 在区间 (a,b) 内严格单调且连续,其值域为区间 (α,β),则 $f(x)$ 的反函数 $f^{-1}(y)$ 在区间 (α,β) 内严格单调且连续。

证明 任取开区间 (a,b) 内一点 x_0,设 $y_0=f(x_0)$,在开区间 (a,b) 内取点 x_0 的闭邻域 $[x_0-\delta, x_0+\delta]$ $(\delta>0)$,由定理 2.5.3 可知,当 x 在 $[x_0-\delta, x_0+\delta]$ 上变化时函数 $f(x)$ 的值域构成以 $f(x_0-\delta)$ 和 $f(x_0+\delta)$ 为端点的闭区间,且反函数 $f^{-1}(y)$ 在以 $f(x_0-\delta)$ 和 $f(x_0+\delta)$ 为端点的闭区间上连续,因此在 y_0 处连续。

注 2.5.5 对其他类型的区间有类似的结论,读者可以自行思考如何叙述相关结论的条件。

在 2.2 节的例 2.2.3 中讨论了极限 $\lim\limits_{x \to a} \sin x = \sin a$ 和 $\lim\limits_{x \to a} \cos x = \cos a$,由连续性的定义可知,$\sin x$ 和 $\cos x$ 在其定义域里是连续函数,结合连续函数的性质可知,同样的结论对其他三角函数成立。再由定理 2.5.4 可知,反三角函数在其定义域里是连续函数。

在 2.3 节的例 2.3.1 和例 2.3.3 里讨论了极限 $\lim\limits_{x \to c} a^x = a^c$ $(a>0, c \in \mathbf{R})$ 和 $\lim\limits_{x \to c} \ln x = \ln c$ $(c>0)$,因此指数函数 a^x 和自然对数 $\ln x$ 在其定义域里是连续函数,由换底公式 $\log_a x = \dfrac{\ln x}{\ln a}$ $(a>0)$ 可知一般对数函数 $\log_a x$ 在其定义域里是连续函数。

由公式 $x^\alpha = e^{\alpha \ln x}$ $(x>0, \alpha \in \mathbf{R})$,结合定理 2.5.2 可知,幂函数 x^α

在其定义域里是连续函数.

综合上面的讨论和定理 2.5.2 可得下面结论.

定理 2.5.5 初等函数在其自然定义域中的任一区间内连续.

下面结合定理 2.5.5 讨论两道例题.

例 2.5.1 证明函数 $f(x) = |x|$ 在 $(-\infty, +\infty)$ 上连续.

证明 注意 $|x| = \sqrt{x^2}$,因此 $|x|$ 是初等函数,由定理 2.5.5 可得结论.

例 2.5.2 证明函数

$$f(x) = \begin{cases} x\sin\dfrac{1}{x}, & x \neq 0, \\ 0, & x = 0 \end{cases}$$

的连续性.

证明 当 $x \neq 0$ 时 $f(x)$ 是初等函数,因此在 $(-\infty, 0) \cup (0, +\infty)$ 内连续,当 $x = 0$ 时有

$$0 \leq \left| x\sin\dfrac{1}{x} \right| \leq |x|$$

由两边夹定理可知 $\lim\limits_{x \to 0} f(x) = 0$,结论得证.

2.5.3 函数的间断点

为了全面理解一个概念,有必要考虑其对立面,对函数的连续性而言就是要考虑破坏函数连续性的点(不连续点),这种点我们称为间断点. 首先回忆函数 $f(x)$ 在点 x_0 连续的基本定义,

$$\lim_{x \to x_0} f(x) = f(x_0),$$

欲使上式成立,等式两边应该有意义,即极限 $\lim\limits_{x \to x_0} f(x)$ 存在且 $f(x)$ 在点 x_0 有定义,如果极限 $\lim\limits_{x \to x_0} f(x)$ 不存在或者 $f(x)$ 在点 x_0 没有定义,则上面的等式无意义. 因此破坏上面的等式应该出于下面三个原因:

(1) 极限 $\lim\limits_{x \to x_0} f(x)$ 不存在;

(2) 函数 $f(x)$ 在点 x_0 没有定义;

(3) 极限 $\lim\limits_{x \to x_0} f(x)$ 存在且 $f(x)$ 在点 x_0 有定义,但是
$$\lim_{x \to x_0} f(x) \neq f(x_0).$$

极限概念是函数连续性的概念的基础,因此第一条原因最为重要,如果极限 $\lim\limits_{x \to x_0} f(x)$ 不存在,则会出现下面三种可能性:

① 函数 $f(x)$ 在点 x_0 处的左右极限存在,但是
$$\lim_{x \to x_0^+} f(x) \neq \lim_{x \to x_0^-} f(x);$$

② $\lim\limits_{x \to x_0^+} f(x)$ 不存在或者 $\lim\limits_{x \to x_0^-} f(x)$ 不存在;

③ $\lim\limits_{x \to x_0} f(x) = \infty$.

归纳上面的讨论有如下定义.

定义 2.5.4 设 x_0 是函数 $f(x)$ 的间断点,对间断点分类如下:

(1) 第一类间断点

如果 $\lim\limits_{x \to x_0^+} f(x)$ 和 $\lim\limits_{x \to x_0^-} f(x)$ 均存在,则称 x_0 是函数 $f(x)$ 的第一类间断点.

第一类间断点又可分为两种情况:

① 极限 $\lim\limits_{x \to x_0} f(x)$ 存在,则称 x_0 是函数 $f(x)$ 的可去间断点;

② $\lim\limits_{x \to x_0^+} f(x) \neq \lim\limits_{x \to x_0^-} f(x)$,则称 x_0 是函数 $f(x)$ 的跳跃间断点.

(2) 第二类间断点

非第一类间断点统称为第二类间断点.

注 2.5.6

(1) 可去间断点有两种可能性,即函数 $f(x)$ 在点 x_0 没有定义,或者函数 $f(x)$ 在点 x_0 有定义,但是 $\lim\limits_{x \to x_0} f(x) \neq f(x_0)$;通过补充或修改函数 $f(x)$ 在点 x_0 的定义,可使函数 $f(x)$ 在点 x_0 处连续,故这类间断点称为可去间断点.

(2) 第二类间断点包括两种可能性,即左右极限 $\lim\limits_{x \to x_0^+} f(x)$ 和

$\lim\limits_{x\to x_0^-} f(x)$ 至少有一个不存在,例如 $\lim\limits_{x\to x_0} f(x) = \infty$.

例2.5.3 判断下列函数在指定点处属于哪一类间断点?对于可去间断点通过补充或修改函数在指定点处的定义使其连续.

(1) $f(x) = \begin{cases} x+1, & x<0, \\ 0, & x=0, \\ x-1, & x>0, \end{cases}$ 在 $x_0 = 0$ 处;

(2) $f(x) = \dfrac{x^2-1}{x-1}$,在 $x_0 = 1$ 处;

(3) $f(x) = \begin{cases} -x, & x<0, \\ 1, & x=0, \\ x, & x>0, \end{cases}$ 在 $x_0 = 0$ 处;

(4) $f(x) = \tan x$,在 $x_0 = \dfrac{\pi}{2}$ 处;

(5) $f(x) = \sin\dfrac{1}{x}$,在 $x_0 = 0$ 处.

解 (1) 因为
$$\lim_{x\to 0^+} f(x) = \lim_{x\to 0^+}(x+1) = 1,\ \lim_{x\to 0^-} f(x) = \lim_{x\to 0^-}(x-1) = -1,$$
在 $x_0 = 0$ 处左、右极限存在但不相等,因此 $x_0 = 0$ 是函数 $f(x)$ 的跳跃间断点.

(2) $f(x) = \dfrac{x^2-1}{x-1}$ 在 $x_0 = 1$ 处无定义,但是
$$\lim_{x\to 1}\dfrac{x^2-1}{x-1} = \lim_{x\to 1}(x+1) = 2,$$
故 $x_0 = 1$ 是函数 $f(x)$ 的可去间断点,补充定义 $f(1) = 2$,则修改后的函数
$$f(x) = \begin{cases} \dfrac{x^2-1}{x-1}, & x \neq 1, \\ 2, & x = 1 \end{cases}$$
在 $x_0 = 1$ 处连续.

(3) 显然 $\lim\limits_{x\to 0}f(x)=0$,故 $x_0=0$ 是函数 $f(x)$ 的可去间断点,但是 $f(0)=1$,即 $\lim\limits_{x\to 0}f(x)\neq f(0)$,修改函数 $f(x)$ 在 $x_0=0$ 的定义,令 $f(0)=0$,则修改后的函数

$$f(x)=\begin{cases}-x, & x<0,\\ 0, & x=0,\\ x, & x>0\end{cases}$$

在 $x_0=0$ 处连续.

(4) 显然 $\lim\limits_{x\to\frac{\pi}{2}}\tan x=\infty$,事实上 $\lim\limits_{x\to\frac{\pi}{2}^-}\tan x=+\infty$,$\lim\limits_{x\to\frac{\pi}{2}^+}\tan x=-\infty$. 故 $x_0=\dfrac{\pi}{2}$ 是第二类间断点.

(5) 当 $x\to 0$ 时,函数 $f(x)=\sin\dfrac{1}{x}$ 在 1 和 -1 之间振荡,因此 $\lim\limits_{x\to 0}f(x)$ 不存在,故 $x_0=0$ 是第二类间断点.

2.5.4 闭区间上连续函数的性质

前面主要讨论连续函数的局部性质,现在开始讨论连续函数在有限闭区间上的整体性质. 这一小节的定理均不给出证明.

定理 2.5.6(最大值和最小值定理) 设函数 $f(x)$ 在闭区间 $[a,b]$ 上连续,则 $f(x)$ 在闭区间 $[a,b]$ 上可以取到最大值和最小值.

注 2.5.7 定理 2.5.6 的结论蕴含有限闭区间上的连续函数的有界性.

定理 2.5.7(介值定理) 设函数 $f(x)$ 在闭区间 $[a,b]$ 上连续,M 和 m 分别是 $f(x)$ 在闭区间 $[a,b]$ 上的最大值和最小值,常数 c 满足 $m\leq c\leq M$,则存在 $\mu\in[a,b]$,使得 $f(\mu)=c$.

定理 2.5.8(零点定理) 设函数 $f(x)$ 在闭区间 $[a,b]$ 上连续,且 $f(a)f(b)<0$,则存在 $\mu\in(a,b)$,使得 $f(\mu)=0$.

注 2.5.8 (1)在上面的三个定理中有限闭区间的条件是不能缺少的,对于其他类型的区间结论可能不成立.

(2) 定理 2.5.7 和定理 2.5.8 彼此等价.

例 2.5.4 设函数 $f(x)$ 在 (a,b) 内连续,$x_1,x_2 \in (a,b)$ $(x_1 < x_2)$,证明:$\exists \mu \in (a,b)$ 使得 $f(\mu) = \frac{1}{2}[f(x_1) + f(x_2)]$.

证明 设 $M = \max\limits_{[x_1,x_2]} f(x)$,$m = \min\limits_{[x_1,x_2]} f(x)$,显然有

$$m \leq \frac{1}{2}[f(x_1) + f(x_2)] \leq M,$$

由定理 2.5.7 可得区间 $[x_1,x_2]$ 内 μ 的存在性,注意 $[x_1,x_2]$ 是 (a,b) 的子区间,结论得证.

例 2.5.5 设函数 $f(x)$ 在 $[0,1]$ 上连续,且 $f(0) = f(1)$,试证 $\exists \mu \in \left[0, \frac{2}{3}\right]$ 使 $f\left(\mu + \frac{1}{3}\right) = f(\mu)$.

证明 令 $\varphi(x) = f\left(x + \frac{1}{3}\right) - f(x)$,$x \in \left[0, \frac{2}{3}\right]$,显然 $\varphi(x)$ 在 $\left[0, \frac{2}{3}\right]$ 上连续,注意

$$\varphi(0) = f\left(\frac{1}{3}\right) - f(0),\ \varphi\left(\frac{1}{3}\right) = f\left(\frac{2}{3}\right) - f\left(\frac{1}{3}\right),\ \varphi\left(\frac{2}{3}\right) = f(1) - f\left(\frac{2}{3}\right),$$

由于 $f(0) = f(1)$,因此 $\varphi(0) + \varphi\left(\frac{1}{3}\right) + \varphi\left(\frac{2}{3}\right) = 0$. 如果 $\varphi(0)$,$\varphi\left(\frac{1}{3}\right)$,$\varphi\left(\frac{2}{3}\right)$ 均为零,则结论成立,否则其中至少有两项不为零且异号,应用定理 2.5.8 可得所需结论.

例 2.5.6 设函数 $f(x)$ 在 $[0,1]$ 上连续,其值域也是 $[0,1]$,且满足 $f(0) = 0$,$f(1) = 1$,$f[f(x)] = x$ ($\forall x \in [0,1]$),试证:$f^{-1}(x) = f(x)$,$f(x) \equiv x$,$x \in [0,1]$.

证明 设 $x_1, x_2 \in (0,1)$,$x_1 \neq x_2$,则 $f[f(x_1)] \neq f[f(x_2)]$,因此 $f(x_1) \neq f(x_2)$,这表明函数值域自变量之间有一一对应,所以反函数 $f^{-1}(x)$ 存在,比较 $f[f^{-1}(x)] = x$,$f[f(x)] = x$,则有 $f^{-1}(x) = f(x)$,此时必有 $f(x) \equiv x$,否则存在 $x_0 \in (0,1)$,$f(x_0) \neq x_0$,不妨设 $f(x_0) > x_0$,

记 $x_1 = f(x_0)$,注意此时必有 $x_1 > 0$,且 $f(x_1) = f[f(x_0)] = x_0$,所以 $0 < f(x_1) < f(x_0)$,由介质定理可知存在 $\mu \in (0, x_0)$,使得 $f(\mu) = f(x_1)$,但是 $\mu < x_0 < x_1$,矛盾.

例 2.5.7 证明方程 $x2^x = 1$ 至少有一个小于 1 的实根.

证明 构造函数 $f(x) = x2^x - 1$,则方程 $x2^x = 1$ 的根的问题转化为函数 $f(x)$ 的零点问题. 现在需要证明函数 $f(x) = x2^x - 1$ 在区间 $(-\infty, 1)$ 内有一个零点,注意 $f(1) = 1$,$f(0) = -1$,由介质定理可知在区间 $(0,1)$ 内 $f(x)$ 有一个零点.

2.5.5 一致连续性

我们先介绍函数的一致连续性概念.

定义 2.5.5 设函数 $f(x)$ 在区间 I 上有定义,如果对任意给定的 $\varepsilon > 0$,总存在 $\delta > 0$ 使得对于区间 I 上的任意两点 x_1, x_2,当 $|x_1 - x_2| < \delta$,就有 $|f(x_1) - f(x_2)| < \varepsilon$,那么称函数 $f(x)$ 在区间 I 上一致连续.

一致连续性表示,不论在区间 I 的任何部分,只要自变量的两个数值接近到一定程度,就可使对应的函数值达到所指定的接近程度.

由上述定义可知,如果函数 $f(x)$ 在区间 I 上一致连续,那么 $f(x)$ 在区间 I 上也是连续的. 但反过来不一定成立. 举例如下:

例 2.5.8 试证函数 $f(x) = \dfrac{1}{x}$ 在区间 $[a, 1]$ $(0 < a < 1)$ 上一致连续,但在 $(0,1]$ 上不一致连续.

证明 $\forall x_1, x_2 \in [a, 1]$,

$$|f(x_1) - f(x_2)| = \left|\frac{1}{x_1} - \frac{1}{x_2}\right| = \frac{|x_1 - x_2|}{x_1 x_2} \leqslant \frac{|x_2 - x_1|}{a^2},$$

故 $\forall \varepsilon > 0$,要使 $|f(x_1) - f(x_2)| < \varepsilon$,只要 $\dfrac{|x_2 - x_1|}{a^2} < \varepsilon$,即 $|x_2 - x_1| < a^2 \varepsilon$. 取 $\delta = a^2 \varepsilon$,则当 $|x_2 - x_1| < \delta$ 时,就有

$$|f(x_1) - f(x_2)| = \left|\frac{1}{x_1} - \frac{1}{x_2}\right| < \varepsilon,$$

这就证明了 $f(x) = \dfrac{1}{x}$ 在 $[a,1]$ 上一致连续.

显然 $f(x) = \dfrac{1}{x}$ 在 $(0,1]$ 内连续,现在证明它在 $(0,1]$ 内不一致连续:对于 $\varepsilon_0 = \dfrac{1}{2} > 0$,对于任意取定的 $\delta > 0$(不妨设 $0 < \delta < 1$),不论 δ 怎么小,取 $N = \left[\dfrac{1}{\delta}\right]$,则 $x_1 = \dfrac{1}{N+1}, x_2 = \dfrac{1}{N+2} \in (0,1]$,而且 $|x_1 - x_2| = \dfrac{1}{(N+1)(N+2)} < \delta$,但 $|f(x_1) - f(x_2)| = |(N+1) - (N+2)| = 1 > \dfrac{1}{2} = \varepsilon_0$,这就证明了 $f(x) = \dfrac{1}{x}$ 在 $(0,1]$ 内不一致连续.

定理 2.5.9(一致连续性定理,又称为康托(Cantor)定理) 如果函数 $f(x)$ 在闭区间 $[a,b]$ 上连续,则 $f(x)$ 在闭区间 $[a,b]$ 上一致连续.

这里不予证明,有兴趣的读者可查阅数学分析或高等数学的其他教材.

注 2.5.9 定理 2.5.9 中有限闭区间的条件不可缺少.

2.5.6 小结

1. 基本概念

① 函数在一点处连续的定义;
② 函数在区间内连续的定义;
③ 函数的间断点及其分类.

2. 基本结论

① 连续函数的局部性质(连续函数的四则运算,复合函数和反函数的连续性);
② 初等函数的连续性;

③有限闭区间上连续函数的整体性质.

3. 基本要求

①能够判断函数在一点处的连续性,并对间断点进行分类,在可去间断点的情况能够通过修改或补充函数定义的方式使函数连续;

②能用有限闭区间上连续函数的整体性质完成些简单的证明题.

习题 2.5

(A)

1. 设 $f(x) = \begin{cases} x^2 \sin \dfrac{1}{x}, & x > 0, \\ a + e^x, & x \leqslant 0, \end{cases}$ 问 a 为何值时,$f(x)$ 在 $x=0$ 处连续.

2. 下列函数在 $x=0$ 处无定义,试定义 $f(0)$ 的值,使 $f(x)$ 在 $x=0$ 处连续.

(1) $f(x) = \dfrac{\sqrt{1+x^2}-1}{x^2}$; (2) $f(x) = \dfrac{1-\cos 4x}{x^2}$.

3. 试求 a 与 b 的值,使得下列函数在 $(-\infty, +\infty)$ 内连续.

(1) $f(x) = \begin{cases} 2e^x, & x < 0, \\ a, & x = 0, \\ 3x+b, & x > 0; \end{cases}$ (2) $f(x) = \begin{cases} x\sin\dfrac{1}{x}, & x > 0, \\ a + e^x, & x \leqslant 0; \end{cases}$

(3) $f(x) = \begin{cases} \dfrac{\sin 2x}{x} + b, & x < 0, \\ a, & x = 0, \\ \dfrac{\ln(1+x)}{x}, & x > 0; \end{cases}$ (4) $f(x) = \begin{cases} \dfrac{\arctan x}{x} + b, & x < 0, \\ 0, & x = 0, \\ (1-x)^{\frac{1}{x}} + a, & x > 0. \end{cases}$

4. 试求下列函数的间断点,并指出间断点的类型,如果是可去间断点,则补充定义或重新定义函数在间断处的值,使其连续.

(1) $f(x) = \dfrac{x^2-1}{x^2-3x+2}$;

(2) $f(x) = \begin{cases} 3+x^2, & x<0, \\ \dfrac{\sin 3x}{x}, & x>0; \end{cases}$

(3) $f(x) = \dfrac{1-\cos x}{x^2}$;

(4) $f(x) = x\cos\dfrac{1}{x}$;

(5) $f(x) = e^{-\frac{1}{x}}$;

(6) $f(x) = \dfrac{2x}{\sin x}$;

(7) $f(x) = \arctan\dfrac{1}{x}$;

(8) $f(x) = 2x\cos\dfrac{1}{x}$;

(9) $f(x) = \dfrac{\ln x}{1-x}$.

5. 利用函数的连续性求下列函数的极限

(1) $\lim\limits_{x\to\frac{\pi}{2}} \dfrac{\sqrt{2}+\cos\dfrac{x}{2}}{1+\sin x}$;

(2) $\lim\limits_{x\to 0} \arcsin\dfrac{1-x}{2+x}$;

(3) $\lim\limits_{x\to 0} e^{\frac{\ln(2+x)}{1+x}}$;

(4) $\lim\limits_{x\to 0} \arctan\dfrac{x}{1-\sqrt{1+2x}}$;

(5) $\lim\limits_{x\to\frac{\pi}{4}} \dfrac{\cos 2x}{\sin x-\cos x}$;

(6) $\lim\limits_{x\to+\infty} x(\ln(x+1)-\ln x)$;

(7) $\lim\limits_{x\to 0} (1+3\tan x)^{4\cot x}$;

(8) $\lim\limits_{x\to 3} \sqrt[3]{x^2-2x+5}$;

(9) $\lim\limits_{x\to 1} \dfrac{\sqrt[3]{x}-1}{1-x}$;

(10) $\lim\limits_{x\to 0} \arcsin\dfrac{1+2x}{2+x}$;

(11) $\lim\limits_{x\to 0} \arccos x$;

(12) $\lim\limits_{x\to 1} \arctan x$;

(13) $\lim\limits_{x\to 0} \dfrac{\ln(1+2x)}{x}$;

(14) $\lim\limits_{x\to 0} \ln\dfrac{\sin 3x}{x}$;

(15) $\lim\limits_{x\to\infty} \arcsin\dfrac{x+2}{2x+5}$.

6. 证明方程 $x\ln(2+x)=1$ 至少有一个小于 1 的正根.

7. 证明方程 $x^3-x-2=0$ 在区间 $(0,2)$ 内至少有一个根.

8. 设 $f(x)$ 在 $[0,2]$ 上连续,$f(0)=f(2)$,证明方程 $f(x)=f(x+1)$

在 $[0,1]$ 上至少有一个实根.

9. 试证方程 $\sin x + x + 1 = 0$ 在 $\left(-\dfrac{\pi}{2}, \dfrac{\pi}{2}\right)$ 内至少有一个实根.

10. 试证方程 $x = a\sin x + b$ $(a > 0, b > 0)$ 至少有一个不超过 $a + b$ 的正根.

11. 设 $f(x)$ 在 (a,b) 内连续,又 $a < x_1 < x_2 < \cdots < x_n < b$,试证:存在 $\xi \in [x_1, x_n], n \geq 2$,使 $f(\xi) = \dfrac{f(x_1) + f(x_2) + \cdots + f(x_n)}{n}$.

(B)

1. 证明:实系数 4 次方程 $x^4 + px^3 + qx^2 + rx + s = 0$ $(s < 0)$ 至少有两个实根.

2. 设函数 $f(x), g(x)$ 在 $[a,b]$ 上连续,且 $f(a) > g(a)$, $f(b) < g(b)$,证明:至少存在一点 $\xi \in (a,b)$,使得 $f(\xi) = g(\xi)$.

3. 设函数 $f(x)$ 在 $[a,b]$ 上连续,证明:对任何正实数 α, β,存在 $\xi \in [a,b]$ 使 $\alpha f(a) + \beta f(b) = (\alpha + \beta) f(\xi)$.

4. 设函数 $f(x)$ 在 $(a, +\infty)$ 内连续,且 $\lim\limits_{x \to a^+} f(x) = +\infty$, $\lim\limits_{x \to +\infty} f(x) = +\infty$,证明:$f(x)$ 在 $(a, +\infty)$ 内取得最小值.

5. 设函数 $f(x), g(x)$ 在 (a,b) 内连续,证明:函数 $F(x) = \max(f(x), g(x))$ 与 $G(x) = \min(f(x), g(x))$ 也在 (a,b) 内连续.

6. 设函数 $f(x)$ 在 (a,b) 内连续,且 $\lim\limits_{x \to a^+} f(x) = A$, $\lim\limits_{x \to b^-} f(x) = B$ 均存在,证明:$f(x)$ 在 (a,b) 内有界且一致连续.

7. 设函数 $f(x)$ 在 (a,b) 内连续,且 $\lim\limits_{x \to a^+} f(x) = \lim\limits_{x \to b^-} f(x) = B$ 存在,又存在 $x_1 \in (a,b)$,使得 $f(x_1) \geq B$,证明:$f(x)$ 在 (a,b) 内取得最大值.

8. 证明:$y = \sin x$ 与 $y = \cos x$ 都在 $(-\infty, +\infty)$ 内一致连续.

9. 证明:$f(x) = \arctan x$ 在 $(-\infty, +\infty)$ 内一致连续.

10. 设函数 $f(x)$ 在 $(a, +\infty)$ 内有定义,且存在常数 $L, a > 0$,使得 $\forall x_1, x_2 \in (a, +\infty)$,有 $|f(x_1) - f(x_2)| \leq L|x_1 - x_2|^a$,证明:$f(x)$ 在 $(a, +\infty)$ 内一致连续(满足上述条件的函数 $f(x)$ 称为具有李普希兹(Lip-

schitz)性质).

11. 设函数 $f(x)$ 在 $(a,+\infty)$ 内有定义,若 $\forall \varepsilon>0$,存在连续函数 $g(x) \in C(a,+\infty)$,使得 $|f(x)-g(x)|<\varepsilon, \forall x \in (a,+\infty)$,求证: $f(x)$ 在 $(a,+\infty)$ 内连续.

第 3 章 导数与微分

从本章开始,我们将进入本课程的核心内容——微积分部分. 现在所学习的微积分内容要归功于牛顿(Sir Isaac Newton(1643—1727),英国)和莱布尼兹(Gottfried Leibnitz(1646—1716),德国). 对于单变量函数(一元函数)而言,与微分等价的概念为导数. 在本章中,我们将从导数、微分的几何意义和物理意义出发,给出其定义、性质、四则运算等内容,其应用(包括洛必达法则、中值定理、泰勒公式等内容)将在下一章中介绍.

3.1 导数的定义

3.1.1 导数概念的背景

1. 差商

在自然科学和社会科学的许多领域中,都需要从数量上研究函数相对于自变量变化的快慢程度. 设函数 $f(x)$ 在某一区间上有定义,x_0 是区间内一点,自变量 x 在区间内变化,符号 $\Delta x = x - x_0$ 称为自变量在点 x_0 处的增量(或改变量),

$$\Delta f(x_0) = f(x) - f(x_0) = f(x_0 + \Delta x) - f(x_0)$$

称为函数 $f(x)$ 在点 x_0 处的增量(改变量或差分). 显然,函数的增量依赖自变量的增量,为了衡量 Δx 对 $\Delta f(x_0)$ 的影响,引进差商 $\dfrac{\Delta f(x_0)}{\Delta x}$,差商的意义在于衡量函数的增量依赖自变量增量变化的效果,差商也称为函数的变化率,或平均变化率.

2. 变速直线运动的速度

在充满激情的赛马或者汽车场地赛中,如何计算其瞬时速度呢? 我们发现,精确地计算瞬时速度较为困难,通常,我们可以利用较短时间 $[t_0, t_0 + \Delta t]$ 内的平均速度近似地替代瞬时速度. 设 $s(t)$ 表示赛马或赛车在 t 时刻的位移,则其瞬时速度

$$v(t_0) \approx \frac{s(t_0 + \Delta t) - s(t_0)}{\Delta t},$$

且 Δt 越小,近似值越精确.

3. 切线及其斜率

考虑一段曲线 $y = f(x), x \in [a, b]$ 上某一点 $x_0 \in [a, b]$ 的切线的斜率,如图 3-1.

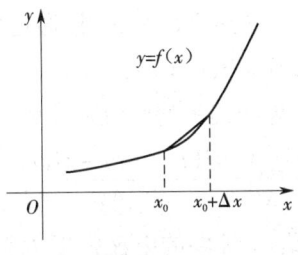

图 3-1

可以用 x_0 点及 $x_0 + \Delta x$ 点的割线的斜率近似替代曲线在 x_0 点的切线斜率:

$$k(x_0) \approx \frac{f(x_0 + \Delta x) - f(x_0)}{\Delta x},$$

且 Δx 越小,近似值越精确.

从上面的两例可以看出,在计算瞬时速度及切线的斜率时,Δt(或 Δx)越小,近似值越接近精确值. 可以用极限

$$\lim_{\Delta t \to 0} \frac{s(t_0 + \Delta t) - s(t_0)}{\Delta t}$$

和

$$\lim_{\Delta x \to 0} \frac{f(x_0 + \Delta x) - f(x_0)}{\Delta x}$$

来描述此近似过程.

例 3.1.1 设 $f(x) = x^2$, $x_0 = 3$,计算 $\lim\limits_{\Delta x \to 0} \dfrac{f(x_0 + \Delta x) - f(x_0)}{\Delta x}$.

解 求函数的极限,有

$$\lim_{\Delta x \to 0} \frac{(3 + \Delta x)^2 - 3^2}{\Delta x} = \lim_{\Delta x \to 0} \frac{\Delta x^2 + 6\Delta x}{\Delta x} = 6.$$

4. 电流强度

在交流电路中,电流大小是随时间变化的. 设电流通过导线的横截面的电量是 $Q(t)$,它是时间 t 的函数. 现在来确定某一给定时刻 t_0 的电流强度. 当时间由 t_0 改变到 $t_0 + \Delta t$ 时,通过导线的电量是

$$\Delta Q = Q(t_0 + \Delta t) - Q(t_0),$$

因此在 Δt 这段时间内,导线的平均电流强度为

$$\bar{I} = \frac{\Delta Q}{\Delta t} = \frac{Q(t_0 + \Delta t) - Q(t_0)}{\Delta t},$$

显然,Δt 越小,$\bar{I}$ 就越接近时刻 t_0 的电流强度 I,当 $\Delta t \to 0$ 时,如果极限 $\lim\limits_{\Delta t \to 0} \dfrac{\Delta Q}{\Delta t}$ 存在,则此极限为导线在 t_0 时刻的电流强度,即

$$I = \lim_{\Delta t \to 0} \frac{\Delta Q}{\Delta t} = \lim_{\Delta t \to 0} \frac{Q(t_0 + \Delta t) - Q(t_0)}{\Delta t}.$$

5. 成本函数

在经济学中有许多函数,这里以成本函数为例. 一般地,以货币记值的(总)成本 C 是产量 x 的函数,即 $C = C(x)$ ($x \geq 0$),称为成本函

数,当产量 $x=0$ 时,对应的成本 $C(0)$ 是固定成本值. $\overline{C}(x) = \dfrac{C(x)}{x}$ $(x>0)$ 称为单位成本函数或平均成本函数. 当产量从某一定值 x 开始做很小的变化 Δx 时, $C(x)$ 的差商 $\dfrac{C(x+\Delta x) - C(x)}{\Delta x}$ 表示产量从 x 到 $x+\Delta x$ 之间的平均成本.

上面五个例子虽然具体含义不同,但从抽象的数量关系来看,它们的实质是一样的,都归结为计算函数增量与自变量增量的比值,当自变量的增量趋于零时的极限,这种特殊的极限就称为函数的导数.

3.1.2 导数的定义

定义 3.1.1 设函数 $y=f(x)$ 在点 x_0 的某个邻域内有定义,当自变量在点 x_0 处取得增量 Δx 时,函数 $f(x)$ 取得相应的增量 $\Delta y = f(x_0 + \Delta x) - f(x_0)$,如果极限 $\lim\limits_{\Delta x \to 0} \dfrac{\Delta y}{\Delta x}$ 存在,则称这个极限值为 $f(x)$ 在点 x_0 处的导数,记作 $f'(x_0)$,或 $y'|_{x \to x_0}$,或 $\dfrac{\mathrm{d}y}{\mathrm{d}x}\bigg|_{x \to x_0}$,即

$$f'(x_0) = \lim_{\Delta x \to 0} \frac{\Delta y}{\Delta x} = \lim_{\Delta x \to 0} \frac{f(x_0 + \Delta x) - f(x_0)}{\Delta x},$$

并称函数 $f(x)$ 在点 x_0 处可导. 如果上述极限不存在,则称 $f(x)$ 在点 x_0 处不可导.

与函数 $y=f(x)$ 在点 x_0 处的左、右极限概念相似,如果 $\lim\limits_{\Delta x \to 0^-} \dfrac{\Delta y}{\Delta x}$ 和 $\lim\limits_{\Delta x \to 0^+} \dfrac{\Delta y}{\Delta x}$ 存在,则分别称此两极限为 $f(x)$ 在点 x_0 处的**左导数**和**右导数**,记为 $f'_-(x_0)$ 和 $f'_+(x_0)$.

显然,函数 $y=f(x)$ 在点 x_0 处可导的充要条件是函数 $y=f(x)$ 该点处的左导数与右导数均存在且相等.

如果函数 $f(x)$ 在某区间 (a,b) 内的每一点都可导,则称 $f(x)$ 在区间 (a,b) 内可导,这时,对于 (a,b) 内的每一点 x,都有确定的导数值与

它对应,这样就构成了一个新的函数,称为函数 $f(x)$ 的**导函数**,记作 f' 或 y', $\dfrac{dy}{dx}$, $\dfrac{df(x)}{dx}$,在不致发生混淆的情况下,导函数也简称导数.

有了导数的定义,前面的四个例子就可以叙述为:

(1) 路程 s 对时间 t 的导数为瞬时速度 v,即 $v(t_0) = s'(t_0)$.

(2) 函数 $f(x)$ 在 x_0 处的导数的几何意义是曲线 $f(x)$ 在点 x_0 处的切线的斜率,即 $k(x_0) = f'(x_0)$. 另外,若曲线 $f(x)$ 在 x_0 处可导,则曲线在点 (x_0, y_0) 处的切线方程为

$$y - y_0 = f'(x_0)(x - x_0),$$

曲线在点 (x_0, y_0) 处的法线方程为

$$y - y_0 = -\dfrac{1}{f'(x_0)}(x - x_0).$$

(3) 电量 $Q(t)$ 对时间 t 的导数为电流强度 I,即 $I(t_0) = Q'(t_0)$.

(4) 成本函数的边际为

$$\lim_{\Delta x \to 0} \dfrac{C(x + \Delta x) - C(x)}{\Delta x},$$

边际是经济学中的重要概念,在社会科学的其他领域也有广泛应用.

3.1.3 计算导数举例

根据导数的定义计算导数有三个步骤:

(1) 求差分 Δy; (2) 求差商 $\dfrac{\Delta y}{\Delta x}$; (3) 求极限 $\lim\limits_{\Delta x \to 0} \dfrac{\Delta y}{\Delta x}$.

例 3.1.2 求函数 $f(x) = C$ (C 是常数) 的导数.

解 (1) $\Delta y = f(x + \Delta x) - f(x) = C - C = 0$;

(2) $\dfrac{\Delta y}{\Delta x} = 0$;

(3) $\lim\limits_{\Delta x \to 0} \dfrac{\Delta y}{\Delta x} = 0$,即 $C' = 0$.

例 3.1.3 求函数 $f(x) = x^n$ ($n \in N$) 的导数.

解 (1) $\Delta y = (x + \Delta x)^n - x^n$

$$= C_n^0 x^n + c_n^1 x^{n-1} \Delta x + C_n^2 x^{n-2} (\Delta x)^2 + \cdots + C_n^n (\Delta x)^n - x^n$$
$$= C_n^1 x^{n-1} \Delta x + C_n^2 x^{n-2} (\Delta x)^2 + \cdots + (\Delta x)^n;$$

(2) $\dfrac{\Delta y}{\Delta x} = C_n^1 x^{n-1} + C_n^2 x^{n-2} (\Delta x) + \cdots + (\Delta x)^{n-1};$

(3) $\lim\limits_{\Delta x \to 0} \dfrac{\Delta y}{\Delta x} = C_n^1 x^{n-1} = n x^{n-1}$,即 $(x^n)' = n x^{n-1}$.

例 3.1.4　求函数 $f(x) = \log_a x\ (a > 0, a \neq 1)$ 的导数.

解　(1) $\Delta y = \log_a (x + \Delta t) - \log_a x = \log_a \left(1 + \dfrac{\Delta x}{x}\right);$

(2) $\dfrac{\Delta y}{\Delta x} = \dfrac{1}{\Delta x} \log_a \left(1 + \dfrac{\Delta x}{x}\right) = \dfrac{1}{x} \log_a \left(1 + \dfrac{\Delta x}{x}\right)^{\frac{x}{\Delta x}};$

(3) $\lim\limits_{\Delta x \to 0} \dfrac{\Delta y}{\Delta x} = \dfrac{1}{x} \log_a \mathrm{e} = \dfrac{1}{x \cdot \ln a}$，即

$$(\log_a x)' = \dfrac{1}{x \cdot \ln a}.$$

例 3.1.5　求正弦函数 $y = \sin x$ 和余弦函数 $y = \cos x$ 的导数.

解　(1) $\Delta y = \sin(x + \Delta x) - \sin x = 2 \sin \dfrac{\Delta x}{2} \cos \left(x + \dfrac{\Delta x}{2}\right);$

(2) $\dfrac{\Delta y}{\Delta x} = \dfrac{\sin \dfrac{\Delta x}{2}}{\dfrac{\Delta x}{2}} \cos \left(x + \dfrac{\Delta x}{2}\right);$

(3) $\lim\limits_{\Delta x \to 0} \dfrac{\Delta y}{\Delta x} = \cos x$，即

$$(\sin x)' = \cos x.$$

类似的计算,可得

$$(\cos x)' = -\sin x.$$

上述求导数的步骤,在熟练掌握其定义后,为减少繁琐,可以直接计算差商的导数.

例 3.1.6　求指数函数 $a^x (a > 0)$ 的导数.

解 当 $a=1$ 时指数函数是常数,因此不妨设 $a\neq 1$,首先考虑差商

$$\frac{a^{x+\Delta x}-a^x}{\Delta x}=a^x\frac{a^{\Delta x}-1}{\Delta x}=a^x\frac{e^{\Delta x\ln a}-1}{\Delta x},$$

注意到等价无穷小量替换 $e^u-1\sim u\ (u\to 0)$,故有

$$\lim_{\Delta x\to 0}\frac{e^{\Delta x\ln a}-1}{\Delta x}=\lim_{\Delta x\to 0}\frac{\Delta x\ln a}{\Delta x}=\ln a,$$

因此有

$$\lim_{\Delta x\to 0}\frac{a^{x+\Delta x}-a^x}{\Delta x}=a^x\ln a.$$

即

$$(a^x)'=a^x\ln a.$$

例 3.1.7 求幂函数 $x^a\ (x>0)$ 的导数.

解 首先计算差商

$$\frac{(x+\Delta x)^a-x^a}{\Delta x}=\frac{e^{a\ln(x+\Delta x)}-e^{a\ln x}}{\Delta x}=e^{a\ln x}\frac{e^{a\ln\left(1+\frac{\Delta x}{x}\right)}-1}{\Delta x}$$

类似例 3.1.6 中的讨论 $(e^u-1\sim u, u\to 0)$ 有

$$\lim_{\Delta x\to 0}\frac{e^{a\ln\left(1+\frac{\Delta x}{x}\right)}-1}{\Delta x}=\lim_{\Delta x\to 0}\frac{a\ln\left(1+\frac{\Delta x}{x}\right)}{\Delta x}=a\lim_{\Delta x\to 0}\ln\left(1+\frac{\Delta x}{x}\right)^{\frac{1}{\Delta x}}=\frac{a}{x}.$$

因此有

$$\lim_{\Delta x\to 0}\frac{(x+\Delta x)^a-x^a}{\Delta x}=e^{a\ln x}\cdot\frac{a}{x}=ax^{a-1},$$

即

$$(x^a)'=ax^{a-1}.$$

注 3.1.1 在前面的几个例题中反复使用了等价无穷小的方法,这并非偶然现象.回忆 2.4 节的表 2.2 并比较导数的定义可以发现,表 2.2 中的常用等价无穷小均与导数概念有关,事实上根据导数定义可知,如果函数 $f(x)$ 在 $x=x_0$ 处可导,意味着下列极限存在

$$\lim_{x\to x_0}\frac{f(x)-f(x_0)}{\Delta x}=f'(x_0),$$

显然此时 $\Delta x\ (x \to x_0)$ 是无穷小量,因此 $\Delta f(x_0) = f(x) - f(x_0)$ 必为无穷小量,

如果 $f'(x_0) \neq 0$,则上式可改写为

$$\lim_{x \to x_0} \frac{f(x) - f(x_0)}{f'(x_0) \Delta x} = 1,$$

根据等价无穷小的定义,如下等价无穷小的关系成立:

$$\Delta f(x_0) \sim f'(x_0) \Delta x,\ f'(x_0) \neq 0, x \to x_0,$$

表 2.2 中的等价无穷小关系仅仅是上面等价无穷小的特例,这些等价无穷小背后的本质是导数概念的作用,在第 4 章将看到导数是计算极限的强有力的工具.

例 3.1.8 求曲线 $f(x) = \sin x$ 在点 $\left(\dfrac{\pi}{3}, \dfrac{\sqrt{3}}{2}\right)$ 处的切线.

解 设切线的斜率为 k,由切线的几何意义,

$$k = f'\left(\frac{\pi}{3}\right) = \cos\frac{\pi}{3} = \frac{1}{2},$$

则切线为

$$y - \frac{\sqrt{3}}{2} = \frac{1}{2}\left(x - \frac{\pi}{3}\right),$$

即

$$3x - 6y + 3\sqrt{3} - \pi = 0.$$

3.1.4 可导函数的局部性质

从某种程度上来讲,函数的可导性刻画了函数的"光滑"性质. 为此,从图 3-2 中的三个不同函数 (y_1、y_2、y_3) 的例子出发,来讨论函数可导、连续的关系.

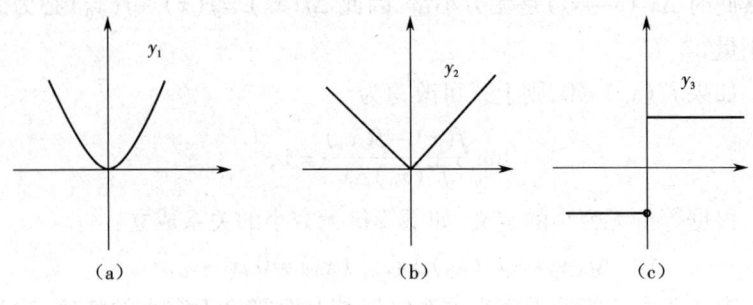

图 3-2

例 3.1.9 求 $y_1 = x^2$ 在 $x_0 = 3$ 点的导数.

解 由例 3.1.7 知,$f'(3) = 6$.

例 3.1.10 求 $y_2 = |x|$ 在 $x_0 = 0$ 点的左、右导数.

解 由于函数为分段函数,按照左、右导数的左、右定义,

$$f'_-(0) = \lim_{\Delta x \to 0^-} \frac{-\Delta x - 0}{\Delta x} = -1,$$

$$f'_+(0) = \lim_{\Delta x \to 0^+} \frac{\Delta x - 0}{\Delta x} = 1.$$

例 3.1.11 求 Heaviside 函数 $y_3 = \begin{cases} -1, & x < 0, \\ 0, & x \geqslant 0 \end{cases}$ 在 $x_0 = 0$ 点的导数.

解 此函数亦为分段函数,故根据左、右导数的定义,有

$$f'_-(0) = \lim_{\Delta x \to 0^-} \frac{-1-1}{\Delta x},$$

其极限值不存在,而右导数

$$f'_+(0) = \lim_{\Delta x \to 0^+} \frac{1-1}{\Delta x} = 0.$$

从图 3-2 来看,y_1 函数比较"光滑",可导;y_2 函数于 $x_0 = 0$ 有"尖点"不可导,但仍为连续函数;y_3 函数在 $x_0 = 0$ 处间断,亦不可导. 因此,可导性质是刻画函数的某种"光滑"性质的,有"尖点"或不连续的函数在"尖点"或"间断点"是不可导的.

第 3 章 导数与微分

定理 3.1.1 如果函数 $f(x)$ 在点 x_0 处可导,则它在点 x_0 处连续.

证明 需要证 $\lim\limits_{x\to x_0} f(x) = f(x_0)$,即 $\lim\limits_{x\to x_0}\left[f(x)-f(x_0)\right]=0$,或 $\lim\limits_{x\to x_0}\Delta f(x_0)=0$,由函数 $f(x)$ 在 x_0 处可导,所以有

$$\lim_{x\to x_0}\Delta f(x_0) = \lim_{\Delta x\to 0}\frac{\Delta f(x_0)}{\Delta x}\cdot \Delta x = f'(x_0)\cdot \lim_{\Delta x\to 0}\Delta x = 0.$$

因此函数 $f(x)$ 在 x_0 处连续.

注 3.1.2 由证明可知,若左导数 $f'_-(x_0)$ 存在,则 $f(x)$ 于 x_0 点左连续;若右导数 $f'_+(x_0)$ 存在,则 $f(x)$ 于 x_0 点右连续,即左、右导数存在(不一定可导)蕴含了函数的连续性质. 如 $f(x)=|x|$ 于 $x_0=0$ 点不可导,但该函数亦是连续的.

注 3.1.3 从定义来看,函数在某点的可导性仅与函数在该点附近的形态有关,因此与函数的极限和连续性相似,可导性是一种局部性概念.

注 3.1.4 分段函数在分段点的可导性:由于分段点左右两边的表达式不尽相同,因此,要先判断其连续性,再利用左右导数的定义判断其在分段点的可导性.

例 3.1.12 讨论分段函数 $f(x)=\begin{cases} x^2\sin\dfrac{1}{x}, & x>0, \\ 0, & x\leq 0 \end{cases}$ 在 $x_0=0$ 点的可导性.

解 由于为分段函数,先判断其连续性,

$$\lim_{x\to 0^+} x^2\sin\frac{1}{x} = \lim_{x\to 0^-} f(x) = 0,$$

故连续,再利用左右导数的定义,

$$\lim_{x\to 0^+}\frac{f(x)-f(0)}{x} = \lim_{x\to 0^+}\frac{x^2\sin\dfrac{1}{x}-0}{x}=0,$$

$$\lim_{x\to 0^-}\frac{f(x)-f(0)}{x} = \lim_{x\to 0^-}\frac{0-0}{x}=0.$$

因此,函数在 $x_0 = 0$ 点可导,且导数值为 $f'(0) = 0$.

3.1.5 导数的四则运算

定义了导数这种运算符号后,接下来就要研究其代数运算性质,也即函数和差积商的可导性,由下面三个性质给出.

性质 3.1.1(线性性质) 设 $f(x), g(x)$ 均于 $[a,b]$ 上可导,对于任意的实数 c_1, c_2,有
$$(c_1 f(x) \pm c_2 g(x))' = c_1 f'(x) \pm c_2 g'(x).$$

性质 3.1.2 设 $f(x), g(x)$ 均于 $[a,b]$ 上可导,则 $f(x)g(x)$ 亦于 $[a,b]$ 上可导,且有
$$(f(x)g(x))' = f'(x)g(x) + f(x)g'(x).$$

证明 由导数的定义,
$$\lim_{\Delta x \to 0} \frac{f(x+\Delta x)g(x+\Delta x) - f(x)g(x)}{\Delta x}$$
$$= \lim_{\Delta x \to 0} g(x+\Delta x)\frac{f(x+\Delta x) - f(x)}{\Delta x} + \lim_{\Delta x \to 0} f(x)\frac{g(x+\Delta x) - g(x)}{\Delta x}$$
$$= f'(x)g(x) + f(x)g'(x).$$

性质 3.1.3 设 $f(x), g(x)$ 于 $[a,b]$ 上可导,且 $g(x) \neq 0, x \in [a,b]$,则 $\dfrac{f(x)}{g(x)}$ 于 $[a,b]$ 上可导,且
$$\left(\frac{f(x)}{g(x)}\right)' = \frac{f'(x)g(x) - f(x)g'(x)}{g^2(x)}.$$

证明 由导数的定义,
$$\left(\frac{f(x)}{g(x)}\right)' = \lim_{\Delta x \to 0} \frac{\dfrac{f(x+\Delta x)}{g(x+\Delta x)} - \dfrac{f(x)}{g(x)}}{\Delta x}$$
$$= \lim_{\Delta x \to 0} \frac{f(x+\Delta x)g(x) - f(x)g(x+\Delta x)}{\Delta x g(x+\Delta x)g(x)}$$
$$= \lim_{\Delta x \to 0} \frac{(f(x+\Delta x) - f(x))g(x)}{\Delta x g(x+\Delta x)g(x)} -$$

第 3 章 导数与微分

$$\lim_{\Delta x \to 0} \frac{f(x)(g(x+\Delta x) - g(x))}{\Delta x g(x+\Delta x) g(x)},$$

注意到函数 $f(x), g(x)$ 可导, 连续, 则

$$\left(\frac{f(x)}{g(x)}\right)' = \frac{f'(x)g(x) - f(x)g'(x)}{g^2(x)}.$$

例 3.1.13 设 $f(x) = \dfrac{5x^2}{1+x^3}$, 求 $f(x)$ 的导数.

解 由性质 3.1.3,

$$f'(x) = \frac{10x(1+x^3) - 5x^2 \cdot 3x^2}{(1+x^3)^2} = \frac{-5x^4 + 10x}{(1+x^3)^2}.$$

例 3.1.14 已知 $f(x) = e^x \cos x$, 求 $f(x)$ 的导数.

解 由性质 3.1.2,

$$f'(x) = e^x \cos x - e^x \sin x = e^x(\cos x - \sin x).$$

为了便于计算初等函数的导数, 给出基本初等函数导数公式如表 3.1 所示, 这些公式有的在前一节中已经得到, 有的将在后面推导, 有的留给读者推导.

表 3.1

$c' = 0$ (c 为常数)	$(x^a)' = ax^{a-1}$ (a 为实数)
$(a^x)' = a^x \cdot \ln a$ ($a > 0, a \neq 1$)	$(e^x)' = e^x$
$(\log_a x)' = \dfrac{1}{x \cdot \ln a}$ ($a > 0, a \neq 1$)	$(\ln x)' = \dfrac{1}{x}$
$(\sin x)' = \cos x$	$(\cos x)' = -\sin x$
$(\tan x)' = \sec^2 x$	$(\cot x)' = -\csc^2 x$
$(\sec x)' = \sec x \cdot \tan x$	$(\csc x)' = -\csc x \cdot \cot x$
$(\arcsin x)' = \dfrac{1}{\sqrt{1-x^2}}$	$(\arccos x)' = -\dfrac{1}{\sqrt{1-x^2}}$
$(\arctan x)' = \dfrac{1}{1+x^2}$	$(\text{arccot } x)' = -\dfrac{1}{1+x^2}$

习题 3.1

(A)

1. 讨论函数 $y = (x + |x|)^2 + 1$ 在 $x = 0$ 点的连续性、可导性.

2. 已知 $f'(3) = 2$，求 $\lim\limits_{h \to 0} \dfrac{f(3-h) - f(3)}{2h}$.

3. 讨论函数 $f(x) = \begin{cases} x\sin\dfrac{1}{x}, & x \neq 0, \\ 0, & x = 0 \end{cases}$ 在 $x_0 = 0$ 点的可导性.

4. 利用导数的定义，求 $y(x) = \sqrt[3]{x}$ $(x \neq 0)$ 的导数.

5. 利用导数的定义，计算 $y = \arctan x$ 的导数.

6. 利用性质 3.1.2，计算 $f(x) = x^n$ $(n \in \mathbf{Z}^+)$ 的导数.

7. 试求基本初等函数 $y = \tan x, y = \cot x, y = \sec x, y = \csc x$ 的导数，并与表 3.1 中相应公式比较.

8. 求下列函数的导数：

   (1) $y = \sqrt{2x-1} \sin^2 x$； (2) $y = e^x \log_a(1+x)$；

   (3) $y = \dfrac{\ln(8-2x)}{\tan x}$.

9. 求下面函数的导数：

   (1) $f(x) = (x-1)(x-2)$； (2) $f(x) = (x-1)(x-2)(x-3)$；

   (3) $f(x) = (x-r_1)(x-r_2)(x-r_3)\cdots(x-r_n)$，其中 $r_1, r_2, \cdots, r_n$ 为任意实数.

(B)

1. 设函数 $f(x)$ 在 $x = a$ 处连续，且 $f(a) \neq 0$，$f^2(x)$ 在 $x = a$ 可导，证明：$f(x)$ 于 $x = a$ 也可导.

2. 设函数 $f(x)$ 在 x_0 点可导，且 $f(x_0) \neq 0$，证明 $|f(x)|$ 在 x_0 点也可导.

3. 设函数 $f(x) = \begin{cases} \dfrac{\sin x}{x}, & x \neq 0, \\ 1, & x = 0, \end{cases}$ 证明 $f(x)$ 在 $x_0 = 0$ 点可导,并求 $f'(0)$ 的值.

3.2 函数的可微性和微分

3.2.1 局部切线近似

在初等数学里,切线概念出现在平面几何(圆的切线)及平面解析几何里(二次曲线的切线),在这些情况下对切线只做直观的描述,但是对复杂的曲线如何描述其切线? 或者在什么条件下才可以认为一条直线与曲线是相切的? 并未做具体说明. 显然,切线作为数学概念应该有精确的描述,这个问题与导数(微分)概念密切相关. 下面就一元函数的情况给出切线的一般描述.

设函数 $y = f(x)$ 在区间 (a, b) 内有定义,集合
$$\mathrm{graph} f = \{(x, y) \mid y = f(x), x \in (a, b)\}$$
是函数 $y = f(x)$ 的图像, $(x_0, y_0) \in \mathrm{graph} f (y_0 = f(x_0))$, 设 $y = k(x - x_0) + y_0$ 是过点 (x_0, y_0) 的一条直线,因此 $f(x)$ 与直线 $y = k(x - x_0) + y_0$ 在点 (x_0, y_0) 相交.

定义 3.2.1 如果 $f(x) - [k(x - x_0) + y_0] = o(x - x_0)$, $x \to x_0$, 则称 $f(x)$ 与直线 $y = k(x - x_0) + y_0$ 在点 (x_0, y_0) 相切, 直线 $y = k(x - x_0) + y_0$ 称为函数 $f(x)$ 在点 x_0 处的切线.

注 3.2.1 定义 3.2.1 没有包含垂直切线的情况.

在导数的定义中,我们用割线的斜率来近似切线的斜率,反过来,已知导数(切线的斜率),亦可以用 x_0 点的切线
$$y = f(x_0) + f'(x_0)(x - x_0) \equiv F(x)$$
来近似函数 $y = f(x)$ 在 x_0 点附近的值. 见图 3 - 3.

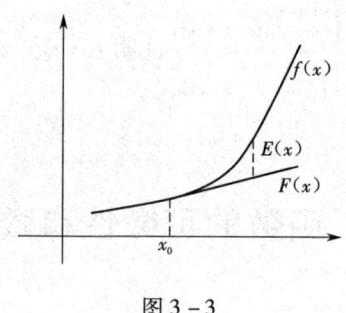

图 3-3

其误差为
$$E(x) = f(x) - F(x).$$

可以证明 $E(x) = o(x - x_0)$,这与定义 3.2.1 吻合. 由于切线函数 $F(x)$ 为线性函数(关于 x 的一次函数),且与 x_0 的位置有关,故亦称 $F(x)$ 为 $f(x)$ 的**局部线性逼近**(局部切线近似).

例 3.2.1 设 $f(x) = \sin x$,求 $y = f(x)$ 于 $x_0 = 0$ 点的局部切线近似.

解 由定义,
$$F(x) = f(0) + f'(0)(x - 0) = x.$$

3.2.2 函数的可微性及微分

定义 3.2.2 设函数 $f(x)$ 在点 x_0 的一个邻域内有定义,如果在该邻域内 $f(x)$ 满足
$$f(x) = f(x_0) + A(x_0)(x - x_0) + o(x - x_0), x \to x_0$$
则称函数 $f(x)$ 在点 x_0 处是**可微**的,表达式 $A(x_0)(x - x_0) = A(x_0)\Delta x$ 称为函数 $f(x)$ 在点 x_0 处的微分,记为 $\mathrm{d}y$ 或 $\mathrm{d}f(x_0)$.

定理 3.2.1 设函数 $f(x)$ 在点 x_0 的一个邻域内有定义,则函数 $f(x)$ 在点 x_0 处可导的充分必要条件是函数 $f(x)$ 在点 x_0 处可微,且有
$$f'(x_0) = A(x_0).$$

证明 设函数 $f(x)$ 在点 x_0 处可导,记

第3章 导数与微分

$$\alpha = \frac{f(x) - f(x_0)}{x - x_0} - f'(x_0).$$

且当 $x \to x_0$ 时 $\alpha \to 0$. 由上式,

$$f(x) = f(x_0) + f'(x_0)(x - x_0) + \alpha(x - x_0),$$

显然 $\alpha(x - x_0) = o(x - x_0), x \to x_0$.

另一方面,设函数 $f(x)$ 在点 x_0 处可微,即有

$$f(x) = f(x_0) + A(x_0)(x - x_0) + o(x - x_0).$$

因此有

$$\frac{\Delta f(x_0)}{\Delta x} = A(x_0) + \frac{o(\Delta x)}{\Delta x}.$$

两边求极限,可得函数 $f(x)$ 在点 x_0 处可导,且 $A(x_0) = f'(x_0)$.

注 3.2.2 考虑 $f(x) = x$(或 $y = x$)的特殊情况,此时应有 $dy = dx$,注意到 $f'(x) = (x)' = 1$,由定义 3.2.2 可知 $dy = (x)'\Delta x = \Delta x$,将上面两个等式结合起来可知,自变量 x 的微分 $dx = \Delta x$,再由定理 3.2.1 可得函数微分的如下表达式

$$df(x_0) = f'(x_0)\Delta x = f'(x_0)dx.$$

注 3.2.3 对于一元函数,可微、可导是函数的等价性质,但对多元函数(多个自变量的函数)来说,二者不再具有互相蕴含的关系,详见多变量微积分学部分. 比较一元函数的导数和可微性的定义会发现,导数定义侧重增量的效果,可微性的定义强调切线的线性近似,两者的区别在多元函数的情况下会更明显.

例 3.2.2 设函数 $f(x)$ 在点 x_0 处连续,函数 $|f(x)|$ 在点 x_0 处可导,证明函数 $f(x)$ 在点 x_0 处可导.

证明 若 $f(x_0) \neq 0$,由连续性可知,存在点 x_0 的一个邻域 $(x_0 - \delta, x_0 + \delta)$,在该邻域内 $f(x) \neq 0$ 且 $f(x)$ 与 $f(x_0)$ 有相同符号,因此在该邻域内有 $f(x) = |f(x)|$(或 $f(x) = -|f(x)|$),显然函数 $f(x)$ 在点 x_0 处可导. 若 $f(x_0) = 0$,则有

$$\Delta |f(x_0)| = |f(x)| - |f(x_0)| = |f(x)| \geq 0,$$

因此有

$$\frac{\Delta|f(x_0)|}{\Delta x} \geq 0 (x \geq x_0), \frac{\Delta|f(x_0)|}{\Delta x} \leq 0 (x \leq x_0).$$

由上式可得$(|f(x)|)'|_{x_0}=0$,由于可导与可微性等价,结合定理3.2.1 有

$$|f(x)| = \Delta|f(x_0)| = o(\Delta x),$$

上式等价于

$$f(x) = \Delta f(x_0) = o(\Delta x).$$

结合可微性定义及定理 3.2.1 可知,函数 $f(x)$ 在点 x_0 处可微(因此可导)且 $f'(x_0)=0$.

3.2.3 微分的应用

由微分的定义可知,微分可以作函数值的近似计算,由于微分为改变量的线性主要部分,略去了高阶无穷小量,因此逼近仅为一阶精度.

例 3.2.3 计算 $\sin 31°$ 的近似值.

解 设 $f(x) = \sin x, x_0 = 30°$,则

$$\sin 31° \approx \sin 30° + (\cos 30°) \cdot \frac{1}{180}\pi$$

$$= \frac{1}{2} + \frac{\sqrt{3}}{2} \cdot \frac{\pi}{180} = \frac{1}{2} + \frac{\sqrt{3}}{360}\pi.$$

例 3.2.4 设 $x_0 = 0$,求 $y_1 = e^x, y_2 = \sin x, y_3 = \ln(1+x)$ 的线性近似.

解 由线性近似的定义,

$$y_1 = e^x \approx 1 + x,$$
$$y_2 = \sin x \approx x,$$
$$y_3 = \ln(1+x) \approx x.$$

习题 3.2

1. 已知 $y = \arcsin x$,求微分 $\mathrm{d}y \mid_{x=\frac{1}{2}}$.
2. 求函数 $y = (1+x)^{\alpha}$ 在 $x_0 = 0$ 点的局部切线近似.
3. 利用微分计算 $\tan 44°$ 的值.
4. 求 $y = \mathrm{arccot}\dfrac{x}{2}$ 在 $x = 1$ 处的微分.
5. 若函数 $f(x)$ 在 $x = x_0$ 点可微,证明 $f(x)$ 在 x_0 点连续.
6. 已知 $u(x), v(x)$ 为可微函数,且 $y = \ln \sqrt{u^2 + v}$,求 $\mathrm{d}y$.

3.3 复合函数、隐函数、反函数、参数方程的导数

3.3.1 复合函数的导数——链式法则

1. 链式法则

在函数求导数的计算中,通常会碰到诸如 $\sin(8t)$,e^{-x^2} 等复合函数,本小节介绍此类函数的求导数方法.

定理 3.3.1 设 $y = f(g(x))$ $(x \in [a,b])$ 由 $y = f(z)$,$z = g(x)$ 复合而成,且 $f(z)$,$g(x)$ 均为可导函数,则有

$$\frac{\mathrm{d}y}{\mathrm{d}x} = \frac{\mathrm{d}y}{\mathrm{d}z} \cdot \frac{\mathrm{d}z}{\mathrm{d}x},$$

此公式称为复合函数求导数运算的**链式法则**.

证明 设 x_0 是 (a,b) 内一点,$z_0 = g(x_0)$,

$$\Delta z = g(x_0 + \Delta x_0) - g(x_0),$$
$$\Delta y = f[g(x_0 + \Delta x_0)] - f[g(x_0)],$$

由 $f(z)$ 在点 z_0 处的可微性可知,

$$f[g(x_0 + \Delta x_0)] = f(z_0 + \Delta z) = f(z_0) + f'(z_0)\Delta z + o(\Delta z),$$

进一步由 $g(x)$ 在点 x_0 处的可微性有

$$\Delta z = g(x_0 + \Delta x) - g(x_0) = g'(x_0)\Delta x + o(\Delta x),$$

综合上面两式有

$$\Delta y = f'(z_0)\ g'(x_0)\Delta x + f'(z_0)o(\Delta x) + o(\Delta z).$$

注意到

$$o(\Delta z) = o[g'(x_0)\Delta x + o(\Delta x)],$$

如果 $g'(x_0) = 0$,则有

$$o(\Delta z) = o[o(\Delta x)] = o(\Delta x);$$

如果 $g'(x_0) \neq 0$,则有

$$o(\Delta z) = o[g'(x_0)\Delta x + o(\Delta x)] = o[g'(x_0)\Delta x] = o(\Delta x),$$

因此总有 $o(\Delta z) = o(\Delta x)$,进一步可得

$$\Delta y = f'(z_0)\ g'(x_0)\Delta x + o(\Delta x) = f'[g(x_0)]g'(x_0)\Delta x + o(\Delta x).$$

比较可微性定义

$$\Delta y = [f(g(x_0))]'\Delta x + o(\Delta x),$$

所以有

$$[f(g(x_0))]' = f'[g(x_0)]g'(x_0).$$

注 3.3.1 上述法则可以推广到有限个中间变量的情形. 如

$$y = f(u),\ u = \varphi(t), t = s(x),$$

则复合函数 $y = f\{\varphi[s(x)]\}$ 的导数为

$$y'_x = f'(u) \cdot \varphi'(t) \cdot s'(x).$$

注 3.3.2 在应用复合函数求导数公式时,需要厘清函数的变量关系,特别要注意中间变量的作用.

2. 一阶微分的形式不变性

下面从微分的角度讨论链式法则. 考虑复合函数 $y = f[g(x)]$,承接前面的讨论引入中间变量 $z = g(x)$. 在复合函数的情况下中间变量 z 扮演双重角色,对外层函数而言变量 z 是自变量,对内层函数而言 z

是自变量 x 的函数 $z=g(x)$，因此对外层函数 $y=f(z)$ 有微分式 $dy=f'(z)dz$，对内层函数 $z=g(x)$ 有微分式 $dz=g'(x)dx$，将内层函数的微分代入外层函数的微分，得

$$dy=f'(z)dz=f'(z)\,g'(x)dx=f'[g(x)]\,g'(x)dx,$$

上式称为一阶微分的形式不变性，其含义是不管函数 $y=f(z)$ 中的变量 z 是否是真正的自变量，两个微分式

$$dy=f'(z)dz,\,dy=f'[g(x)]\,g'(x)dx$$

是一样的. 结合注 3.2.2 中关于微分的讨论有

$$dy=[f(g(x))]'dx.$$

这表明从一阶微分的形式不变性可以推导出链式法则. 总结上面的讨论可得如下结论，链式法则与一阶微分的形式不变性是等价的，换言之，一阶微分的形式不变性是链式法则的另一种表述.

在前面关于一阶微分的形式不变性的讨论中，涉及了两个前提，分别是链式法则和微分概念，而链式法则是在自然的条件下从导数概念出发推导出来的，或者说链式法则是导数概念的必然结论，因此前面的讨论的基本前提是导数和微分概念. 但是需要指出的是，前面关于一阶微分的形式不变性的讨论并不严谨. 为此需要回忆 3.2 节关于微分的讨论，回忆定义 3.2.2、定理 3.2.1 及注 3.2.2，有

$$dy=f'(z)dz,\,dz=\Delta z,$$
$$dz=g'(x)dx,\,dx=\Delta x,$$

因此有

$$\Delta z=g'(x)\Delta x,$$

结合定义 3.2.2 中关于函数可微性的定义，有

$$\Delta z=g'(x)\Delta x+o(\Delta x),$$

这里显然出现了矛盾，其原因在于中间变量 z 的双重作用. 中间变量 z 即是外层函数 $y=f(z)$ 的自变量，也是内层函数 $z=g(x)$ 的函数值，为了避免上述矛盾，这里对微分的表达式做如下约定：

(1) 当 z 是自变量时 $dz=\Delta z$，

（2）当 z 是自变量 x 的函数时 $dz = g'(x)dx$.

上面的约定相当于修改微分的定义,在上述约定下,中间变量 z 的微分应该理解为 $dz = g'(x)dx$（中间变量 z 不是真正的自变量）,在补充了上述约定后,前面关于一阶微分的形式不变性的讨论就严谨了.

注3.3.3 这里要深入讨论**链式法则**和**一阶微分的形式不变性**的关系,或者说围绕前面的讨论中出现的约定做进一步探讨. 从形式上看,链式法则和一阶微分的形式不变性是等价的,但是链式法则是在自然的条件下证明的,也可以说链式法则是导数概念本身蕴含的自然结论,但是一阶微分的形式不变性仅在前面的约定下成立. 前面所述约定有明显的实用主义色彩,该约定的作用仅仅在于使一阶微分的形式不变性成立,不具有其他意义;另外该约定有明显的局限性,事实上,在讨论具体问题时,一个变量的角色可以在自变量和中间变量之间不断转换,**而一阶微分的形式不变性的真正意义在于,在一阶导数的层面,可以灵活处理各种变量**. 为了使链式法则和一阶微分的形式不变性的等价关系更加自然,这里需要重新讨论微分的定义.

回忆定义 3.2.2 中关于可微性的表达式
$$f(x) = f(x_0) + A(x_0)(x - x_0) + o(x - x_0), x \to x_0,$$
结合定理 3.2.1 有
$$f(x) = f(x_0) + f'(x_0)(x - x_0) + o(x - x_0), x \to x_0.$$

其中的线性函数部分为 $f'(x_0)(x-x_0)$,如果记 $h = x - x_0$,则上述线性函数可记为 $f'(x_0)h$,这里 h 是该线性函数的自变量,用符号 $df(x_0)$（或者 dy）表示该线性函数的函数关系
$$h \xrightarrow{df(x_0)} f'(x_0)h,$$
则有
$$df(x_0)(h) = f'(x_0)h,$$
需要注意的是,这里仍然沿用定义 3.2.2 中的符号,但是符号 $df(x_0)$ 或者 dy 的含义不同,它们表示上面定义的特定的线性函数,这与常见

第 3 章 导数与微分

的三角函数 $\sin x, \tan x$ 类似,符号 $\sin$ 和 $\tan$ 表示特定的变量依赖关系(函数关系).

特别的,如果 $f(x) \equiv x$(或 $y \equiv x$),则 $f'(x) = 1$,因此有
$$dy(h) = dx(h) = 1 \cdot h = h,$$
这里符号 dx 仍然表示函数关系
$$h \xrightarrow{dx} h,$$
将 $h = dx(h)$ 代入前式有 $df(x_0)(h) = f'(x_0) dx(h)$,因此有函数关系之间的等式
$$df(x_0) = f'(x_0) dx.$$
现在将上面的等式定义为函数 $f(x)$ 在点 x_0 处的**微分**,从形式上看这里的定义与之前的定义没有区别,但是现在的等式中符号 $df(x_0)$,dx 表示两个特定线性函数的函数关系,$f'(x_0) dx$ 表示常数 $f'(x_0)$ 乘函数 dx,特别需要强调的是,这里 dx 不代表任何具体数值. 在新的微分定义下,一阶微分的形式不变性与链式法则有自然的等价关系.

3. 例题

现在已经有足够的工具计算初等函数的导数了,这些工具是:导数的基本性质,表 3.1 中的导数基本公式及刚刚讨论过的链式法则,在下面的例题中将演示如何综合运用这些工具计算初等函数的导数.

例 3.3.1 求 $y = e^{x^2}$ 的导数.

解 引入中间变量 $z = x^2$,则有 $y = e^z, z = x^2$.
则对外层函数有
$$\frac{dy}{dz} = e^z \ (公式 \ (e^x)' = e^x),$$
对内层函数有
$$\frac{dz}{dx} = 2x \ (公式 \ (x^\alpha)' = \alpha x^{\alpha-1}).$$
代入链式法则有

$$y'(x) = \frac{dy}{dz} \cdot \frac{dz}{dx} = e^z \cdot 2x = 2xe^{x^2}.$$

这个例子表明导数的基本公式提供了设置中间变量的线索.

例 3.3.2 求 $y = x^x$ 的导数.

解 由于
$$y = x^x = e^{x\ln x},$$
令 $y = e^z, z = x\ln x$,则有
$$y'(x) = e^z \cdot z'(x) = x^x(x\ln x)' = x^x(1 + \ln x).$$

例 3.3.3 求 $f(x) = \dfrac{x}{1+x^2}$ 的导数.

解 **方法一** 利用函数商的求导数方法,有
$$f'(x) = \frac{(1+x^2) - x \cdot 2x}{(1+x^2)^2} = \frac{1-x^2}{(1+x^2)^2}.$$

方法二 利用函数乘积的求导数方法,有
$$f'(x) = \left(x \cdot \frac{1}{1+x^2}\right)' = \frac{1}{1+x^2} + x \cdot \left(\frac{1}{1+x^2}\right)',$$

利用复合函数求 $\dfrac{1}{1+x^2}$ 的导数,令 $g(u) = \dfrac{1}{u} = u^{-1}, u = 1 + x^2$,则
$$\left(\frac{1}{1+x^2}\right)' = -u^{-2} \cdot u' = \frac{-2x}{(1+x^2)^2},$$

故
$$f'(x) = \frac{1}{1+x^2} - x \cdot \frac{2x}{(1+x^2)^2} = \frac{1-x^2}{(1+x^2)^2}.$$

例 3.3.4 求函数 $y = \ln \sin 2x$ 的导数.

解 设 $y = \ln u, u = \sin t, t = 2x$,所以
$$y'_x = y'_u \cdot u'_t \cdot t'_x = (\ln u)'_u \cdot (\sin t)'_t \cdot (2x)'_x = \frac{1}{u} \cdot \cos t \cdot 2 = 2\cot 2x.$$

例 3.3.5 求函数 $y = \sin^2(\cos 3x)$ 的导数.

解 设

$$y = u^2, u = \sin t, t = \cos v, v = 3x,$$

故

$$\begin{aligned}
y'_x &= y'_u \cdot u'_t \cdot t'_v \cdot v'_x \\
&= (u^2)'_u \cdot (\sin t)'_t \cdot (\cos v)'_v \cdot (3x)'_x \\
&= 2u \cdot \cos t \cdot (-\sin v) \cdot 3 \\
&= 2\sin t \cdot \cos t \cdot (-\sin v) \cdot 3 = -3\sin 2t \cdot \sin v \\
&\quad -3\sin(2\cos v) \cdot \sin v \\
&= -3\sin(2\cos 3x) \cdot \sin(3x).
\end{aligned}$$

复合层次比较清楚以后,可不必设中间变量,直接由外往里,逐层求导.

例 3.3.6 求函数 $y = \tan x^3$ 的导数.

解 $y' = (\tan x^3)' = \sec^2 x^3 \cdot (x^3)' = 3x^2 \sec^2 x^3.$

例 3.3.7 求函数 $y = \sin \sqrt{x^2 - 1}$ 的导数.

解 $\begin{aligned}[t] y' &= (\sin \sqrt{x^2-1})' = \cos \sqrt{x^2-1} \cdot (\sqrt{x^2-1})' \\
&= \cos \sqrt{x^2-1} \cdot \frac{1}{2\sqrt{x^2-1}} \cdot (x^2-1)' \\
&= \cos \sqrt{x^2-1} \cdot \frac{1}{2\sqrt{x^2-1}} \cdot 2x = \frac{x}{\sqrt{x^2-1}} \cos \sqrt{x^2-1}. \end{aligned}$

例 3.3.8 求函数 $y = e^{\cos \ln x}$ 的导数.

解 $\begin{aligned}[t] y' &= e^{\cos \ln x} \cdot (\cos \ln x)' = e^{\cos \ln x} \cdot (-\sin \ln x) \cdot (\ln x)' \\
&= e^{\cos \ln x} \cdot (-\sin \ln x) \cdot \frac{1}{x} \\
&= -\frac{\sin \ln x}{x} e^{\cos \ln x}. \end{aligned}$

例 3.3.9 求函数 $y = \arctan \sqrt{\dfrac{1+x}{1-x}}$ 的导数.

解 $y' = \dfrac{1}{1+\left(\sqrt{\dfrac{1+x}{1-x}}\right)^2} \cdot \dfrac{1}{2\sqrt{\dfrac{1+x}{1-x}}} \cdot \dfrac{(1-x)+(1+x)}{(1-x)^2}$

$$= \frac{1}{2\sqrt{1+x}\sqrt{1-x}} = \frac{1}{2\sqrt{1-x^2}}.$$

例 3.3.10 求函数 $y = \sin^n x \cdot \sin nx$ 的导数.

解 $y' = (\sin^n x)' \cdot \sin nx + \sin^n x \cdot (\sin nx)'$
$= (n\sin^{n-1} x \cdot \cos x) \cdot \sin nx + \sin^n x \cdot (\cos nx \cdot n)$
$= n \cdot \sin^{n-1} x \cdot (\cos x \cdot \sin nx + \sin x \cdot \cos nx)$
$= n\sin^{n-1} x \sin(nx + x).$

若复合函数中包含抽象函数,求导时仍是逐层求导,只须把抽象函数看成其中的层即可.

例 3.3.11 设函数 $f(x)$ 在 $(-\infty, +\infty)$ 上可导,且 $f(2) = 4$,$f'(2) = 3$,$f'(4) = 5$,求函数 $y = f[f(x)]$ 在点 $x = 2$ 处的导数.

解 根据已知,得

$$y' = f'[f(x)] \cdot f'(x),$$

故

$$y'(2) = f'(f(2)) \cdot f'(2) = f'(4) \cdot f'(2) = 5 \times 3 = 15.$$

例 3.3.12 已知 $f'(x) = \dfrac{1}{x}$,$y = f(\cos x)$,求 $\dfrac{dy}{dx}$.

解 由 $y = f(\cos x)$,

$$\frac{dy}{dx} = f'(\cos x) \cdot (\cos x)' = -f'(\cos x) \cdot \sin x$$

又 $f'(x) = \dfrac{1}{x}$,因此

$$f'(\cos x) = \frac{1}{\cos x},$$

故

$$\frac{dy}{dx} = -\frac{1}{\cos x} \cdot \sin x = -\tan x.$$

例 3.3.13 函数 $f(x)$ 与 $g(x)$ 在 $(-\infty, +\infty)$ 上可导,且 $f(2) = 0$,$g(2) = 1$,$f'(2) = 3$,$g'(2) = 2$,求函数 $y = e^{f(x)} \cdot \ln(g(x))$ 在点 $x =$

2 处的导数.

解 因为
$$y' = (e^{f(x)})' \cdot \ln(g(x)) + e^{f(x)} \cdot [\ln(g(x))]'$$
$$= e^{f(x)} \cdot f'(x) \cdot \ln[g(x)] + e^{f(x)} \cdot \frac{1}{g(x)} \cdot g'(x),$$

故
$$y'(2) = e^0 \cdot 3 \cdot \ln 1 + e^0 \cdot \frac{1}{1} \cdot 2 = 2.$$

注 3.3.4 对于形如 $y = u(x)^{v(x)}$ 的幂指函数,在求导数时,可将函数化为
$$y = u(x)^{v(x)} = e^{v(x)\ln u(x)},$$
利用复合函数求导数法则计算,
$$y'(x) = e^{v(x)\ln u(x)} \cdot (v(x)\ln u(x))'$$
$$= u(x)^{v(x)}\left(v'(x)\ln u(x) + \frac{v(x)}{u(x)} \cdot u'(x)\right).$$

3.3.2 隐函数的求导数运算

函数的表述有两种方法,若函数关系式能够显式地表述出来,如 $y = f(x)$,称为**显函数**,例如 $f(x) = \sin x$;若因变量 y 与自变量 x 的关系隐含在方程(或者等式中),如 $x^2 + y^2 = 4$,$F(x,y) = 0$ 等,则称为**隐函数**.

对于一般的关系式 $F(x,y) = 0$,隐函数存在需要满足一定的条件,详见多变量微积分学部分的隐函数存在定理,在这里我们假定隐函数存在且可导.

例 3.3.14 求由 $x^2 + y^2 = 4$ 确定的隐函数 $y = f(x)$ 的导数.

解 式 $x^2 + y^2 = 4$ 两边对 x 求导数,
$$\frac{\mathrm{d}}{\mathrm{d}x}(x^2 + y^2) = 0,$$

由链式法则有

$$2x + 2y\frac{dy}{dx} = 0,$$

因此

$$\frac{dy}{dx} = -\frac{x}{y}.$$

例 3.3.15 利用隐函数求导数方法求 $y = f(x) = x^{\frac{1}{2}}$ 的导数.

解 由 $f(x) = x^{\frac{1}{2}}$,故 $f^2(x) = x$,两边对 x 求导数,有
$$2f(x) \cdot f'(x) = 1,$$

故
$$f'(x) = \frac{1}{2f(x)} = \frac{1}{2}x^{-\frac{1}{2}}.$$

例 3.3.16 利用隐函数求导数方法计算 $y = a^x$ ($a>0, a \neq 1$) 的导数.

解 对于 $y = a^x$ 两边取对数,
$$\ln y = x \ln a,$$

两边对 x 求导数,则
$$\frac{y'(x)}{y(x)} = \ln a.$$

故
$$y'(x) = y(x) \ln a = a^x \ln a.$$

注 3.3.5 对于注 3.3.4 中的幂指函数 $y = u(x)^{v(x)}$,在隐函数存在的条件下,亦可以仿照例 3.3.16 中两边求对数的方法,进行计算. 具体地,两边取对数,
$$\ln y(x) = v(x) \ln u(x),$$

两边对 x 求导数,
$$\frac{d \ln y(x)}{dx} = v'(x) \ln u(x) + v(x) \frac{d \ln u(x)}{dx},$$

故

$$\frac{1}{y(x)}y'(x) = v'(x)\ln u(x) + \frac{v(x)}{u(x)} \cdot u'(x),$$

即

$$y'(x) = u(x)^{v(x)}\left(v'(x)\ln u(x) + \frac{v(x)}{u(x)} \cdot u'(x)\right).$$

通常称此方法为**对数求导法**.

若函数是由几个初等函数经乘、除、乘方、开方构成的,也可采用对数求导法简化其求导运算.

例 3.3.17 求函数 $y = \dfrac{\sqrt{(x+1)(x+2)}}{\sqrt{(x+3)(x+4)}}$ 的导数.

解 在方程的两端取对数,得

$$\ln y = \frac{1}{2}[\ln(x+1) + \ln(x+2) - \ln(x+3) - \ln(x+4)],$$

等式两边对 x 求导

$$\frac{1}{y}y' = \frac{1}{2}\left(\frac{1}{x+1} + \frac{1}{x+2} - \frac{1}{x+3} - \frac{1}{x+4}\right),$$

得

$$y' = \frac{\sqrt{(x+1)(x+2)}}{\sqrt{(x+3)(x+4)}} \cdot \frac{1}{2}\left(\frac{1}{x+1} + \frac{1}{x+2} - \frac{1}{x+3} - \frac{1}{x+4}\right).$$

例 3.3.18 设 $f(x)$ 是可微函数,且 $y^2 f(x) + xf(y) = x^2$,求 $\dfrac{dy}{dx}$.

解 对等式两边求导,由复合函数求导数公式有

$$2yy'f(x) + y^2 f'(x) + f(y) + xf'(y)y' = 2x,$$

解出 $\dfrac{dy}{dx}$ 得

$$\frac{dy}{dx} = \frac{2x - y^2 f'(x) - f(y)}{2yf(x) + xf'(y)}.$$

3.3.3 反函数的导数

如果函数 $y = f(x)$ 在定义域和值域之间建立了一一对应关系,则

存在反函数 $x = \varphi(y)$，关于反函数的导数有如下结论：

定理 3.3.2 若函数 $y = f(x)$ 于 x_0 点的某邻域内连续，且严格单调，$y = f(x)$ 在 x_0 点可导，且 $f'(x_0) \neq 0$，则它的反函数 $x = \varphi(y)$ 在 y_0 ($=f(x_0)$) 点可导，且

$$\varphi'(y_0) = \frac{1}{f'(x_0)}.$$

证明 由

$$\frac{\varphi(y_0 + \Delta y) - \varphi(y_0)}{\Delta y} = \frac{\Delta x}{\Delta y} = \frac{1}{\frac{\Delta y}{\Delta x}},$$

两边取极限，$\Delta y \to 0$，并根据反函数的连续性，有

$$\varphi'(y_0) = \lim_{\Delta y \to 0} \frac{1}{\frac{\Delta y}{\Delta x}} = \lim_{\Delta x \to 0} \frac{1}{\frac{\Delta y}{\Delta x}} = \frac{1}{\lim_{\Delta x \to 0} \frac{f(x_0 + \Delta x) - f(x_0)}{\Delta x}} = \frac{1}{f'(x_0)},$$

即反函数的导数为原函数导数的倒数。

注 3.3.6 可以利用链式法则推出反函数求导公式，事实上，由反函数定义有 $x = \varphi(f(x))$，等式两边对 x 求导得

$$1 = \varphi'(y)f'(x) = \varphi'(y)f'(\varphi(y)),$$

从上式解出 $\varphi'(y)$ 得

$$\varphi'(y) = \frac{1}{f'(\varphi(y))}.$$

例 3.3.19 求 $y = \tan x, x \in \left(-\frac{\pi}{2}, \frac{\pi}{2}\right)$ 的反函数的导数。

解 设反函数为 $x = \varphi(y) = \arctan y$，则

$$\varphi'(y) = \frac{1}{y'(x)} = \frac{1}{\sec^2 x} = \frac{1}{1 + \tan^2 x} = \frac{1}{1 + y^2},$$

即

$$(\arctan y)' = \frac{1}{1 + y^2}.$$

注 3.3.7 对于 $x = \arctan y$ 的导数计算，亦可以利用隐函数求导

方法得到. 注意到 x 为 y 的函数, y 为自变量, 由 $x = \arctan y$, 有
$$\tan x = y,$$
两边对 y 求导, 可得,
$$\frac{\mathrm{d}\tan x}{\mathrm{d}y} = 1,$$
即
$$\frac{1}{\cos^2 x} \cdot x'(y) = 1,$$
故
$$x'(y) = \cos^2 x = \frac{1}{1+y^2}.$$

例 3.3.20 求 $y = \sin x, x \in \left[-\dfrac{\pi}{2}, \dfrac{\pi}{2}\right]$ 的反函数的导数.

解 由反函数导数的计算公式,
$$x'(y) = \frac{1}{y'(x)} = \frac{1}{\cos x} = \frac{1}{\sqrt{1-y^2}},$$
即
$$(\arcsin y)' = \frac{1}{\sqrt{1-y^2}}.$$
类似地, 可以计算得
$$(\arccos y)' = -\frac{1}{\sqrt{1-y^2}},$$
$$(\mathrm{arccot}\, y)' = -\frac{1}{1+y^2}.$$
请读者自行验证.

例 3.3.21 求函数 $y = x\arccos x - \sqrt{1-x^2}$ 的导数.

解 $y' = \arcsin x + x(\arcsin x)' - (\sqrt{1-x^2})'$
$= \arccos x - x \cdot \dfrac{1}{\sqrt{1-x^2}} - \dfrac{1}{2\sqrt{1-x^2}}(-2x) = \arccos x.$

3.3.4 参数方程的导数

有时,我们用参数方程来表示曲线,如上半圆 $y = \sqrt{1-x^2}$,令 $x = \cos t, y = \sin t$,则上半圆可表示为参数方程

$$\begin{cases} x = \cos t, \\ y = \sin t, \end{cases} t \in [0, \pi].$$

一般地,若参数方程 $\begin{cases} x = f(t), \\ y = g(t), \end{cases}$ 确定了 y 与 x 之间的函数关系,称此关系为由参数方程所确定的函数. 求此函数的导数,可将 t 消去,即求 $t = f^{-1}(x)$,代入到 $y = g(t)$ 中,得

$$y = g(f^{-1}(x)),$$

再由复合函数求导链式法则计算.

定理 3.3.3 设参数方程 $\begin{cases} x = f(t), \\ y = g(t), \end{cases} t \in [\alpha, \beta]$ 确定了函数关系 $y = h(x)$,$f(t)$ 在 $[\alpha, \beta]$ 上可导,且严格单调,$f'(t) \neq 0$,$g(t)$ 于 $[\alpha, \beta]$ 上存在导数,则

$$\frac{\mathrm{d}y}{\mathrm{d}x} = \frac{g'(t)}{f'(t)}.$$

证明 由定理的条件,$x = f(t)$ 存在反函数 $t = f^{-1}(x)$,利用复合函数的求导链式法则及反函数的计算方法,可得

$$y'(x) = g'(f^{-1}(x)) \cdot (f^{-1}(x))' = \frac{g'(t)}{f'(t)}.$$

注 3.3.8 在定理 3.3.3 的条件下,由导数的定义,亦可以得到定理的证明. 事实上,

$$\frac{\mathrm{d}y}{\mathrm{d}x} = \lim_{\Delta x \to 0} \frac{\Delta y}{\Delta x} = \lim_{\Delta t \to 0} \frac{\frac{\Delta y}{\Delta t}}{\frac{\Delta x}{\Delta t}} = \frac{\lim_{\Delta t \to 0} \frac{\Delta y}{\Delta t}}{\lim_{\Delta t \to 0} \frac{\Delta x}{\Delta t}} = \frac{y'(t)}{x'(t)} = \frac{g'(t)}{f'(t)}.$$

例 3.3.22 求曲线 $\begin{cases} x = \mathrm{e}^t \sin 2t, \\ y = \mathrm{e}^t \cos t \end{cases}$ 在 $(0,1)$ 点处的切线方程.

解 在 $(0,1)$ 点处,参数 $t=0$,则
$$\frac{dy}{dx} = \frac{y'(t)}{x'(t)} = \frac{e^t(\cos t - \sin t)}{e^t(\sin 2t + 2\cos 2t)} = \frac{\cos t - \sin t}{\sin 2t + 2\cos 2t},$$

故
$$\left.\frac{dy}{dx}\right|_{t=0} = \frac{1}{2},$$

切线方程为 $y - 1 = \frac{1}{2}x$.

注 3.3.9 从上面的讨论可以看出,计算隐函数、反函数和参变量函数的方法都以链式法则为基础,**因此熟练掌握链式法则极为重要**.

习题 3.3

1. 求下列复合函数的导数.

(1) $f(x) = e^{-(x-1)^2}$;　　　(2) $f(x) = e^{e^{x^2}}$;

(3) $f(x) = \dfrac{1}{1+e^{-x}}$;　　(4) $f(x) = \sqrt{10^{5-x}}$;

(5) $f(x) = \sqrt{1-\cos x}$;　　(6) $f(x) = \tan(\sin x)$.

2. 求下列隐函数的导数.

(1) $\arctan(x^2 y) = xy^2$;　　(2) $e^{x^2} + \ln y = 0$;

(3) $e^{\cos y} = x^3 \arctan y$;　(4) $x\ln y + y^3 = \ln x$;

(5) $x^{\frac{2}{3}} + y^{\frac{2}{3}} = a^{\frac{2}{3}}$;　　　(6) $y^2 = \dfrac{x^2}{xy-4}$.

3. 求下列函数的导数.

(1) $f(x) = \ln(\sin x + \cos x)$;　(2) $f(x) = \arcsin(\sin \pi x)$;

(3) $f(x) = x^\pi + \pi^x$;　　　(4) $f(u) = \arctan\left(\dfrac{u}{1+u}\right)$;

(5) $f(t) = \ln\left(\dfrac{1-\cos t}{1+\cos t}\right)^4$;　(6) $f(s) = \dfrac{a^2 - s^2}{\sqrt{a^2 + s^2}}$;

(7) $y = \arctan \dfrac{2}{x}$; (8) $y = \dfrac{e^x - e^{-x}}{e^x + e^{-x}}$;

(9) $\sin(ay) + \cos(bx) = xy$; (10) $f(x) = \sqrt{\dfrac{1 - \sin x}{1 - \cos x}}$;

(11) $y = \ln(x + \sqrt{1 + x^2})$; (12) $y = \sqrt{x + \sqrt{x + \sqrt{x}}}$;

(13) $y = \dfrac{x}{2}\sqrt{x^2 + a^2} + \dfrac{a^2}{2}\ln(x + \sqrt{x^2 + a^2})$.

4. 设 $y = x^{a^x} + a^{x^a} + a^{a^x}$，求 $\dfrac{dy}{dx}$.

5. 已知 $y = x^{\frac{1}{x}}$，求 $\dfrac{dy}{dx}$.

6. 设 $x^y = y^x$，求 $\dfrac{dy}{dx}$.

7. 设 $y = x^{\sin\sqrt{x}}$，求 $\dfrac{dy}{dx}$.

8. 已知 $\arctan\dfrac{y}{x} = \ln(x^2 + y^2)$，求 $\dfrac{dy}{dx}$.

9. 设 $y = y(x)$ 由 $y - xe^y = 1$ 所确定，试求 $\dfrac{dy}{dx}$.

10. 设函数 $f(t)$ 二阶可导，对于参数方程
$$\begin{cases} x = f'(t), \\ y = tf'(t) - f(t), \end{cases}$$
求 $\dfrac{dy}{dx}$.

11. 设 $e^{xy} + \sin xy = y^2$，试求 $\dfrac{dy}{dx}$.

12. 设 $y = \arctan e^x - \ln\sqrt{\dfrac{e^x}{1 + e^x}}$，求 $\left.\dfrac{dy}{dx}\right|_{x=1}$.

13. 设摆线方程 $\begin{cases} x = t - \sin t, \\ y = 1 - \cos t, \end{cases}$ 求曲线在 $t = \dfrac{\pi}{3}$ 处的法线方程.

14. 设函数 $f(x) = \dfrac{x}{1+\ln x}$,求 $\dfrac{dy}{dx}$.

3.4 高阶导数

高阶导数

设 $y=f(x)$ 于 $[a,b]$ 上可导,若其导数 $f'(x)$ 仍于 $[a,b]$ 上可导,则可以对 $f'(x)$ 再次求导数,记为

$$[f'(x)]' = f''(x)$$

或

$$\frac{d}{dx}\left(\frac{dy}{dx}\right) = \frac{d^2y}{dx^2}.$$

通常,记 $f^{(n)}(x)$ 或 $\dfrac{d^n f(x)}{dx^n}$ 为 $f(x)$ 的 n 阶导数.

定理 3.4.1(莱布尼兹公式) 设函数 $u(x), v(x)$ 有 n 阶导数,则对两函数乘积的 n 阶导数有如下公式

$$(uv)^{(n)} = \sum_{k=0}^{n} C_n^k u^{(n-k)} v^{(k)}.$$

证明 对导数阶数 n 做归纳法. $n=1$ 的情况前面已经证明,设上述公式对阶数 n 成立,即

$$(uv)^{(n)} = \sum_{k=0}^{n} C_n^k u^{(n-k)} v^{(k)},$$

对上式求导数得

$$(uv)^{(n+1)}$$

$$= \sum_{k=0}^{n} C_n^k (u^{(n-k+1)} v^{(k)} + u^{(n-k)} v^{(k+1)})$$

$$= \sum_{k=0}^{n} C_n^k u^{(n-k+1)} v^{(k)} + \sum_{k=0}^{n} C_n^k u^{(n-k)} v^{(k+1)}$$

$$= u^{(n+1)}v^{(0)} + \sum_{k=1}^{n} C_n^k u^{(n-k+1)} v^{(k)} + \sum_{k=0}^{n-1} C_n^k u^{(n-k)} v^{(k+1)} + u^{(0)} v^{(n+1)}$$

$$= u^{(n+1)}v^{(0)} + \sum_{k=1}^{n} (C_n^k + C_n^{k-1}) u^{(n+1-k)} v^{(k)} + u^{(0)} v^{(n+1)}$$

$$= \sum_{k=0}^{n+1} C_{n+1}^k u^{(n+1-k)} v^{(k)}.$$

在上面的推导中合并了 $u(x), v(x)$ 的导数的同类项,并利用了公式 $C_n^k + C_n^{k-1} = C_{n+1}^k$.

例 3.4.1 求 $y = \sin x$ 的三阶导数.

解 $y'(x) = \cos x, y''(x) = -\sin x, y^{(3)}(x) = -\cos x.$

例 3.4.2 求 $y(x) = x^2 e^x$ 的 n 阶导数.

解 设 $f(x) = x^2, g(x) = e^x$,则利用乘积函数高阶导数的计算公式,

$$(x^2 e^x)^{(n)} = x^2 e^x + n \cdot 2x \cdot e^x + \frac{n(n-1)}{2} \cdot 2 \cdot e^x$$

$$= (x^2 + 2nx + n(n-1)) e^x.$$

例 3.4.3 设参数方程 $\begin{cases} x = f(t), \\ y = g(t) \end{cases}$ 确定的函数二阶可导,求其二阶导数.

解 先求其一阶导数,

$$\frac{dy}{dx} = \frac{g'(t)}{f'(t)},$$

则二阶导数,

$$\frac{d^2 y}{dx^2} = \frac{d}{dx}\left(\frac{dy}{dx}\right) = \frac{d}{dx}\left(\frac{g'(t)}{f'(t)}\right)$$

$$= \frac{d\left(\frac{g'(t)}{f'(t)}\right)}{dt} \bigg/ \frac{dx}{dt}$$

$$= \frac{g''(t) f'(t) - f''(t) g'(t)}{(f'(t))^3}.$$

有些分式形式的函数,计算其高阶导数,一般是将其分解为简单分式后,再求导计算.

例 3.4.4 求 $f(x) = \dfrac{1}{x^2 - 1}$ 的 n 阶导数.

解 将函数分解为简单分式,

$$f(x) = \frac{1}{x^2 - 1} = \frac{1}{2}\left(\frac{1}{(x-1)} - \frac{1}{(x+1)}\right),$$

由

$$\left(\frac{1}{(x-1)}\right)^{(n)} = (-1)^n n!\ (x-1)^{-(n+1)},$$

$$\left(\frac{1}{(x+1)}\right)^{(n)} = (-1)^n n!\ (x+1)^{-(n+1)},$$

则其 n 阶导数为

$$f^{(n)}(x) = \frac{(-1)^n n!}{2}\left((x-1)^{-(n+1)} - (x+1)^{-(n+1)}\right).$$

习题 3.4

(A)

1. 设 $y = y(x)$ 由参数方程

$$\begin{cases} x = \dfrac{2}{\sqrt{3}}\cos t, \\ y = \sin t - \dfrac{1}{\sqrt{3}}\cos t \end{cases}$$

确定,求二阶导数 $y''(x)$.

2. 已知 $y = x^x$,求 $\dfrac{\mathrm{d}^2 y}{\mathrm{d} x^2}$.

3. 求下列函数的 n 阶导数.

(1) $y = \dfrac{2x}{1 - x^2}$; (2) $y = \ln(x^2 + 3x - 4)$.

4. 设 $f(x) = x^2 \sin 2x$,求 $f^{(n)}(0)$,$n \geqslant 3$.

5. 若 $f'(x) = f^2(x)$,当 $n > 2$ 时,求 $f^{(n)}(x)$.

6. 设函数 $f(x) = x^2 \ln(1+x)$,求 $f^{(100)}(0)$.

7. 设函数 $y = y(x)$ 是由 $xy + e^y = x + 1$ 所确定的隐函数,求 $\left.\dfrac{d^2 y}{dx^2}\right|_{x=0}$ 的值.

(B)

称函数 $f(x)$ 有 m 重根 $x = a$,若 $f(x) = (x-a)^m h(x)$,$h(a) \neq 0$,证明:设函数 $f(x)$ 在点 $x = a$ 处有 m 阶导数,且 $f(x)$ 有 m 重根 $x = a$,则 $f^{(p)}(a) = 0$,$p = 1, 2, 3, \cdots, m-1$.

第4章 微分中值定理与导数的应用

上一章介绍了导数概念及其计算方法,了解了导数刻画函数在一点处的变化率. 现实中往往需要掌握函数在某区间上的整体性态,本章利用导数来研究函数,并利用导数解决一些实际问题. 为此,需要在导数与函数之间架起一座桥梁,即需要一个联系局部与整体的工具,这就是中值定理.

4.1 微分中值定理

4.1.1 罗尔(Rolle)中值定理

费尔马(Fermat)引理 设函数 $f(x)$ 在 x_0 的某邻域 $U(x_0)$ 内有定义,且 $f'(x_0)$ 存在,若对任意 $x \in U(x_0)$ 有 $f(x) \leq f(x_0)$ 或 $f(x) \geq f(x_0)$,则 $f'(x_0) = 0$.

证明 不妨设 $x \in U(x_0)$ 时,$f(x) \leq f(x_0)$,即 $f(x) - f(x_0) \leq 0$. 当 $x < x_0$ 时,有 $\dfrac{f(x) - f(x_0)}{x - x_0} \geq 0$,而当 $x > x_0$ 时,有 $\dfrac{f(x) - f(x_0)}{x - x_0} \leq 0$. 由极限的保号性,得

$$f'_-(x_0) = \lim_{x \to x_0^-} \frac{f(x) - f(x_0)}{x - x_0} \geq 0,$$

$$f'_+(x_0) = \lim_{x \to x_0^+} \frac{f(x) - f(x_0)}{x - x_0} \leq 0.$$

又因为 $f'(x_0)$ 存在,所以 $f'_-(x_0) = f'_+(x_0) = 0$,即 $f'(x_0) = 0$.

定义 4.1.1 若 $f'(x_0) = 0$,则点 x_0 称为 $f(x)$ 的稳定点或驻点.

若函数 $y=f(x)$ 在 (a,b) 内可导,则称曲线 $y=f(x)$, $x\in(a,b)$ 是光滑的.显然,光滑曲线即该曲线上处处有不垂直于 x 轴的切线.

定理 4.1.1(罗尔定理) 如果函数 $f(x)$ 同时满足下列条件:

(1) 在闭区间 $[a,b]$ 上连续;

(2) 在开区间 (a,b) 内可导;

(3) 在区间端点处的函数值相等,即 $f(a)=f(b)$;

则至少存在一点 $\xi\in(a,b)$,使 $f'(\xi)=0$.

证明 由闭区间上连续函数的性质, $f(x)$ 在 $[a,b]$ 上取得最大值 M 和最小值 m. 下面分两种情况讨论:

(1) 若 $M=m$,则 $f(x)$ 在 $[a,b]$ 上恒为常数,结论显然成立.

(2) 若 $M>m$,则 M 和 m 中至少有一个不等于端点的函数值,即 M 和 m 中至少有一个(不妨设 M)是在 (a,b) 内部一点 ξ 处取得,则对 $\forall x\in[a,b]$,有 $f(x)\leqslant f(\xi)=M$.

由费尔马引理可知 $f'(\xi)=0$.

罗尔定理的几何意义十分清楚:满足定理条件的函数一定在某一点存在一条与 x 轴平行的切线(图 4-1).

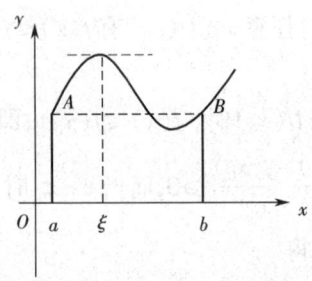

图 4-1 罗尔定理的几何意义

例 4.1.1 设函数 $f(x)=(x-1)(x-2)(x-3)$,判断 $f'(x)=0$ 有几个实根,并指出它们所在的区间.

解 显然 $f(x)$ 在 **R** 内连续、可导,且 $f(1)=f(2)=f(3)$,所以 $f(x)$ 在 $[1,2]$ 及 $[2,3]$ 上满足罗尔定理的条件,因此在 $(1,2)$ 内,至少

有一点 c_1，使 $f'(c_1)=0$；在 $(2,3)$ 内，至少有一点 c_2，使 $f'(c_2)=0$. 由于 $f'(x)$ 是 x 的二次函数，方程 $f'(x)=0$ 最多有两个实根. 综上知，$f'(x)=0$ 有两个实根，分别在 $(1,2)$ 和 $(2,3)$ 内.

例 4.1.2 举例说明罗尔定理中的条件缺一不可.

解 分别考虑以下三个函数

$$f_1(x)=\begin{cases} x, & x\in[0,1), \\ 0, & x=1; \end{cases}$$

$$f_2(x)=|1-2x|, x\in[0,1];$$

$$f_3(x)=x, x\in[0,1].$$

易验，$f_1(x)$ 在闭区间 $[0,1]$ 不连续，$f_2(x)$ 在开区间 $(0,1)$ 不可导，而 $f_3(x)$ 不满足 $f_3(a)=f_3(b)$，尽管它们都分别满足其他两个条件，但它们在 $(0,1)$ 中都不存在水平切线.

例 4.1.3 设 $f(x)$ 在 $[0,1]$ 上连续，在 $(0,1)$ 内可导，且 $f(1)=0$. 求证：至少存在一点 $\xi\in(0,1)$，使 $f'(\xi)=-\dfrac{f(\xi)}{\xi}$.

证明 构造辅助函数 $F(x)=xf(x)$，因为 $f(x)$ 在 $[0,1]$ 上连续，在 $(0,1)$ 内可导，所以 $F(x)$ 也在 $[0,1]$ 上连续，在 $(0,1)$ 内可导，且 $F(0)=F(1)=0$. 由罗尔定理知，在 $(0,1)$ 内至少存在一点 ξ，使 $F'(\xi)=0$，即 $\xi f'(\xi)+f(\xi)=0$，故 $f'(\xi)=-\dfrac{f(\xi)}{\xi}$.

4.1.2 拉格朗日中值定理

定理 4.1.2（拉格朗日中值定理） 设函数 $y=f(x)$ 满足：

（1）在闭区间 $[a,b]$ 上连续；

（2）在开区间 (a,b) 内可导，则在 (a,b) 内至少存在一点 ξ $(a<\xi<b)$，使得

$$f'(\xi)=\dfrac{f(b)-f(a)}{b-a}.$$

证明 显然，当 $f(a)=f(b)$ 时，拉格朗日中值定理就成为罗尔定

理. 为了应用罗尔定理证明拉格朗日中值定理,需构造一辅助函数 $F(x)$,使其满足罗尔定理的条件.

令 $F(x) = f(x) - \left[f(a) + \dfrac{f(b)-f(a)}{b-a}(x-a) \right]$,容易验证 $F(x)$ 在区间 $[a,b]$ 上满足罗尔定理的条件,从而在 (a,b) 内至少存在一点 ξ,使得 $F'(\xi) = 0$,即

$$f'(\xi) - \dfrac{f(b)-f(a)}{b-a} = 0,$$

故

$$f'(\xi) = \dfrac{f(b)-f(a)}{b-a}.$$

拉格朗日中值定理是微分学中最重要的定理之一,也称为微分中值定理. 它是沟通函数与其导数的桥梁,是应用导数研究函数性质的重要数学工具. 拉格朗日中值定理的几何意义是:若闭区间 $[a,b]$ 上有一条连续曲线,曲线上每一点都存在切线,则曲线上至少存在一点 $M(\xi, f(\xi))$,过点 M 的切线平行于割线 AB(见图 4-2).

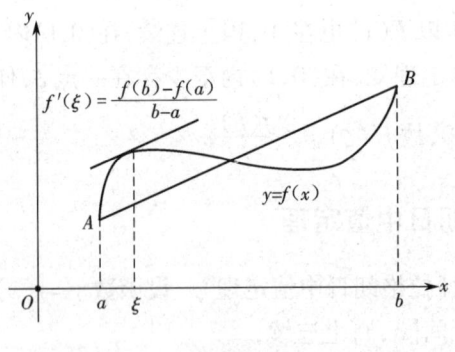

图 4-2

注 4.1.1 在拉格朗日中值定理的公式中,有 $a < b$. 显然,当 $a > b$ 时公式仍成立.

注 4.1.2 为应用方便,常将拉格朗日公式变形为其他形式. 由

于 $\xi \in (a,b)$,因而总可以找到某个 $\theta \in (0,1)$,使 $\xi = a + \theta(b-a)$,所以拉格朗日公式也可写成

$$f(b) - f(a) = f'(a + \theta(b-a))(b-a), \theta \in (0,1).$$

设 $x, x + \Delta x \in (a,b)$,在以 $x, x + \Delta x$ 为端点的区间上应用拉格朗日中值定理,则至少存在一点 ξ(介于 x 与 $x + \Delta x$ 之间),使得

$$f(x + \Delta x) - f(x) = f'(\xi) \Delta x$$

或

$$f(x + \Delta x) - f(x) = f'(x + \theta \Delta x) \Delta x \ (0 < \theta < 1),$$

即 $\Delta y = f'(x + \theta \Delta x) \Delta x \ (0 < \theta < 1)$,这个公式又称为**有限增量公式**.

由拉格朗日定理可以得出几个重要的推论.

推论 1 若函数 $f(x)$ 在区间 (a,b) 内的导数恒为零,则 $f(x)$ 在 (a,b) 内恒为一个常数.

证明 在 (a,b) 内任取两点 $x_1, x_2 \ (x_1 < x_2)$,在区间 $[x_1, x_2]$ 上应用拉格朗日中值定理,有

$$f(x_2) - f(x_1) = f'(\xi)(x_2 - x_1), \ x_1 < \xi < x_2.$$

由于 $f'(\xi) = 0$,所以 $f(x_2) = f(x_1)$,再由 x_1, x_2 的任意性知,$f(x)$ 在 (a,b) 内恒为一个常数.

注 4.1.3 推论 1 表明,导数为零的函数就是常数函数.

例 4.1.4 证明 $\arcsin x + \arccos x = \dfrac{\pi}{2}, x \in [-1,1]$.

证明 设 $f(x) = \arcsin x + \arccos x, x \in [-1,1]$,因为

$$f'(x) = \frac{1}{\sqrt{1-x^2}} - \frac{1}{\sqrt{1-x^2}} = 0, x \in (-1,1),$$

所以 $f(x) = C$(常数),$x \in (-1,1)$. 又因为

$$f(-1) = \arcsin(-1) + \arccos(-1) = -\frac{\pi}{2} + \pi = \frac{\pi}{2},$$

$$f(1) = \arcsin 1 + \arccos 1 = \frac{\pi}{2} + 0 = \frac{\pi}{2},$$

从而

$$\arcsin x + \arccos x = \frac{\pi}{2}, x \in [-1,1].$$

推论2 若函数 $f(x)$ 和 $g(x)$ 均在区间 (a,b) 内可导, 且恒有 $f'(x) = g'(x)$, 则在 (a,b) 内有

$$f(x) = g(x) + C\ (C\ \text{为一常数}).$$

证明 设 $h(x) = f(x) - g(x)$, 由假设可知

$$h'(x) = f'(x) - g'(x) = 0\ (a < x < b).$$

根据推论1, 得 $h(x) = C$, 即

$$f(x) = g(x) + C\ (C\ \text{为常数}).$$

例4.1.5 证明下列不等式.

(1) 当 $b > a > 0$ 时, $\dfrac{b-a}{1+b^2} < \arctan b - \arctan a < \dfrac{b-a}{1+a^2}$;

(2) 当 $x > 0$ 时, $\ln(1+x) - \ln x > \dfrac{1}{1+x}$.

证明 (1) 设 $f(x) = \arctan x$, 显然, $f(x)$ 在 $[a,b]$ 上满足拉格朗日定理的条件, 则至少存在一点 $\xi\ (a < \xi < b)$, 使得

$$\arctan b - \arctan a = \frac{1}{1+\xi^2}(b-a).$$

由于 $0 < a < b$, 所以 $\dfrac{1}{1+b^2} < \dfrac{1}{1+\xi^2} < \dfrac{1}{1+a^2}$, 即有

$$\frac{b-a}{1+b^2} < \arctan b - \arctan a < \frac{b-a}{1+a^2}.$$

(2) 设 $f(t) = \ln t$, $f(t)$ 在 $[x, 1+x]$ 上满足拉格朗日中值定理的条件, 所以, 存在 $\xi \in (x, 1+x)$, 使得

$$f(1+x) - f(x) = f'(\xi)(1+x-x),$$

即

$$\ln(1+x) - \ln x = \frac{1}{\xi}.$$

再由 $0 < x < \xi < 1+x$, 得 $\ln(1+x) - \ln x > \dfrac{1}{1+x}$.

例4.1.6 设在 $[0,1]$ 上, $0 < f(x) < 1$, $f(x)$ 可导且 $f'(x) \neq 1$. 求

证:在$(0,1)$内存在唯一的x_0,满足$f(x_0) = x_0$.

证明 构造辅助函数$F(x) = f(x) - x$. 由$f(x)$在$[0,1]$上可导,故$f(x)$在$[0,1]$上连续,因而$F(x)$在$[0,1]$上连续. 又因为在$[0,1]$上, $0 < f(x) < 1$,故$F(0) = f(0) - 0 > 0$, $F(1) = f(1) - 1 < 0$. 根据连续函数的介值定理知,在$(0,1)$内至少存在一点x_0,使$F(x_0) = f(x_0) - x_0 = 0$,即$f(x_0) = x_0$.

为证唯一性,用反证法. 若存在两点$x_0, x_1 \in (0,1)$,且$x_0 < x_1$,使$f(x_0) = x_0$, $f(x_1) = x_1$同时成立,则在$[x_0, x_1]$上应用拉格朗日中值定理,有

$$f'(\xi) = \frac{f(x_1) - f(x_0)}{x_1 - x_0} = \frac{x_1 - x_0}{x_1 - x_0} = 1, \xi \in (x_0, x_1).$$

这与已知$f'(x) \neq 1$矛盾,因而在$(0,1)$内只有一个x_0,满足$f(x_0) = x_0$.

4.1.3 柯西中值定理

定理 4.1.3(柯西中值定理) 设函数$f(x)$和$g(x)$满足:
(1) 在闭区间$[a,b]$上连续;
(2) 在开区间(a,b)内可导;
(3) 在(a,b)内每一点处$g'(x) \neq 0$,则在(a,b)内至少存在一点ξ $(a < \xi < b)$,使得

$$\frac{f(b) - f(a)}{g(b) - g(a)} = \frac{f'(\xi)}{g'(\xi)}.$$

证明 方法一:首先说明$g(b) - g(a) \neq 0$. 用反证法,若$g(b) - g(a) = 0$,即$g(b) = g(a)$,根据罗尔定理,在(a,b)内至少存在一点ξ,使$g'(\xi) = 0$,与已知条件矛盾.

其次,构造辅助函数

$$\varphi(x) = f(x) - f(a) - \frac{f(b) - f(a)}{g(b) - g(a)}[g(x) - g(a)],$$

易知$\varphi(x)$在$[a,b]$上满足罗尔定理的条件,故在(a,b)内至少存

在一点 ξ,使得 $\varphi'(\xi)=0$,即 $f'(\xi)-\dfrac{f(b)-f(a)}{g(b)-g(a)}\cdot g'(\xi)=0$,从而

$$\dfrac{f(b)-f(a)}{g(b)-g(a)}=\dfrac{f'(\xi)}{g'(\xi)}.$$

方法二:与方法一的讨论同理,有 $g(b)-g(a)\neq 0$,构造辅助函数

$$G(x)=\dfrac{f(b)-f(a)}{g(b)-g(a)}\cdot g(b),$$

则

$$f(b)-f(a)=G(b)-G(a),$$
$$f(b)-G(b)=f(a)-G(a).$$

令 $\varphi(x)=f(x)-G(x)$,显然函数 $\varphi(x)$ 在 $[a,b]$ 上满足罗尔定理的条件,因此在 (a,b) 内至少存在一点 ξ,使得 $\varphi'(\xi)=0$,即有

$$f'(\xi)-\dfrac{f(b)-f(a)}{g(b)-g(a)}g'(\xi)=0,$$

即

$$\dfrac{f(b)-f(a)}{g(b)-g(a)}=\dfrac{f'(\xi)}{g'(\xi)}.$$

定理得证。

注4.1.4 若取 $g(x)=x$,则 $g(b)-g(a)=b-a$,$g'(x)=1$,这时,柯西中值定理就变成了拉格朗日中值定理,所以柯西中值定理又称为**广义中值定理**。

例4.1.7 设函数 $f(x)$ 在 $[a,b]$ 上满足连续,在 (a,b) 内可导 $(a>0)$,证明在 (a,b) 内至少存在一点 ξ,使得

$$f(b)-f(a)=\xi f'(\xi)\ln\dfrac{b}{a}.$$

证明 题设结论可变形为

$$\dfrac{f(b)-f(a)}{\ln b-\ln a}=\dfrac{f'(\xi)}{1/\xi}.$$

因此,可设 $g(x)=\ln x$,则 $f(x)$ 和 $g(x)$ 在 $[a,b]$ 上满足柯西中值定理的条件,所以在 (a,b) 内至少存在一点 ξ,使

$$\dfrac{f(b)-f(a)}{\ln b-\ln a}=\dfrac{f'(\xi)}{1/\xi},$$

即
$$f(b)-f(a)=\xi f'(\xi)\ln\frac{b}{a}.$$

注 4.1.5 观察拉格朗日中值定理和柯西中值定理的证明,可以发现这两个中值定理均可由罗尔定理推出,另一方面,罗尔定理又是拉格朗日中值定理和柯西中值定理的特殊情况,因此这三个中值定理在逻辑上是等价的,可以理解为同一个定理的不同表述. 从前面的例题里又可以看出,在应用时选择合适的中值定理会更方便.

习题 4.1

1. 设 $f(x)=\begin{cases}\dfrac{3-x^2}{2}, & 0\leqslant x\leqslant 1,\\ \dfrac{1}{x}, & x>1,\end{cases}$ 在区间 $[0,2]$ 上对函数 $f(x)$ 验证拉格朗日定理的正确性,并求出 ξ 位于区间 $(0,1)$ 和 $(1,2)$ 时的取值.

2. 设 $f(x)$ 在 $[0,1]$ 上连续,在 $(0,1)$ 内可导,$f(1)=1,f(0)=\dfrac{1}{2}$,证明:在 $(0,1)$ 内存在一点 ξ,使 $1=(1+\xi)^2 f'(\xi)$.

3. 设函数 $f(x)$ 在区间 $(x_0,x_0+\delta]$ 上连续,$f'(x)$ 在 $(x_0,x_0+\delta)$ 内存在 $(\delta>0)$,且 $\lim\limits_{x\to x_0^+}f'(x)=f'(x_0+0)$ 存在,证明:$f(x)$ 在点 x_0 处的右导数 $f'_+(x_0)$ 存在,且有 $f'_+(x_0)=f'(x_0+0)$.

4. 设函数 $f(x)$ 在 $[0,3]$ 上连续,在 $(0,3)$ 内可导,且
$$f(0)+f(1)+f(2)=3, f(3)=1,$$
证明:存在 $\xi\in(0,3)$,使得 $f'(\xi)=0$.

5. 设函数 $f(x)$ 在 $x=0$ 的某个邻域内有连续的二阶导数,且
$$f(0)\neq 0, f'(0)\neq 0, f''(0)\neq 0,$$
证明:存在唯一的一组实数 $\gamma_1,\gamma_2,\gamma_3$,使得当 $h\to 0$ 时,
$$\gamma_1 f(h)+\gamma_2 f(2h)+\gamma_3 f(3h)=o(h^2).$$

6. 设 $f(x)$ 在 $[0,1]$ 上有三阶导数,且 $f(1)=f(0)=0$,设 $F(x)=x^3 f(x)$,证明:在 $(0,1)$ 内存在一点 ξ,使 $F'''(\xi)=0$.

7. 设函数 $f(x)$ 在 $[a,b]$ 上连续,在 (a,b) 内可导,证明:在 (a,b) 内存在一点 ξ,使

$$\frac{bf(b)-af(a)}{b-a}=f(\xi)+\xi f'(\xi).$$

8. 设函数 $f(x),g(x)$ 在 $[a,b]$ 上连续,在 (a,b) 内可导,且 $f(a)=f(b)=0$,证明:在 (a,b) 内存在一点 ξ,使 $f'(\xi)+f(\xi)g'(\xi)=0$.

9. 设函数 $f(x)$ 在 $[a,b]$ 上可导,$f'(a)f'(b)<0$,证明:在 (a,b) 内存在一点 ξ,使 $f'(\xi)=0$.

10. 设函数 $f(x)$ 在 $[a,b]$ 上连续,在 (a,b) 内可导,且 $f(x)$ 不是线性函数,证明:在 (a,b) 内存在一点 ξ,使

$$|f'(\xi)|>\left|\frac{f(b)-f(a)}{b-a}\right|.$$

11. 设函数 $f(x),g(x)$ 在 $[a,b]$ 上连续,在 (a,b) 内可导,证明:在 (a,b) 内存在一点 ξ,使

$$\frac{f'(\xi)}{g'(\xi)}=\frac{f(\xi)-f(a)}{g(b)-g(\xi)}.$$

12. 证明下列不等式:

(1) 当 $0<b\leqslant a$ 时,$\dfrac{a-b}{a}\leqslant \ln\dfrac{a}{b}\leqslant \dfrac{a-b}{b}$;

(2) 当 $x>0$ 时,$\dfrac{x}{1+x}<\ln(1+x)<x$;

(3) 当 $0<\beta\leqslant\alpha<\dfrac{\pi}{2}$ 时,$\dfrac{\alpha-\beta}{\cos^2\beta}\leqslant\tan\alpha-\tan\beta\leqslant\dfrac{\alpha-\beta}{\cos^2\alpha}$;

(4) $|\arctan x-\arctan y|\leqslant |x-y|$;

(5) 当 $0<a<b$ 时,$\dfrac{2a}{a^2+b^2}<\dfrac{\ln b-\ln a}{b-a}<\dfrac{1}{\sqrt{ab}}$;

(6) 当 $e<a<b<e^2$ 时,$\ln^2 b-\ln^2 a>\dfrac{4}{e^2}(b-a)$.

4.2 洛必达法则

如果当 $x \to a$(或 $x \to \infty$)时,两个函数 $f(x)$ 与 $g(x)$ 都趋于零或都趋于无穷大,则极限 $\lim\limits_{x \to a} \dfrac{f(x)}{g(x)}$ $\left(\text{或} \lim\limits_{x \to \infty} \dfrac{f(x)}{g(x)}\right)$ 可能存在,也可能不存在. 通常将同一变化过程中两个无穷小量之比称为 $\dfrac{0}{0}$ 型不定式,两个无穷大量之比称为 $\dfrac{\infty}{\infty}$ 型不定式. 例如, $\lim\limits_{x \to 0} \dfrac{\sin x}{x}$, $\lim\limits_{x \to 2} \dfrac{x^2 - 5x + 6}{x^2 - 4}$ 是 $\dfrac{0}{0}$ 型不定式, $\lim\limits_{x \to +\infty} \dfrac{\ln x}{x}$, $\lim\limits_{x \to +\infty} \dfrac{x^2}{e^x}$ 是 $\dfrac{\infty}{\infty}$ 型不定式.

常见的不定式还有: $\infty - \infty, 0 \cdot \infty, 0^0, \infty^0$ 和 1^∞ 型. 柯西中值定理的一个重要应用是给出了 $\dfrac{0}{0}$ 型不定式和 $\dfrac{\infty}{\infty}$ 型不定式的定值法——洛必达(L'Hospital)法则.

4.2.1 $\dfrac{0}{0}$ 型不定式

定理 4.2.1(洛必达法则 I) 设函数 $f(x)$ 与 $g(x)$ 满足条件:
(1) $\lim\limits_{x \to a} f(x) = 0, \lim\limits_{x \to a} g(x) = 0$;
(2) 在点 a 的某邻域内(点 a 可以除外)可导,且 $g'(x) \neq 0$;
(3) $\lim\limits_{x \to a} \dfrac{f'(x)}{g'(x)} = A$(或 ∞)(A 是常数);

则 $\lim\limits_{x \to a} \dfrac{f(x)}{g(x)} = \lim\limits_{x \to a} \dfrac{f'(x)}{g'(x)} = A$(或 ∞).

证明 由条件(1)可知, $x = a$ 是 $f(x)$ 和 $g(x)$ 的连续点或可去间断点. 若是连续点,则必有 $f(a) = g(a) = 0$;若是可去间断点,可补充定义或修改定义 $f(a) = f(b) = 0$,使 $f(x)$ 和 $g(x)$ 在 $x = a$ 连续.

设 x 为 a 附近的一点 ($x \neq a$),显然在以 x 和 a 为端点的区间上, $f(x)$ 和 $g(x)$ 满足柯西中值定理的条件. 于是,有

$$\frac{f(x)}{g(x)} = \frac{f(x)-f(a)}{g(x)-g(a)} = \frac{f'(\xi)}{g'(\xi)} \quad (\xi \text{ 在 } x \text{ 与 } a \text{ 之间}).$$

令 $x \to a$(从而 $\xi \to a$),对上式两端取极限,得到

$$\lim_{x \to a} \frac{f(x)}{g(x)} = \lim_{\xi \to a} \frac{f'(\xi)}{g'(\xi)} = \lim_{x \to a} \frac{f'(x)}{g'(x)}.$$

注 4.2.1 对于 $x \to \infty$ 时的 $\frac{0}{0}$ 型不定式,洛必达法则 I 也适用. 事实上,只要作变换 $z = \frac{1}{x}$,由于 $x \to \infty$ 时 $z \to 0$,则 $x \to \infty$ 时的 $\frac{0}{0}$ 型不定式就可化成 $z \to 0$ 时的 $\frac{0}{0}$ 型不定式. 对 $x \to \infty$ 时的 $\frac{0}{0}$ 型不定式使用洛必达法则时,不需要作变换,只要直接使用其结果即可.

注 4.2.2 若不满足定理 4.2.1 中条件(3),极限 $\lim\limits_{x \to a} \frac{f(x)}{g(x)}$ 仍然可能存在,此时,不能用定理 4.2.1,可用其他方法定值. 例如, $\lim\limits_{x \to 0} \dfrac{x + x^2 \sin \dfrac{1}{x}}{\sin x}$ 是 $\frac{0}{0}$ 型不定式,满足定理 4.2.1 中的条件(1)(2),不满足条件(3),但原不定式的极限仍存在:

$$\lim_{x \to 0} \frac{x + x^2 \sin \dfrac{1}{x}}{\sin x} = \lim_{x \to 0} \left[\frac{x}{\sin x} + \frac{x}{\sin x}\left(x \sin \frac{1}{x}\right) \right] = 1.$$

注 4.2.3 若将定理 4.2.1 中的 $x \to a$ 换成 $x \to \pm a$, $x \to \pm \infty$,只要相应地修改条件(2),结论仍然成立.

例 4.2.1 求极限 $\lim\limits_{x \to 0} \dfrac{x - \sin x}{x^3}$.

解 因为 $\lim\limits_{x \to 0} \dfrac{x - \sin x}{x^3}$ 是 $\frac{0}{0}$ 型不定式,所以使用洛必达法则 I,有

$$\lim_{x \to 0} \frac{x - \sin x}{x^3} = \lim_{x \to 0} \frac{1 - \cos x}{3x^2},$$

而 $\lim\limits_{x \to 0} \dfrac{x - \sin x}{x^3}$ 仍是 $\frac{0}{0}$ 型不定式,所以再次使用洛必达法则 I,得到

$$\lim_{x\to 0}\frac{1-\cos x}{3x^2}=\lim_{x\to 0}\frac{\sin x}{6x}=\frac{1}{6},$$

故 $\lim\limits_{x\to 0}\dfrac{x-\sin x}{x^3}=\dfrac{1}{6}$.

例 4.2.2 求 $\lim\limits_{x\to -\infty}\dfrac{\ln\left(1+\dfrac{1}{x}\right)}{\operatorname{arccot} x}$.

解 这是 $\dfrac{0}{0}$ 型不定式，由洛必达法则 I，可得

$$\lim_{x\to -\infty}\frac{\ln\left(1+\dfrac{1}{x}\right)}{\operatorname{arccot} x}=\lim_{x\to -\infty}\frac{\dfrac{1}{1+\dfrac{1}{x}}\left(-\dfrac{1}{x^2}\right)}{-\dfrac{1}{1+x^2}}=\lim_{x\to -\infty}\frac{1+x^2}{x+x^2}=1.$$

例 4.2.3 求 $\lim\limits_{x\to +\infty}\dfrac{\dfrac{\pi}{2}-\arctan x}{\sin\dfrac{1}{x}}$.

解 $\lim\limits_{x\to +\infty}\dfrac{\dfrac{\pi}{2}-\arctan x}{\sin\dfrac{1}{x}}=\lim\limits_{x\to +\infty}\dfrac{-\dfrac{1}{1+x^2}}{-\dfrac{1}{x^2}\cos\dfrac{1}{x}}=\lim\limits_{x\to +\infty}\dfrac{x^2}{1+x^2}\cdot\dfrac{1}{\cos\dfrac{1}{x}}=1.$

4.2.2 $\dfrac{\infty}{\infty}$ 型不定式

定理 4.2.2（洛必达法则 II） 设函数 $f(x)$ 和 $g(x)$ 满足条件：

(1) $\lim\limits_{x\to a}f(x)=\infty$，$\lim\limits_{x\to a}g(x)=\infty$；

(2) 在点 a 的某邻域内（a 点可以除外）可导，且 $g'(x)\ne 0$；

(3) $\lim\limits_{x\to a}\dfrac{f'(x)}{g'(x)}$（或 ∞）（其中 A 是常数），

则 $\lim\limits_{x\to a}\dfrac{f(x)}{g(x)}=\lim\limits_{x\to a}\dfrac{f'(x)}{g'(x)}=A$（或 ∞）.

本定理证明较繁，证明从略.

注 4.2.4 和洛必达法则 I 类似,对 $x\to\infty$ 时的 $\dfrac{\infty}{\infty}$ 型不定式,洛必达法则 II 也适用,对单侧极限亦然.

例 4.2.4 求 $\lim\limits_{x\to 0^+}\dfrac{\ln\cot x}{\ln x}$.

解 $\lim\limits_{x\to 0^+}\dfrac{\ln\cot x}{\ln x}=\lim\limits_{x\to 0^+}\dfrac{(\ln\cot x)'}{(\ln x)'}=\lim\limits_{x\to 0^+}\dfrac{\dfrac{1}{\cot x}\left(-\dfrac{1}{\sin^2 x}\right)}{\dfrac{1}{x}}$

$=\lim\limits_{x\to 0^+}\dfrac{-x}{\sin x\cos x}=-\lim\limits_{x\to 0^+}\dfrac{x}{\sin x}\cdot\lim\limits_{x\to 0^+}\dfrac{1}{\cos x}=-1.$

例 4.2.5 求 $\lim\limits_{x\to+\infty}\dfrac{\ln x}{x^n}$ ($n>0$).

解 $\lim\limits_{x\to+\infty}\dfrac{\ln x}{x^n}=\lim\limits_{x\to+\infty}\dfrac{\dfrac{1}{x}}{nx^{n-1}}=\lim\limits_{x\to+\infty}\dfrac{1}{nx^n}=0.$

例 4.2.6 求 $\lim\limits_{x\to+\infty}\dfrac{x^n}{e^{\lambda x}}$ (n 为正整数,$\lambda>0$).

解 连续应用洛必达法则 n 次,可得

$\lim\limits_{x\to+\infty}\dfrac{x^n}{e^{\lambda x}}=\lim\limits_{x\to+\infty}\dfrac{nx^{n-1}}{\lambda e^{\lambda x}}=\lim\limits_{x\to+\infty}\dfrac{n(n-1)x^{n-2}}{\lambda^2 e^{\lambda x}}=\cdots=\lim\limits_{x\to+\infty}\dfrac{n!}{\lambda^n e^{\lambda x}}=0.$

例 4.2.7 求 $\lim\limits_{x\to 0}\dfrac{3x-\sin 3x}{(1-\cos x)(e^{4x}-1)}$.

解 本题先应用等价无穷小替换再使用洛必达法则较简便.

当 $x\to 0$ 时,$1-\cos x\sim\dfrac{1}{2}x^2$,$e^{4x}-1\sim 4x$,所以

$\lim\limits_{x\to 0}\dfrac{3x-\sin 3x}{(1-\cos x)(e^{4x}-1)}=\lim\limits_{x\to 0}\dfrac{3x-\sin 3x}{2x^3}=\lim\limits_{x\to 0}\dfrac{3-3\cos 3x}{6x^2}$

$=\lim\limits_{x\to 0}\dfrac{3\sin 3x}{4x}=\dfrac{9}{4}.$

(最后一步使用了重要极限)

4.2.3 其他类型的不定式 ($0 \cdot \infty$, $\infty - \infty$, 0^0, 1^∞, ∞^0)

(1) 对于 $0 \cdot \infty$ 型不定式,可以将其化为 $\dfrac{0}{0}$ 型或 $\dfrac{\infty}{\infty}$ 型,然后再使用洛必达法则.

例 4.2.8 求 $\lim\limits_{x \to 0^+} x \ln x$.

解 $\lim\limits_{x \to 0^+} x \ln x = \lim\limits_{x \to 0^+} \dfrac{\ln x}{\dfrac{1}{x}} = \lim\limits_{x \to 0^+} \dfrac{\dfrac{1}{x}}{-\dfrac{1}{x^2}} = \lim\limits_{x \to 0^+} (-x) = 0.$

(2) 对于 $\infty - \infty$ 型,可利用通分化为 $\dfrac{0}{0}$ 型不定式来计算.

例 4.2.9 求 $\lim\limits_{x \to 1} \left(\dfrac{x}{x-1} - \dfrac{1}{\ln x} \right)$.

解 $\lim\limits_{x \to 1} \left(\dfrac{x}{x-1} - \dfrac{1}{\ln x} \right) = \lim\limits_{x \to 1} \dfrac{x \ln x - x + 1}{(x-1) \ln x} = \lim\limits_{x \to 1} \dfrac{\ln x}{\ln x + \dfrac{x-1}{x}}$

$= \lim\limits_{x \to 1} \dfrac{\dfrac{1}{x}}{\dfrac{1}{x} + \dfrac{1}{x^2}} = \lim\limits_{x \to 1} \dfrac{x}{x+1} = \dfrac{1}{2}.$

(3) 对于 0^0, 1^∞, ∞^0 型不定式,可以先利用指数对数恒等式将之化为以 e 为底的指数函数的极限,再利用指数函数的连续性,化为直接求指数的极限,

$$\lim_{x \to a} f(x) = \lim_{x \to a} e^{\ln f(x)} = e^{\lim\limits_{x \to a} \ln f(x)}.$$

例 4.2.10 求 $\lim\limits_{x \to 0^+} x^x$ (0^0 型).

解 $\lim\limits_{x \to 0^+} x^x = e^{\lim\limits_{x \to 0^+} \dfrac{\ln x}{\dfrac{1}{x}}} = e^{\lim\limits_{x \to 0^+} \dfrac{\dfrac{1}{x}}{-\dfrac{1}{x^2}}} = e^0 = 1.$

例 4.2.11 求 $\lim\limits_{x \to e} (\ln x)^{\frac{1}{1 - \ln x}}$ (1^∞ 型).

解 $\lim\limits_{x\to e}(\ln x)^{\frac{1}{1-\ln x}} = \lim\limits_{x\to e} e^{\frac{\ln\ln x}{1-\ln x}} = e^{\lim\limits_{x\to e}\frac{\ln\ln x}{1-\ln x}} = e^{\lim\limits_{x\to e}\frac{\frac{1}{x\ln x}}{-\frac{1}{x}}} = e^{-1}.$

例 4.2.12 求 $\lim\limits_{x\to 0^+}(\cot x)^{\frac{1}{\ln x}}$ (∞^0 型).

解 $\lim\limits_{x\to 0^+}(\cot x)^{\frac{1}{\ln x}} = \lim\limits_{x\to 0^+} e^{\frac{\ln\cot x}{\ln x}} = e^{\lim\limits_{x\to 0^+}\frac{\ln\cot x}{\ln x}},$

$\lim\limits_{x\to 0^+}\frac{\ln\cot x}{\ln x} = \lim\limits_{x\to 0^+}\frac{-\frac{1}{\cot x\sin^2 x}}{\frac{1}{x}} = -\lim\limits_{x\to 0^+}\frac{1}{\cos x}\cdot\frac{x}{\sin x} = -1.$

所以 $\lim\limits_{x\to 0^+}(\cot x)^{\frac{1}{\ln x}} = e^{-1}.$

习题 4.2

(A)

1. 求下列极限：

(1) $\lim\limits_{x\to 0}\left(\dfrac{3-e^x}{2+x}\right)^{\frac{1}{\sin x}}$;

(2) $\lim\limits_{x\to +\infty} x^2\left(\arctan\dfrac{a}{x} - \arctan\dfrac{a}{x+1}\right)$;

(3) $\lim\limits_{x\to 0}(\cos x)^{\frac{1}{\ln(1+x^2)}}$;

(4) $\lim\limits_{x\to 0}\dfrac{1}{x^3}\left[\left(\dfrac{2+\cos x}{x}\right)^x - 1\right]$;

(5) $\lim\limits_{x\to 0}\left(\dfrac{1}{\sin^2 x} - \dfrac{\cos^2 x}{x^2}\right)$;

(6) $\lim\limits_{x\to 0}\dfrac{\arctan x - x}{\ln(1+2x^3)}$;

(7) $\lim\limits_{x\to 0}\dfrac{1-\cos x^2}{x^3\sin x}$;

(8) $\lim\limits_{x\to 0}\left[\dfrac{(1+x)\ln(1+x)}{x^2} - \dfrac{1}{x}\right]$;

(9) $\lim\limits_{x\to 0}\dfrac{(1+x)^{\frac{1}{x}} - e}{x}$;

(10) $\lim\limits_{x\to 0}\dfrac{\tan x - x}{x - \sin x}$;

(11) $\lim\limits_{x\to 1}\dfrac{x^x - x}{\ln x - x + 1}$;

(12) $\lim\limits_{x\to 0^+}\left(\dfrac{1}{x}\right)^{\sin x}$;

(13) $\lim\limits_{x\to\infty}\left[x(e^{\frac{1}{x}} - 1)\right]$;

(14) $\lim\limits_{x\to 0}\left(\dfrac{\sin x}{x}\right)^{\frac{1}{x^2}}$.

2. 若 $\lim\limits_{x\to 0}\dfrac{\sin x}{e^x-a}(\cos x - b) = 5$,求 a 和 b.

(B)

1. 求 $\lim\limits_{x\to\infty}\left[x - x^2\ln\left(1+\dfrac{1}{x}\right)\right]$.

2. 设 $f''(x_0)$ 存在,证明
$$\lim_{h\to 0}\dfrac{f(x_0-h)+f(x_0+h)-2f(x_0)}{h^2}=f''(x_0).$$

3. 设 $f(x)$ 有连续的二阶导数,且 $\lim\limits_{x\to 0}\dfrac{f(x)}{x}=0$,$f''(0)=4$,求 $\lim\limits_{x\to 0}\left[1+\dfrac{f(x)}{x}\right]^{\frac{1}{x}}$.

4.3 泰勒公式

对于一些复杂的函数,为方便研究,常采用一些简单的函数来近似表达. 多项式函数是最为简单的一类函数,用多项式近似表达函数对于近似计算和理论分析都很有意义. 那么一个函数具有什么条件才能用多项式函数近似代替呢? 这个多项式的各项系数与这个函数又有什么关系呢? 近似代替的误差又是怎样的呢? 泰勒(Taylor)在这方面做出了不朽的贡献.

4.3.1 泰勒公式

定理 4.3.1(泰勒定理) 若函数 $f(x)$ 在点 x_0 处有 n 阶导数,则有
$$f(x) = f(x_0) + f'(x_0)(x-x_0) + \dfrac{f''(x_0)}{2!}(x-x_0)^2 + \cdots + \dfrac{f^{(n)}(x_0)}{n!}(x-x_0)^n + R_n(x).$$

其中 $R_n(x) = o[(x-x_0)^n]$ $(x \to x_0)$，即 $R_n(x)$ 是比 $(x-x_0)^n$ 高阶的无穷小。

上面的公式称为（带皮亚诺（Peano）余项的）**泰勒公式**，$R_n(x) = o[(x-x_0)^n]$ $(x \to x_0)$ 称为**皮亚诺余项**。

证明 只需证明 $\lim\limits_{x \to x_0} \dfrac{R_n(x)}{(x-x_0)^n} = 0$。

$$\lim_{x \to x_0} \frac{R_n(x)}{(x-x_0)} = \lim_{x \to x_0} \frac{1}{(x-x_0)^n} \left\{ f(x) - \left[f(x_0) + f'(x_0)(x-x_0) + \frac{f''(x_0)}{2!}(x-x_0)^2 + \cdots + \frac{f^{(n)}(x_0)}{n!}(x-x_0)^n \right] \right\},$$

这是一个 $\dfrac{0}{0}$ 型不定式，由定理条件 $f^{(n)}(x_0)$ 存在知 $f^{(n-1)}(x)$ 在点 x_0 的空心邻域内存在，并可对上式应用 $(n-1)$ 次洛必达法则，得

$$\lim_{x \to x_0} \frac{R_n(x)}{(x-x_0)^n}$$

$$= \lim_{x \to x_0} \frac{1}{n(x-x_0)^{n-1}} \left[f'(x) - f'(x_0) - \cdots - \frac{f^{(n)}(x_0)}{(n-1)!}(x-x_0)^{n-1} \right]$$

$$= \lim_{x \to x_0} \frac{1}{n(n-1)(x-x_0)^{n-2}} \left[f''(x) - f''(x_0) - \cdots - \frac{f^{(n)}(x_0)}{(n-2)!}(x-x_0)^{n-2} \right]$$

$$= \cdots = \lim_{x \to x_0} \frac{f^{(n-1)}(x) - f^{(n-1)}(x_0) - f^{(n)}(x_0)(x-x_0)}{n!(x-x_0)}$$

$$= \frac{1}{n!} \lim_{x \to x_0} \left[\frac{f^{(n-1)}(x) - f^{(n-1)}(x_0)}{x-x_0} - f^{(n)}(x_0) \right] = 0.$$

于是 $\lim\limits_{x \to x_0} \dfrac{R_n(x)}{(x-x_0)^n} = 0$。

注 4.3.1 一个函数在同一点处的 n 阶（带皮亚诺余项）泰勒公式是唯一的，如果存在多项式函数

$$P(x) = A_0 + A_1(x-x_0) + A_2(x-x_0)^2 + \cdots + A_n(x-x_0)^n$$

满足

$$f(x) = P(x) + o((x-x_0)^n),$$

则有

$$\lim_{x \to x_0} f(x) = A_0,$$

$$\lim_{x \to x_0} \frac{f(x) - A_0}{x - x_0} = A_1,$$

$$\lim_{x \to x_0} \frac{f(x) - [A_0 + A_1(x - x_0)]}{(x - x_0)^2} = A_2,$$

$$\vdots$$

$$\lim_{x \to x_0} \frac{f(x) - [A_0 + A_1(x - x_0) + \cdots + A_{n-1}(x - x_0)^{n-1}]}{(x - x_0)^n} = A_n.$$

注 4.3.2 当 $x_0 = 0$ 时,有

$$f(x) = f(0) + f'(0)x + \frac{f''(0)}{2!}x^2 + \cdots + \frac{f^{(n)}(0)}{n!}x^n + o(x^n),$$

此式称为 n 阶(带**皮亚诺余项**的)**麦克劳林(Maclaurin)公式**.

由定理 4.3.1 给出的余项是一种定性的描述,不能估算余项 $R_n(x)$ 的数值,因此还要进一步给出余项 $R_n(x)$ 的定量公式.

定理 4.3.2(泰勒中值定理) 若函数 $f(x)$ 在含有点 x_0 的某个开区间 (a,b) 内具有直到 $n+1$ 阶的导数,则对任一 $x \in (a,b)$, $f(x)$ 可以表示为 $(x-x_0)$ 的一个 n 次多项式(泰勒多项式)与一个余项 $R_n(x)$ 之和,即

$$f(x) = f(x_0) + f'(x_0)(x - x_0) + \frac{f''(x_0)}{2!}(x - x_0)^2 + \cdots +$$

$$\frac{f^{(n)}(x_0)}{n!}(x - x_0)^n + R_n(x),$$

其中 $R_n(x) = \frac{f^{(n+1)}(\xi)}{(n+1)!}(x-x_0)^{n+1}$,这里 ξ 在 x_0 与 x 之间.

证明 由题设,易见

$$R_n(x) = f(x) - \left[f(x_0) + f'(x_0)(x - x_0) + \frac{f'(x_0)}{2!}(x - x_0)^2 + \right.$$

$$\cdots + \frac{f^{(n)}(x_0)}{n!}(x-x_0)^n \bigg],$$

在 (a,b) 内具有直到 $n+1$ 阶的导数，且
$$R_n(x_0) = R_n'(x_0) = R_n''(x_0) = \cdots = R_n^{(n)}(x_0) = 0.$$

函数 $R_n(x)$ 及 $(x-x_0)^{n+1}$ 在以 x_0 及 x 为端点的闭区间上满足柯西中值定理的条件，则有

$$\frac{R_n(x)}{(x-x_0)^{n+1}} = \frac{R_n(x) - R_n(x_0)}{(x-x_0)^{n+1} - 0} = \frac{R_n'(\xi_1)}{(n+1)(\xi_1 - x_0)^n} \ (\xi_1 \text{ 在 } x_0 \text{ 与 } x \text{ 之间}),$$

又 $R_n'(x)$ 及 $(n+1)(x-x_0)^n$ 在以 x_0 及 ξ_1 为端点的闭区间上满足柯西中值定理的条件，则有

$$\frac{R_n'(\xi_1)}{(n+1)(\xi_1 - x_0)^n} = \frac{R_n'(\xi_1) - R_n'(x_0)}{(n+1)(\xi_1 - x_0)^n - 0} = \frac{R_n''(\xi_2)}{n(n+1)(\xi_2 - x_0)^{n-1}},$$
$$(\xi_2 \text{ 在 } x_0 \text{ 与 } \xi_1 \text{ 之间})$$

按此方法进行下去，经过 $n+1$ 次后，可得

$$\frac{R_n(x)}{(x-x_0)^{n+1}} = \frac{R_n^{(n+1)}(\xi)}{(n+1)!},$$

其中 ξ 在 x_0 与 ξ_n 之间（也在 x_0 与 x 之间）。由于 $R_n^{(n+1)}(x) = f^{(n+1)}(x)$，从而

$$R_n(x) = \frac{f^{(n+1)}(\xi)}{(n+1)!}(x-x_0)^{(n+1)}.$$

注 4.3.3 当 $n=0$ 时，泰勒公式变成拉格朗日中值公式：
$$f(x) = f(x_0) + f'(\xi)(x-x_0) \ (\xi \text{ 在 } x_0 \text{ 与 } x \text{ 之间}).$$

因此，泰勒中值定理是拉格朗日中值定理的推广，它具有与拉格朗日中值公式类似的意义，即将函数本身与其各阶导数联系起来，或者说建立了函数本身与其各阶导数之间的桥梁，从而可以利用高阶导数讨论函数本身的性质。

注 4.3.4 当 $x_0 = 0$ 时，泰勒公式化为

$$f(x) = f(0) + f'(0)x + \frac{f''(0)}{2!}x^2 + \cdots + \frac{f^{(n)}(0)}{n!}x^n + \frac{f^{(n+1)}(\theta x)}{(n+1)!}x^{n+1}.$$

$$(0<\theta<1)$$

此式又称为(带拉格朗日余项的)麦克劳林公式.

4.3.2 常用初等函数的麦克劳林公式

(1) 函数 $f(x) = e^x$ 的 n 阶麦克劳林公式

因为 $f(x) = f'(x) = f''(x) = \cdots = f^{(n)}(x) = e^x$,所以
$$f(0) = f'(0) = f''(0) = \cdots = f^{(n)}(0) = 1.$$
注意到 $f^{n+1}(\theta x) = e^{\theta x}$,于是
$$e^x = 1 + x + \frac{x^2}{2!} + \cdots + \frac{x^n}{n!} + \frac{e^{\theta x}}{(n+1)!}x^{n+1} \quad (0<\theta<1).$$

(2) 函数 $f(x) = \sin x$ 的 n 阶麦克劳林公式

因为
$$f^{(n)}(x) = \sin\left(x + \frac{n\pi}{2}\right), f^{(n)}(0) = \sin\frac{n\pi}{2} = \begin{cases} 0, & n = 2k, \\ (-1)^n, & n = 2k+1, \end{cases}$$
于是
$$\sin x = x - \frac{x^3}{3!} + \frac{x^5}{5!} + \cdots + (-1)^{k-1}\frac{x^{2k-1}}{(2k-1)!} + R_{2k}(x),$$
其中 $R_{2k}(x) = \frac{x^{2k+1}}{(2k+1)!}\sin\left(\theta x + \frac{2k+1}{2}\pi\right) = (-1)^k\frac{x^{2k+1}}{(2k+1)!}\cos\theta x$
$(0<\theta<1)$.

(3) 函数 $f(x) = \cos x$ 的 n 阶麦克劳林公式

与 $f(x) = \sin x$ 的推导类似,可得 $\cos x$ 的展开式
$$\cos x = 1 - \frac{x^2}{2!} + \frac{x^4}{4!} + \cdots + (-1)^k\frac{x^{2k}}{(2k)!} + R_{2k+1}(x),$$
其中 $R_{2k+1}(x) = (-1)^{k+1}\frac{x^{2k+2}}{(2k+2)!}\cos\theta x \ (0<\theta<1).$

(4) 函数 $f(x) = \ln(1+x)$ 的 n 阶麦克劳林公式

因为
$$f^{(n)}(x) = (-1)^{n-1}\frac{(n-1)!}{(1+x)^n} \ (n = 1, 2, \cdots),$$

所以
$$f(0) = 0, f^{(n)}(0) = (-1)^{n-1}(n-1)! \ (n=1,2,\cdots),$$
于是
$$\ln(1+x) = x - \frac{x^2}{2} + \frac{x^3}{3} + \cdots + (-1)^{n-1}\frac{x^n}{n} + R_n(x),$$
其中 $R_n(x) = (-1)^n \dfrac{x^{n+1}}{(n+1)(1+\theta x)^{n+1}} \ (0<\theta<1)$.

(5) 函数 $f(x) = (1+x)^a$ (a 为任意实数)的 n 阶麦克劳林公式

因为 $f^{(n)}(x) = a(a-1)\cdots(a-n+1)(1+x)^{a-n}$,

所以 $f^{(n)}(0) = a(a-1)\cdots(a-n+1)$, 于是
$$(1+x)^a = 1 + ax + \frac{a(a-1)}{2!}x^2 + \cdots + \frac{a(a-1)\cdots(a-n+1)}{n!}x^n + R_n(x),$$
其中 $R_n(x) = \dfrac{a(a-1)\cdots(a-n)}{(n+1)!}(1+\theta x)^{a-n-1}x^{n+1} \ (0<\theta<1)$.

特别地,当 a 为正整数 n 时,上式变为
$$(1+x)^n = \sum_{k=0}^{n} C_n^k x^k,$$
这是熟知的二项式展开定理,此时余项为零.

当 $a = -1$ 时,有
$$\frac{1}{1+x} = 1 - x + x^2 - x^3 + \cdots + (-1)^n x^n + R_n(x),$$
其中 $R_n(x) = (-1)^{n+1}\dfrac{x^{n+1}}{(1+\theta x)^{n+2}} \ (0<\theta<1)$.

在实际应用中,上面几个基本公式常用于间接地展开一些较复杂函数的麦克劳林公式、泰勒公式,以及求某些函数的极限等.

例 4.3.1 设函数 $f(x)$ 在点 $x_0 = 0$ 处有各阶导数,且 $f'(x)$ 在 $x_0 = 0$ 有展开式
$$f'(x) = a_0 + a_1 x + \cdots + a_n x^n + o(x^n),$$
由泰勒公式系数的唯一性可知
$$(f')^{(k)}(0) = k! \ a_k,$$

因此有 $f^{(k+1)}(0) = k! \, a_k$，进一步可得 $f(x)$ 本身的展开式

$$f(x) = f(0) + a_0 x + \frac{a_1}{2!}x^2 + \cdots + \frac{n! \, a_n}{(n+1)!}x^{n+1} + o(x^{n+1})$$

$$= f(0) + a_0 x + \frac{a_1}{2!}x^2 + \cdots + \frac{a_n}{(n+1)}x^{n+1} + o(x^{n+1}).$$

例 4.3.2 求函数 $f(x) = e^{-x^2}$ 的麦克劳林展开式，并计算该函数在 $x_0 = 0$ 处的 n 阶导数.

解 因为 $x \to 0$ 时，$-x^2 \to 0$，于是

$$e^{-x^2} = 1 + (-x^2) + \frac{(-x^2)^2}{2!} + \cdots + \frac{(-x^2)^n}{n!} + \frac{(-x^2)^{n+1}}{(n+1)!}e^{\theta(-x^2)}$$

$$= 1 - x^2 + \frac{x^4}{2!} + \cdots + \frac{(-1)^n x^{2n}}{n!} + \frac{(-1)^{n+1} x^{2n+2}}{(n+1)!}e^{-\theta x^2}.$$

$$(0 < \theta < 1)$$

由泰勒公式系数的唯一性可知，函数 e^{-x^2} 在原点处的的奇数阶导数为零（该函数是偶函数），$2n$ 阶导数为

$$f^{(2n)}(0) = (2n)! \, \frac{(-1)^n}{n!}.$$

例 4.3.3 求函数 $f(x) = \frac{1}{x}$ 按 $(x+3)$ 的幂展开的带有皮亚诺余项的 n 阶泰勒公式.

解 $\dfrac{1}{x} = -\dfrac{1}{3-(x+3)} = -\dfrac{1}{3} \cdot \dfrac{1}{1-\dfrac{x+3}{3}}$

$$= -\frac{1}{3}\left[1 + \frac{x+3}{3} + \left(\frac{x+3}{3}\right)^2 + \cdots + \left(\frac{x+3}{3}\right)^n + o\left(\frac{x+3}{3}\right)^n\right]$$

$$= -\frac{1}{3} - \frac{x+3}{3^2} - \frac{(x+3)^2}{3^3} - \cdots - \frac{(x+3)^n}{3^{n+1}} + o[(x+3)^n].$$

例 4.3.4 求极限 $\lim\limits_{x \to 0} \dfrac{\cos x - e^{-\frac{x^2}{2}}}{\tan^4 x}$.

解 这是 $\dfrac{0}{0}$ 型不定式，可用洛必达法则，但比较繁琐，这里采用泰

勒公式和等价无穷小来求解.

$$\lim_{x \to 0} \frac{\cos x - e^{-\frac{x^2}{2}}}{\tan^4 x}$$

$$= \lim_{x \to 0} \frac{\cos x - e^{-\frac{x^2}{2}}}{x^4}$$

$$= \lim_{x \to 0} \frac{\left[1 - \frac{x^2}{2} + \frac{x^4}{4!} + o(x^4)\right] - \left[1 - \frac{x^2}{2} + \frac{1}{2!}(-x^2)^2 + o(x^4)\right]}{x^4}$$

$$= \lim_{x \to 0} \frac{-\frac{x^4}{12} + o(x^4)}{x^4} = -\frac{1}{12}.$$

例 4.3.5 求 $\lim\limits_{x \to +\infty} (\sqrt[6]{x^6 + x^5} - \sqrt[6]{x^6 - x^5})$.

解 这是 $\infty - \infty$ 型不定式.

$$\lim_{x \to +\infty} (\sqrt[6]{x^6 + x^5} - \sqrt[6]{x^6 - x^5}) = \lim_{x \to +\infty} x \left[\sqrt[6]{1 + \frac{1}{x}} - \sqrt[6]{1 - \frac{1}{x}}\right].$$

利用 $(1+x)^a$ 的麦克劳林公式,有

$$\sqrt[6]{1 + \frac{1}{x}} = 1 + \frac{1}{6} \cdot \frac{1}{x} + o\left(\frac{1}{x}\right), \sqrt[6]{1 - \frac{1}{x}} = 1 - \frac{1}{6} \cdot \frac{1}{x} + o\left(\frac{1}{x}\right),$$

于是

$$\lim_{x \to +\infty} (\sqrt[6]{x^6 + x^5} - \sqrt[6]{x^6 - x^5}) = \lim_{x \to +\infty} x \left[\frac{1}{3} \cdot \frac{1}{x} + o\left(\frac{1}{x}\right)\right] = \frac{1}{3}.$$

习题 4.3

1. 利用已知泰勒公式及泰勒公式系数的唯一性计算下列函数在指定点处的泰勒展开式:

(1) 求 $\cos x^2$ 在 $x = 0$ 处的 n 阶泰勒展开式;

(2) 求 $\ln(1-x)$ 在 $x = \frac{1}{2}$ 处的 n 阶泰勒展开式;

(3) 求 $\ln\dfrac{1+x}{1-x}$ 在 $x=0$ 处的 n 阶泰勒展开式;

(4) 求 $\arcsin x$ 在 $x=0$ 处的 n 阶泰勒展开式.

2. 利用泰勒公式计算下列极限.

(1) $\lim\limits_{x\to 0}\left(\dfrac{1}{x}-\dfrac{1}{\sin x}\right)$;

(2) $\lim\limits_{x\to 0}\dfrac{\dfrac{x^2}{2}+1-\sqrt{1+x^2}}{\cos x-e^{x^2}\sin x^2}$;

(3) $\lim\limits_{x\to 0}\dfrac{e^{x^3}-1-x^3}{\sin^6 2x}$;

(4) $\lim\limits_{x\to 0}\dfrac{\arctan x-\sin x}{\tan x-\arcsin x}$.

3. 设函数 $f(x)$ 在 $[a,b]$ 上有二阶导数,满足 $f'(a)=f'(b)=0$,或者 $f'\left(\dfrac{a+b}{2}\right)=0$,证明:存在 $\xi\in(a,b)$ 使得

$$|f''(\xi)|\geq\dfrac{4}{(b-a)^2}|f(b)-f(a)|.$$

4.4 函数的单调性

本节以导数为工具对函数的单调性进行研究. 首先考察图 4-3 和图 4-4,一条上升的光滑曲线(图 4-3),它的切线与 x 轴正向的夹角是锐角或等于 0,此时切线的斜率大于或等于零;一条下降的光滑曲线(图 4-4),它的切线与 x 轴正向的夹角是钝角或等于 π,此时切线的斜率小于或等于零.

那么,能否用导数的符号判断函数的单调性呢? 根据拉格朗日中值定理,有如下定理.

定理 4.4.1 设函数 $y=f(x)$ 在 $[a,b]$ 上连续,在 (a,b) 内可导,

(1) 若在 (a,b) 内 $f'(x)>0$,则函数 $y=f(x)$ 在 $[a,b]$ 上(严格)单调增加;

(2) 若在 (a,b) 内 $f'(x)<0$,则函数 $y=f(x)$ 在 $[a,b]$ 上(严格)单调减少.

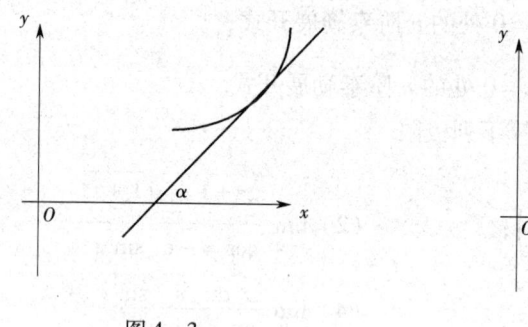
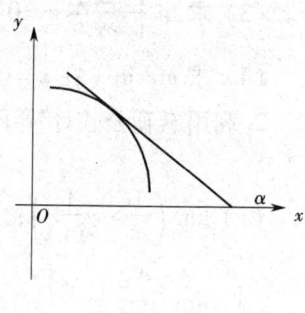

图4-3 图4-4

证明 在区间$[a,b]$上任取两点x_1,x_2,且$x_1<x_2$,由拉格朗日中值定理知,至少存在一点$\xi(x_1<\xi<x_2)$,使得
$$f(x_2)-f(x_1)=f'(\xi)(x_2-x_1).$$

(1) 若在(a,b)内$f'(x)>0$,则$f'(\xi)>0$,所以$f(x_2)>f(x_1)$,即$y=f(x)$在$[a,b]$上(严格)单调增加;

(2) 若在(a,b)内$f'(x)<0$,则$f'(\xi)<0$,所以$f(x_2)<f(x_1)$,即$y=f(x)$在$[a,b]$上(严格)单调减少.

注4.4.1 将此定理中的闭区间换成其他各种区间(包括无穷区间),结论仍成立.

注4.4.2 若在(a,b)内$f'(x)\geq 0$(或≤ 0),但等号只在个别孤立点处成立,那么函数$y=f(x)$在(a,b)内(严格)单调增加(或减少).

例4.4.1 确定函数$f(x)=x^2-4x$的单调区间.

解 函数的定义域为$(-\infty,+\infty)$,因为$f'(x)=2x-4$,在$(-\infty,2)$内,$f'(x)<0$,而在$(2,+\infty)$内,$f'(x)>0$,所以函数$f(x)$在$(-\infty,2]$内严格单调减少,在$[2,+\infty)$内严格单调增加.

例4.4.2 讨论函数$f(x)=e^{-x^2}$的单调性.

解 $f'(x)=-2xe^{-x^2}$,令$f'(x)=0$,得$x=0$.当$x\in(-\infty,0)$时$f'(x)>0$,$f(x)$严格单调增加;当$x\in(0,+\infty)$时$f'(x)<0$,$f(x)$严

格单调减少.

例 4.4.3 证明不等式 $\sin x > x - \dfrac{x^3}{6}, (x>0)$.

证明 令 $f(x) = \sin x - x + \dfrac{x^3}{6}$,则当 $x>0$ 时,有

$$f'(x) = \cos x - 1 + \dfrac{x^2}{2}, f''(x) = x - \sin x > 0,$$

所以 $f'(x)$ 在 $x>0$ 严格单调增加. 又因为 $f'(x)$ 在 $x=0$ 处连续,因此,当 $x>0$ 时,有

$$f'(x) = \cos x - 1 + \dfrac{x^2}{2} > f'(0) = 0.$$

由此可知 $f(x)$ 在 $x \geqslant 0$ 也是严格单调增加的. 当 $x>0$ 时,

$$f(x) = \sin x - x + \dfrac{x^3}{6} > f(0) = 0,$$

即 $\sin x > x - \dfrac{x^3}{6}$.

例 4.4.4 证明方程 $x^5 + x + 1 = 0$ 在区间 $(-1, 0)$ 内有且只有一个实根.

证明 令 $f(x) = x^5 + x + 1$,由于 $f(x)$ 在闭区间 $[-1, 0]$ 上连续,且 $f(-1) = -1 < 0, f(0) = 1 > 0$,根据零点存在定理,$f(x)$ 在 $(-1, 0)$ 内至少有一个零点. 另一方面,对任意实数 x,$f'(x) = 5x^4 + 1 > 0$,所以 $f(x)$ 在 $(-\infty, +\infty)$ 上严格单调增加,曲线 $y = f(x)$ 与 x 轴至多只有一个交点,即方程 $x^5 + x + 1 = 0$ 在区间 $(-1, 0)$ 内至多只有一个实根.

综上得知,方程 $x^5 + x + 1 = 0$ 在区间 $(-1, 0)$ 内有且只有一个实根.

习题 4.4

1. 求下列函数的单调区间:
   (1) $y = 1 - 4x - x^2$;　　　　(2) $y = x^2(x-3)$;

(3) $y = \dfrac{x}{x^2 - 6x - 16}$;   (4) $y = \sqrt{2x - x^2}$;

(5) $y = x + \sin x$;   (6) $y = x + |\sin 2x|$.

2. 证明下列不等式：

(1) $\ln(1 + x) > \dfrac{\arctan x}{1 + x}$ $(x > 0)$;

(2) $2x\ln\left(1 + \dfrac{1}{x}\right) < 1 + \dfrac{x}{1 + x}$ $(x > 0)$;

(3) $x - \dfrac{x^2}{2} < \ln(1 + x) < x$ $(x > 0)$;

(4) $1 + x\ln(x + \sqrt{(1 + x^2)}) > \sqrt{1 + x^2}$ $(x > 0)$;

(5) 当 $0 < x < \dfrac{\pi}{2}$ 时, $\sin x > \dfrac{2}{\pi}x$, $\tan x > x + \dfrac{x^3}{3}$, $\sin x + \tan x > 2x$.

3. 证明方程 $x^3 - 6x^2 + 9x - 10 = 0$ 只有一个实根.

4.5 函数的极值与最值

4.5.1 函数的极值

定义 4.5.1 设函数 $f(x)$ 在 x_0 的某邻域内有意义,如果对该邻域内任何异于 x_0 的 x,恒有 $f(x) < f(x_0)$（或 $f(x) < f(x_0)$）,则称 $f(x_0)$ 为 $f(x)$ 的一个极大值（或极小值）,而点 x_0 称为函数 $f(x)$ 的极大值点（或极小值点）. 极大值与极小值统称为极值,极大值点与极小值点统称为极值点.

注 4.5.1 函数的极值是一个局部的概念,它只与极值点的邻近点的函数值进行比较,所以在一个给定区间内,一个函数可以有多个极大值和多个极小值,甚至某个极大值还可能比某个极小值小.

下面给出函数极值的必要条件和充分条件. 4.1.1 中的费尔马引理已经给出了极值存在的必要条件.

定理 4.5.1(极值存在的必要条件) 若函数 $f(x)$ 在 x_0 点取得极值,且 $f'(x_0)$ 存在,则 $f'(x_0)=0$.

使 $f'(x)=0$ 的点,称为函数 $f(x)$ 的驻点或稳定点. 若函数 $f(x)$ 在极值点 x_0 处可导,则点 x_0 必定是函数 $f(x)$ 的驻点. 但反过来,函数的驻点却不一定是极值点. 例如,对于函数 $y=x^3$,点 $x_0=0$ 是 $y=x^3$ 的驻点,但显然 $x_0=0$ 不是 $y=x^3$ 的极值点.

此外,函数在它的导数不存在的点处也可能取得极值. 例如,函数 $f(x)=x^{\frac{2}{3}}$ 在点 $x=0$ 不可导,但 $f(x)=x^{\frac{2}{3}}$ 在 $x=0$ 取得极小值(图 4-5).

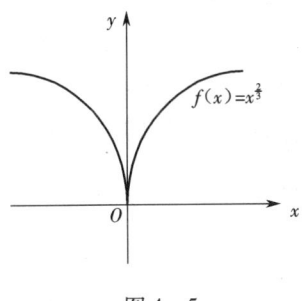

图 4-5

根据上面的讨论,为求一个函数的极值只要在它的驻点和导数不存在的点中去找即可. 那么,驻点和导数不存在点又如何确定其是否为极值点呢? 下面给出两个充分性的判别方法.

定理 4.5.2(极值判别法 I) 设函数 $f(x)$ 在 x_0 的某邻域 $(x_0-\delta, x_0+\delta)$ 内连续 $(\delta>0)$,在该邻域内除 x_0 以外的点可导,

(1) 若当 $x \in (x_0-\delta, x_0)$ 时,$f'(x)<0$,而当 $x \in (x_0, x_0+\delta)$ 时,$f'(x)>0$,则 $f(x)$ 在 x_0 点取得极小值;

(2) 若当 $x \in (x_0-\delta, x_0)$ 时,$f'(x)>0$,而当 $x \in (x_0, x_0+\delta)$ 时,$f'(x)<0$,则 $f(x)$ 在 x_0 点取得极大值;

(3) 若当 $x \in (x_0-\delta, x_0) \cup x \in (x_0, x_0+\delta)$ 时,恒有 $f'(x)>0$ 或恒

有 $f'(x) < 0$,则 $f(x)$ 在 x_0 点不取极值.

证明 (1) 因为当 $x \in (x_0 - \delta, x_0)$ 时, $f'(x) < 0$,所以 $f(x)$ 在 $x \in (x_0 - \delta, x_0)$ 内严格单调减少. 又由于 $f(x)$ 在 x_0 点连续,故 $f(x) > f(x_0), x \in (x_0 - \delta, x_0)$.

又因为当 $x \in (x_0, x_0 + \delta)$ 时, $f'(x) > 0$,所以 $f(x)$ 在 $x \in (x_0, x_0 + \delta)$ 内严格单调增加,从而 $f(x) > f(x_0), x \in (x_0, x_0 + \delta)$.

根据极值定义得证 $f(x)$ 在 x_0 点取得极小值.

同理可证(2)和(3).

当函数在驻点具有二阶导数时,有以下判别法.

定理 4.5.3(极值判别法 Ⅱ) 设函数 $f(x)$ 在 x_0 点具有二阶导数,且 $f'(x_0) = 0$, $f''(x_0) \neq 0$,则

(1) 当 $f''(x_0) < 0$ 时,函数 $f(x)$ 在 x_0 点取得极大值;

(2) 当 $f''(x_0) > 0$ 时,函数 $f(x)$ 在 x_0 点取得极小值.

证明 (1) 在 x_0 处将 $f(x)$ 泰勒展开(用 Peano 余项),有

$$f(x) = f(x_0) + f'(x_0)(x - x_0) + \frac{f''(x_0)}{2}(x - x_0)^2 + o((x - x_0)^2),$$

注意 $f'(x_0) = 0$,因此有

$$f(x) - f(x_0) = \frac{f''(x_0)}{2}(x - x_0)^2 + o[(x - x_0)^2],$$

所以

$$\lim_{x \to x_0} \frac{f(x) - f(x_0)}{(x - x_0)^2} = \frac{f''(x_0)}{2} < 0.$$

由极限性质可知存在 x_0 的一个邻域 $(x_0 - \delta, x_0 + \delta), \delta > 0$,在该邻域内 $f(x) - f(x_0) < 0$,因此 $f(x)$ 在 x_0 点取得极大值.

同理可证(2).

例 4.5.1 求函数 $f(x) = (2x - 5)\sqrt[3]{x^2}$ 的极值.

解 函数 $f(x)$ 在 $(-\infty, +\infty)$ 内连续,除 $x = 0$ 外处处可导,且

$$f'(x) = \frac{10}{3}x^{\frac{2}{3}} - \frac{10}{3}x^{-\frac{1}{3}} = \frac{10}{3} \cdot \frac{x - 1}{\sqrt[3]{x}}.$$

令 $f'(x) = 0$,得驻点 $x = 1$,而 $x = 0$ 为不可导点,列于表 4.1.

表 4.1

x	$(-\infty, 0)$	0	$(0,1)$	1	$(1, +\infty)$
$f'(x)$	+	不存在	-	0	+
$f(x)$	↗	极大值	↘	极小值	↗

极大值为 $f(0) = 0$,极小值为 $f(1) = -3$.

例 4.5.2 求函数 $f(x) = \begin{cases} \dfrac{1}{|x|}, & x \neq 0, \\ 1, & x = 0 \end{cases}$ 的极值.

解 当 $x < 0$ 时,$f'(x) = \dfrac{1}{x^2} > 0$;当 $x > 0$ 时,$f'(x) = -\dfrac{1}{x^2} < 0$. 所以,当 $x \neq 0$ 时,$f(x)$ 不存在极值. 在 $x = 0$ 点,显然导数不存在,但函数 $f(x)$ 本身有定义,所以 $x = 0$ 有可能是 $f(x)$ 的极值点. 因 $-\dfrac{1}{2} < x < 0$ 时,$f(x) = \dfrac{1}{-x} > 2 > f(0) = 1$;$0 < x < \dfrac{1}{2}$ 时,$f(x) = \dfrac{1}{x} > 2 > f(0) = 1$,所以 $f(x)$ 在 $x = 0$ 取得极小值.

例 4.5.3 求函数 $f(x) = x^3 - 3x^2 - 9x + 5$ 的极值.

解 $f'(x) = 3x^2 - 6x - 9 = 3(x+1)(x-3)$,令 $f'(x) = 0$,求得驻点 $x_1 = -1, x_2 = 3$. 又 $f''(x) = 6x - 6$,因为 $f''(-1) = -12 < 0$,$f''(3) = 12 > 0$,所以,极大值为 $f(-1) = 10$,极小值为 $f(3) = -22$.

4.5.2 函数的最值

函数 $f(x)$ 在区间上的最大值和最小值统称为最值. 设函数 $f(x)$ 在闭区间 $[a,b]$ 上连续,则 $f(x)$ 在 $[a,b]$ 上存在最大值和最小值. 如果 $f(x)$ 在区间 (a,b) 内的某一点上达到最大值(或最小值),那么这个最大值(或最小值)也是 $f(x)$ 的一个极大值(或极小值). 但最大值(或最小值)也可以在区间的端点上达到. 由于函数的极值只能在其驻点和不可导的点上取得,求函数最大值和最小值常采用如下的简易方法:

首先求出函数在 (a,b) 内的全部驻点和不可导的点,然后计算出这些点的函数值和区间两端点上的函数值 $f(a)$ 和 $f(b)$,最后比较这些函数值的大小,其中最大者为该函数的最大值,其中最小者为该函数的最小值.

例 4.5.4 求函数 $f(x) = \sqrt[3]{2x - x^2}$ 在 $[-1, 4]$ 上的最大值和最小值.

解 $f'(x) = \dfrac{2 - 2x}{3\sqrt[3]{(2x - x^2)^2}}$,令 $f'(x) = 0$,解得驻点 $x = 1$. 另外,$f(x)$ 在 $x = 0$ 和 $x = 2$ 处不可导.

因为 $f(1) = 1, f(0) = 0, f(2) = 0, f(-1) = -\sqrt[3]{3}, f(4) = -2$ 所以 $f(x)$ 在 $x = 1$ 取得最大值 1,在 $x = 4$ 取得最小值 -2.

特殊地,若函数 $f(x)$ 在 $[a,b]$ 上连续且只有一个极值点,当这个极值点是极大(小)值点时,则函数在这个点取最大(小)值. 该结果对于开区间和无穷区间也是适用的. 这一结果在几何直观上是非常明显的,参看图 4-6. 在求解应用问题时,常常要用到这一结果.

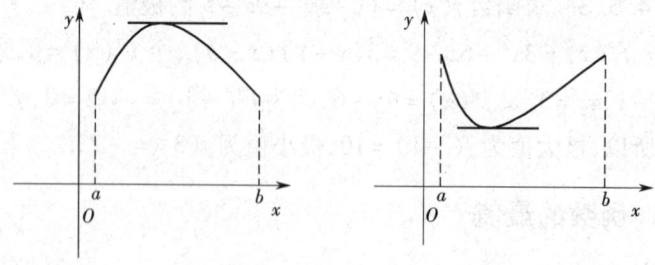

图 4-6

例 4.5.5 从一块半径为 R 的圆形铁片上截下中心角为 α 的扇

形,卷成一个圆锥形漏斗,问 α 为何值时,漏斗的容积最大?

解 设卷成的漏斗的底面半径为 r,高为 h,则有
$$2\pi r = R\alpha, \quad h = \sqrt{R^2 - r^2},$$
故漏斗的容积 V 为
$$V = \frac{1}{3}\pi r^2 h = \frac{\pi}{3}h(R^2 - h^2).$$

$V' = \frac{\pi}{3}(R^2 - 3h^2)$,令 $V' = 0$,得唯一驻点 $h = \frac{R}{\sqrt{3}}$,此时 $r = \sqrt{\frac{2}{3}}R$,$\alpha = 2\pi\sqrt{\frac{2}{3}}$.

又因为 $V'' = -2\pi h$,$V''\left(\frac{R}{\sqrt{3}}\right) < 0$,因此该驻点为所求的最大值点,对应的中心角为 $\alpha = 2\pi\sqrt{\frac{2}{3}}$.

例 4.5.6 求数列 $\left\{\dfrac{n^5}{2^n}\right\}$ 的最大项.

解 设 $f(x) = \dfrac{x^5}{2^x}$ ($x > 0$),则
$$f'(x) = \frac{5x^4 \cdot 2^x - x^5 \cdot 2^x \cdot \ln 2}{2^{2x}} = \frac{(5 - x\ln 2)x^4}{2^x}.$$

令 $f'(x) = 0$,解得唯一驻点 $x = \dfrac{5}{\ln 2}$.

当 $x \in \left(0, \dfrac{5}{\ln 2}\right)$ 时,$f'(x) > 0$;当 $x \in \left(\dfrac{5}{\ln 2}, +\infty\right)$ 时,$f'(x) < 0$. 故 $x = \dfrac{5}{\ln 2}$ 是函数 $f(x)$ 的极大值点,也是最大值点.

由于 $x = \dfrac{5}{\ln 2}$ 不是整数,因此需比较 $x = \dfrac{5}{\ln 2}$ 邻近的两个整数 $n = 7$ 和 $n = 8$ 两项,有 $\dfrac{7^5}{2^7} > \dfrac{8^5}{2^8}$,由此推知数列的第 7 项 $\dfrac{7^5}{2^7}$ 为最大项.

习题 4.5

1. 求下列函数的极值：

(1) $y = 2x^3 - 6x^2 - 18x + 7$；

(2) $y = \dfrac{3x^2 + 4x + 4}{x^2 + x + 1}$；

(3) $y = (x-5)^2 (x+1)^{\frac{2}{3}}$；

(4) $y = x^2 e^{-x}$；

(5) $y = \arctan x - \dfrac{1}{2}\ln(1+x^2)$；

(6) $y = |x| e^{-x}$；

(7) $y = x^{\frac{1}{x}}$ $(x>0)$；

(8) $y = \cos x + \sin x$；

(9) $y = x + \dfrac{a^2}{x}$；

(10) $y = x + \sqrt{1-x}$.

2. 求下列函数在指定区间的最大值和最小值：

(1) $y = x^4 - 2x^2 + 5$，$[-2, 2]$；

(2) $y = x + 2\sqrt{x}$，$[0, 4]$；

(3) $y = (x^2 - 2x)^{\frac{2}{3}}$，$[0, 3]$；

(4) $y = x^x$ $(0, \infty)$.

3. 试求内接于半径为 R 的球且体积最大的圆锥体的高 h.

4. 已知椭圆 $\dfrac{x^2}{a^2} + \dfrac{y^2}{b^2} = 1$ 的面积为 πab $(a>0, b>0)$，在该椭圆位于第一象限的部分求一点，使过该点的切线、椭圆及两坐标轴所围图形的面积最小.

5. 在东西走向的一段笔直的铁路上有甲、乙两城，相距 15 km，在乙城的正南 8 km 处有一工厂，现要从甲城把货物运往该厂，已知每吨货物的铁路运费为 3 元/km，公路运费为 5 元/km. 问在铁路线上何处开始修建到工厂的公路可使运费最省.

6. 设函数 $f(x)$ 在 $(-\infty, \infty)$ 内有二阶导数，且满足方程
$$xf''(x) + 3x[f'(x)]^2 = 1 - e^{-x},$$
证明：若 $f(x)$ 在某一点处取得极值，则该极值必为极大值.

4.6 曲线的凹凸性、拐点和渐近线

4.6.1 曲线的凹凸性与拐点

为了准确地描绘函数的图形,有必要讨论函数所表示的曲线的弯曲方向.

定义 4.6.1 如果函数 $f(x)$ 在区间 $[a,b]$ 上连续,在 (a,b) 内可微. 若曲线 $y=f(x)$ 位于其每一点切线的上方,则称函数 $f(x)$ 在 $[a,b]$ 上是**向上凹的**(或**向下凸的**,简称**凹的**);若曲线 $y=f(x)$ 位于每一点切线的下方,则称函数 $f(x)$ 在 $[a,b]$ 上是**向下凹的**(或**向上凸的**,简称**凸的**),参见图 4-7.

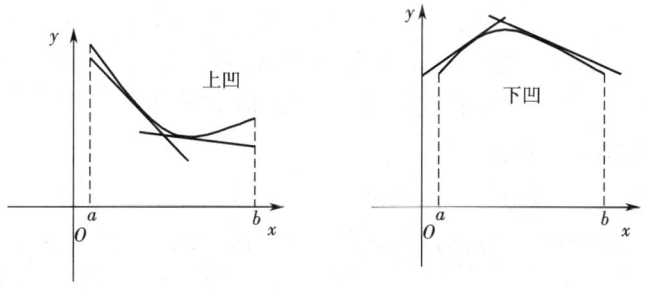

图 4-7

定义 4.6.2 设函数 $f(x)$ 在区间 (a,b) 内连续,称曲线 $y=f(x)$ 上的向上凹与向下凹的分界点为该曲线的**拐点**.

定理 4.6.1 设函数 $f(x)$ 在区间 (a,b) 内具有二阶导数,

(1) 若对任意 $x \in (a,b)$,有 $f''(x) > 0$,则曲线 $y=f(x)$ 在 (a,b) 内是向上凹的(或凹的);

(2) 若对任意 $x \in (a,b)$,有 $f''(x) < 0$,则曲线 $y=f(x)$ 在 (a,b) 内是向下凹的(或凸的).

证明 (1) 设 x_0 为区间 (a,b) 内任意一点,则曲线 $y=f(x)$ 在点 $A(x_0, f(x_0))$ 处的切线方程为

$$y = f(x_0) + f'(x_0)(x - x_0).$$

下面证明曲线 $y=f(x)$ 位于切线的上方,即对区间 (a,b) 内任何异于 x_0 的点,所对应的曲线上的点的纵坐标都大于切线上点的纵坐标.

任取 $x_1 \in (a,b)$,且 $x_1 \neq x_0$,由定理 4.3.2(泰勒中值定理)有

$$f(x_1) = f(x_0) + f'(x_0)(x_1 - x_0) + \frac{f''(\xi)}{2!}(x_1 - x_0)^2,$$

其中 ξ 在 x_0 与 x_1 之间,因此

$$f(x_1) - y = \frac{f''(\xi)}{2!}(x_1 - x_0)^2 > 0,$$

即在点 $x = x_1$ 处有

$$f(x_1) > y = f(x_0) + f'(x_0)(x_1 - x_0).$$

由 x_0, x_1 的任意性,可知曲线 $y=f(x)$ 位于其任意一点切线的上方. 因此,曲线 $y=f(x)$ 在区间 (a,b) 内是向上凹的.

(2) 类似(1)可证.

注 4.6.1 若 $f''(x) \geq 0$(或 $f''(x) \leq 0$),$x \in (a,b)$,但等号只在个别点成立,则曲线 $y=f(x)$ 在区间 (a,b) 内仍然是向上凹的(或向下凹的).

注 4.6.2 函数的凹凸性可以用下面不等式描述,

$$f(\mu x_1 + (1-\mu) x_2) \leq (\text{或} \geq) \mu f(x_1) + (1-\mu) f(x_2) \quad (0 \leq \mu \leq 1),$$

其几何意义是弦在曲线的上方(或下方),见图 4-8.

例 4.6.1 确定曲线 $y = 3x^4 - 4x^3 + 1$ 的凹向和拐点.

解 $y' = 12x^3 - 12x^2$,$y'' = 36x^2 - 24x = 36x\left(x - \frac{2}{3}\right)$. 令 $y'' = 0$,得 $x_1 = 0, x_2 = \frac{2}{3}$. 当 $x < 0$ 时,$y'' > 0$;当 $0 < x < \frac{2}{3}$ 时,$y'' < 0$;当 $x > \frac{2}{3}$ 时,$y'' > 0$.

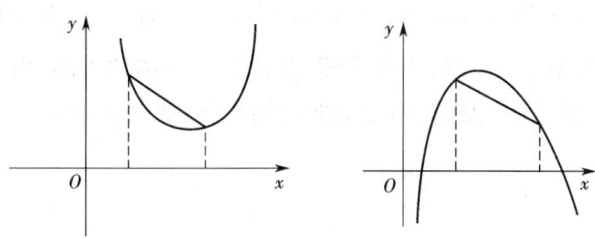

图 4-8

所以,曲线 $y = 3x^4 - 4x^3 + 1$ 在区间 $(-\infty, 0)$ 内向上凹,在 $\left(0, \dfrac{2}{3}\right)$ 内向下凹,在 $\left(\dfrac{2}{3}, +\infty\right)$ 内向上凹. 拐点为 $(0,1)$ 和 $\left(\dfrac{2}{3}, \dfrac{11}{27}\right)$,如图 4-9.

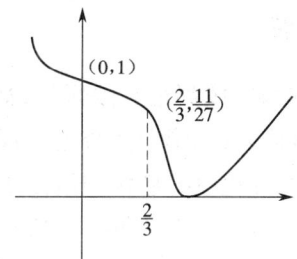

图 4-9

例 4.6.2 确定曲线 $y = x - \ln(1+x)$ 的凹凸性.

解 题设函数的定义域为 $(-1, +\infty)$,因为

$$y' = 1 - \frac{1}{1+x}, \quad y'' = \frac{1}{(1+x)^2} > 0,$$

所以,函数 $y = x - \ln(1+x)$ 在 $(-1, +\infty)$ 内是向上凹的.

例 4.6.3 确定曲线 $y = (x-2)^{\frac{5}{3}}$ 的凹凸性与拐点.

解 $y' = \dfrac{5}{3}(x-2)^{\frac{2}{3}}, y'' = \dfrac{10}{9} \cdot \dfrac{1}{(x-2)^{\frac{1}{3}}}$ $(x \neq 2)$. 当 $x = 2$ 时,二阶

导数不存在；当 $x < 2$ 时，$y'' < 0$；当 $x > 2$ 时，$y'' > 0$. 所以曲线 $y = (x-2)^{\frac{5}{3}}$ 在 $(-\infty, 2)$ 内向下凹，在 $(2, +\infty)$ 内向上凹. 由于曲线在 $(2,0)$ 点连续，所以点 $(2,0)$ 是该曲线的拐点，如图 4-10.

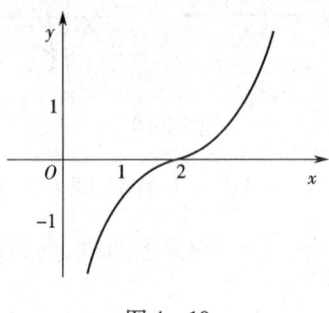

图 4-10

4.6.2 曲线的渐近线

有些函数的定义域和值域都是有限区间，如椭圆等，有些函数的定义域或值域是无穷区间，其图形向无穷远处延伸，如双曲线、抛物线等. 为了把握曲线在无穷变化中的趋势，下面给出曲线渐近线的概念.

定义 4.6.3 如果一动点 M 沿曲线 S 趋于无穷远时，点 M 与某定直线 L 的距离趋于零，则称直线 L 为曲线 S 的一条渐近线. 若渐近线方程为 $y = b$（b 为常数），则称之为**水平渐近线**；若渐近线的方程为 $x = a$（a 为常数），则称之为**铅直渐近线**；若渐近线的方程为 $y = ax + b$（$a \neq 0$），则称之为**斜渐近线**.

下面分三种情形给出渐近线的求法.

1. 水平渐近线

设函数 $f(x)$ 的定义域是一个无穷区间，如果
$$\lim_{x \to -\infty} f(x) = C \text{ 或 } \lim_{x \to +\infty} f(x) = C \ (C \text{ 是常数})，$$
则曲线 $y = f(x)$ 有水平渐近线 $y = C$.

例如,曲线 $y = 3 + \dfrac{1}{x-1}$,因为 $\lim\limits_{x \to \infty}\left(3 + \dfrac{1}{x-1}\right) = 3$,所以 $y = 3$ 为曲线 $y = 3 + \dfrac{1}{x-1}$ 的一条水平渐近线.

2. 铅直渐近线

设函数 $y = f(x)$ 在 $x = c$ 间断,如果
$$\lim_{x \to c^-} f(x) = \infty \text{ 或 } \lim_{x \to c^+} f(x) = \infty,$$
则曲线 $y = f(x)$ 有铅直渐近线 $x = c$.

例如,直线 $x = 1$ 为曲线 $y = 3 + \dfrac{1}{x-1}$ 的一铅直渐近线(图 4 - 11),因为 $\lim\limits_{x \to 1}\left(3 + \dfrac{1}{x-1}\right) = \infty$.

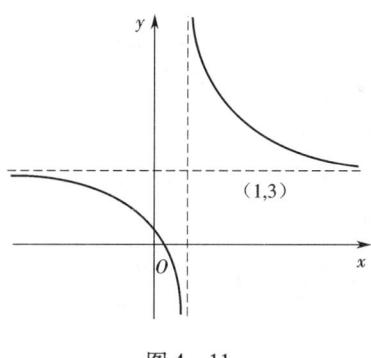

图 4 - 11

3. 斜渐近线

设函数 $y = f(x)$ 的定义域是一个无穷区间,如果
$$\lim_{x \to +\infty}[f(x) - (ax+b)] = 0 \text{ (或 } \lim_{x \to -\infty}[f(x) - (ax+b)] = 0),$$
则称直线 $y = ax + b$ 为 $y = f(x)$ 当 $x \to +\infty = 0$(或 $x \to -\infty$)时的斜渐近线. 其中

$$a = \lim_{x \to +\infty} \frac{f(x)}{x} \ (a \neq 0), \ b = \lim_{x \to +\infty} [f(x) - ax],$$

或 $a = \lim_{x \to -\infty} \frac{f(x)}{x} \ (a \neq 0), \ b = \lim_{x \to -\infty} [f(x) - ax].$

例 4.6.4 求曲线 $y = \frac{(x-1)^3}{(x+1)^2}$ 的渐近线.

解 $\lim_{x \to -1} \frac{(x-1)^3}{(x+1)^2} = \infty$，因此 $x = -1$ 为曲线的铅直渐近线. 又因为

$$a = \lim_{x \to \infty} \frac{f(x)}{x} = \lim_{x \to \infty} \frac{(x-1)^3}{x(x+1)^2} = 1,$$

$$b = \lim_{x \to \infty} [f(x) - ax] = \lim_{x \to \infty} \left(\frac{(x-1)^3}{(x+1)^2} - x \right) = \lim_{x \to \infty} \frac{-5x^2 + 2x - 1}{(x+1)^2} = -5.$$

因此 $y = x - 5$ 为曲线的斜渐近线.

例 4.6.5 求曲线 $y = x + \arctan x$ 的渐近线.

解 定义域 $(-\infty, +\infty)$，因为

$$\lim_{x \to +\infty} (x + \arctan x) = +\infty, \ \lim_{x \to -\infty} (x + \arctan x) = -\infty,$$

所以没有水平渐近线；又因为函数在 $(-\infty, +\infty)$ 内连续，所以该曲线也没有铅直渐近线. 但

$$\lim_{x \to \infty} \frac{x + \arctan x}{x} = \lim_{x \to \infty} \left(1 + \frac{\arctan x}{x} \right) = 1 + 0 = 1,$$

$$\lim_{x \to +\infty} [(x + \arctan x) - x] = \frac{\pi}{2}, \ \lim_{x \to -\infty} [(x + \arctan x) - x] = -\frac{\pi}{2},$$

所以，当 $x \to +\infty$ 时，曲线有斜渐近线 $y = x + \frac{\pi}{2}$；当 $x \to -\infty$ 时，曲线有斜渐近线 $y = x - \frac{\pi}{2}$（图 4-12）.

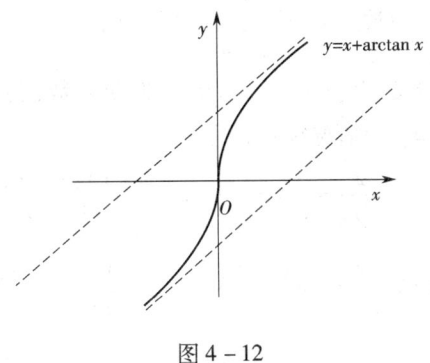

图 4-12

4.6.3 函数图形的描绘

在前面几节中,我们以导数为工具,讨论了函数的单调性、极值、凹凸性、拐点等性态. 本节特把前面研究的结果应用到函数图像的描绘中.

一般地,利用导数描绘函数 $y=f(x)$,其步骤如下:

(1) 确定函数 $f(x)$ 的定义域,研究函数的特性,如奇偶性、周期性、对称性等;

(2) 求出一阶导数 $f'(x)$ 和二阶导数 $f''(x)$ 在函数定义域内的全部零点,并求出 $f(x)$ 的间断点以及导数 $f'(x)$ 和 $f''(x)$ 不存在的点,用这些点把函数定义域划分成若干个部分区间;

(3) 确定在这些部分区间内 $f'(x)$ 和 $f''(x)$ 的符号,并由此得知函数的增减性和凹凸性,极值点和拐点;

(4) 确定函数图形的渐近线;

(5) 计算 $f'(x)$ 和 $f''(x)$ 的零点及不存在时的点所对应的函数值,并在坐标平面上定出相应的点,有时还需适当补充一些辅助作图点(如与坐标轴的交点和容易计算函数值的一些点),然后根据(3)、(4)的结果逐段描绘出函数的图形.

例 4.6.6 作函数 $f(x) = \dfrac{1}{\sqrt{2\pi}} e^{-\frac{x^2}{2}}$ 的图形.

解 函数的定义域为 $(-\infty, +\infty)$，为偶函数，关于 y 轴对称，只要讨论 $x \in [0, +\infty)$ 的情况就可以了.

$$f'(x) = -\dfrac{x}{\sqrt{2\pi}} e^{-\frac{x^2}{2}},\ f''(x) = \dfrac{(x+1)(x-1)}{\sqrt{2\pi}} e^{-\frac{x^2}{2}},$$

由 $f'(x)$ 得驻点 $x = 0$，因为 $f''(0) = -\dfrac{1}{\sqrt{2\pi}} < 0$，所以 $f(x)$ 在 $x = 0$ 处取极大值 $f(0) = \dfrac{1}{\sqrt{2\pi}}$. 当 $x > 0$ 时，$f'(x) < 0$，所以 $f(x)$ 在 $(0, +\infty)$ 内单调减少.

令 $f''(x) = 0$，得 $x \pm 1$. 当 $0 < x < 1$ 时，$f''(x) < 0$，当 $x > 1$ 时，$f''(x) > 0$. 所以曲线 $y = f(x)$ 在 $(0,1)$ 内向下凹，在 $(1, +\infty)$ 内向上凹，点 $\left(1, \dfrac{1}{\sqrt{2\pi e}}\right)$ 为图形的拐点.

又因为 $\lim\limits_{x \to +\infty} f(x) = \lim\limits_{x \to +\infty} \dfrac{1}{\sqrt{2\pi}} e^{-\frac{x^2}{2}} = 0$，所以 $y = 0$ 为曲线 $y = f(x)$ 的水平渐近线.

将上面讨论的结果列于表 4.2，先画出 $[0, +\infty)$ 内的图形，然后再利用对称性作出 $(-\infty, 0)$ 内的图形（图 4–13）.

表 4.2

x	0	(0,1)	1	$(1, +\infty)$
$f'(x)$	0	−		−
$f''(x)$	$-\dfrac{1}{\sqrt{2\pi}}$	−	0	+
$f(x)$	极大值 $\dfrac{1}{\sqrt{2\pi}}$	↘∩	拐点 $\left(1, \dfrac{1}{\sqrt{2e\pi}}\right)$	↘∪

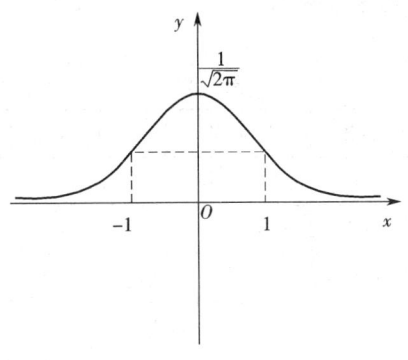

图 4 – 13

例 4.6.7 作函数 $f(x) = \dfrac{x^2}{1+x}$ 的图形.

解 函数的定义域为 $\{x \mid x \neq 1\}$,而

$$f'(x) = 1 - \frac{1}{(x+1)^2}, f''(x) = \frac{2}{(x+1)^3}.$$

令 $f'(x) = 0$ 得驻点 $x_1 = 0, x_2 = -2$. 因 $f''(0) = 2 > 0, f''(-2) = -2 < 0$,故 $f(0) = 0$ 为极小值,$f(-2) = -4$ 为极大值. 当 $x \in (-\infty, -2)$ 时,$f'(x) > 0$;当 $x \in (-2, -1) \cup (-1, 0)$ 时,$f'(x) < 0$;当 $x \in (0, +\infty)$ 时,$f'(x) > 0$.

因为 $x < -1$ 时,$f''(x) < 0$;$x > -1$ 时,$f''(x) > 0$,所以曲线在 $(-\infty, -1)$ 内向下凹,在 $(-1, +\infty)$ 内向上凹,无拐点.

因为 $\lim\limits_{x \to -1} f(x) = \lim\limits_{x \to -1} \dfrac{x^2}{x+1} = \infty$,所以 $x = -1$ 为曲线的一条铅直渐近线. 又因为

$$\lim_{x \to \infty} \frac{f(x)}{x} = \lim_{x \to \infty} \frac{x}{x+1} = 1,$$

且 $\lim\limits_{x \to \infty} (f(x) - x) = \lim\limits_{x \to \infty} \left(\dfrac{x^2}{x+1} - x \right) = \lim\limits_{x \to \infty} \dfrac{-x}{x+1} = -1$,

所以 $y = x - 1$ 为曲线的一条斜渐近线.

将上面的结果列于表 4.3.

表 4.3

x	$(-\infty,-2)$	-2	$(-2,-1)$	-1	$(-1,0)$	0	$(0,+\infty)$
$f'(x)$	+	0	−		−	0	+
$f''(x)$	−	-2	−		+	2	+
$f(x)$	⌒∩	极大值 -4	↘∩	没定义	↘∪	极小值 0	↗∪

函数图形如图 4 − 14.

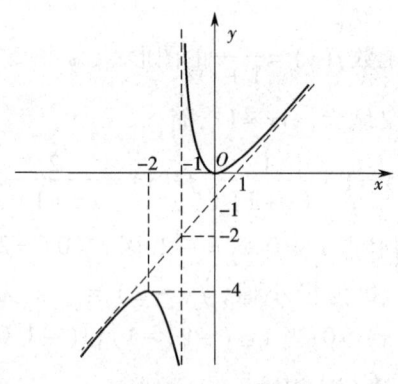

图 4 − 14

例 4.6.8 设 $f(x)=\omega e^{\omega e^x}$, $\omega\in\mathbf{R}$, 讨论 $f(x)$ 的单调性、凹凸性、拐点和渐近线.

解 令 $g(x)=\omega e^x$, 则有 $g'(x)=g(x)$, $f(x)=g(g(x))$, 且有
$$\lim_{x\to-\infty}g(x)=0,\ \lim_{x\to+\infty}g(x)=+\infty.$$
只需要讨论 $\omega\neq 0$ 的情况. 注意:
$$f'(x)=g'[g(x)]g(x)=g[g(x)]g(x)=\omega^2 e^{\omega e^x+x},$$
所以当 $\omega\neq 0$ 时, 总有 $f'(x)>0$, 即 $f(x)$ 总是单增的.
$$f''(x)=g'[g(x)]g^2(x)+g[g(x)]g'(x)$$
$$=g[g(x)]g(x)[1+g(x)].$$

$\omega > 0$ 的情况:

此时总有 $g(x) > 0$,因此 $f''(x) > 0$, $f(x)$ 是上凹的,无拐点,
$$\lim_{x \to -\infty} f(x) = \omega, \lim_{x \to +\infty} f(x) = +\infty,$$
$f(x)$ 有水平渐近线 $y = \omega$.

$\omega < 0$ 的情况:

此时总有 $g(x) < 0$,解方程 $1 + g(x) = 0$,得 $x_0 = -\ln(-\omega)$, $f''(x_0) = 0$,在区间 $(x_0, +\infty)$ 内 $f''(x) < 0$, $f(x)$ 在区间 $(x_0, +\infty)$ 内上凹;在区间 $(-\infty, x_0)$ 内 $f''(x) > 0$, $f(x)$ 在区间 $(-\infty, x_0)$ 内下凹,拐点为 $(x_0, \omega e^{-1})$.
$$\lim_{x \to -\infty} f(x) = \omega, \lim_{x \to +\infty} f(x) = 0,$$
$f(x)$ 有水平渐近线 $y = \omega, y = 0$.

思考题 用例 4.6.8 的结果讨论方程 $\omega e^{\omega e^x}(x) = x$ 的实根的个数.(提示: $\omega > e^{-1}$ 时没有根; $\omega = e^{-1}$ 时只有一个根; $0 < \omega < e^{-1}$ 时有两个根; $0 \geqslant \omega \geqslant -e$ 时只有一个根; $\omega < -e$ 时有三个根,见图 4-15)

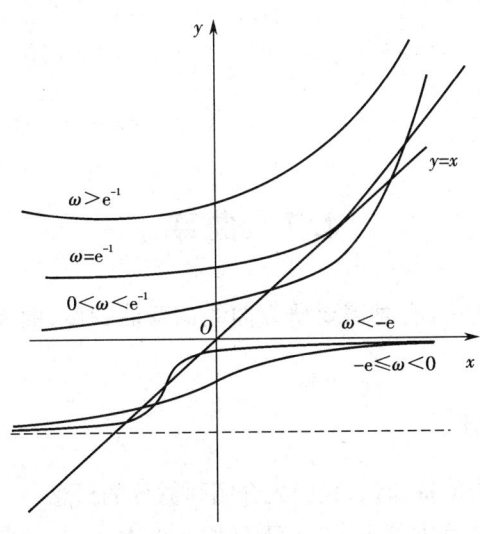

图 4-15

习题 4.6

1. 求下列曲线的凹凸区间及拐点：

   (1) $y = x^4(12\ln x - 7)$；

   (2) $y = \dfrac{1}{1+x^2}$；

   (3) $y = xe^{-x}$；

   (4) $y = e^{\arctan x}$；

   (5) $y = \ln(1+x^2)$；

   (6) $y = 1 - x^2$.

2. 求下列曲线的渐进线：

   (1) $y = (6x^2 + x^3)^{\frac{1}{3}}$；

   (2) $(y + x + 1)^2 = x^2 + 1$；

   (3) $y = xe^{\frac{2}{x}} + 1$；

   (4) $x = \dfrac{1}{t}, y = \dfrac{t}{1+t}$.

3. 作下列函数的图形：

   (1) $y = 3x - x^3$；

   (2) $y = x^2 + \dfrac{2}{x}$；

   (3) $y = e^{(x-1)^2}$；

   (4) $y = \ln(1+x^2)$；

   (5) $y = (2+x^2)e^{-x^2}$；

   (6) $y = (1+x)\ln(1+x^2)$；

   (7) $y = \sqrt{\dfrac{x-1}{x+1}}$；

   (8) $y = x - 2\arctan x$.

4.7 曲率

在工程技术中，有时需要研究曲线的弯曲程度，曲率就是曲线弯曲程度的量度.

4.7.1 弧微分

作为曲率的预备知识，我们先介绍弧微分的概念.

如图 4-16，在曲线 $y = f(x)$ 上任取一点 $M_0(x_0, y_0)$ 作为度量弧长的起点，并依 x 增大的方向作为曲线的正向. 对曲线上任意一点 $M(x,$

y),若记有向弧段$\overparen{M_0M}$的长为$|\overparen{M_0M}|$,则规定有向弧段$\overparen{M_0M}$的值s(简称为弧s)如下:当$\overparen{M_0M}$的方向与曲线的正向一致时,取$s=|\overparen{M_0M}|$;否则,取$s=-|\overparen{M_0M}|$.显然,弧s是x的函数,即为$s=s(x)$,且$s(x)$是x的单调增加函数.下面求$s=s(x)$的导数与微分.

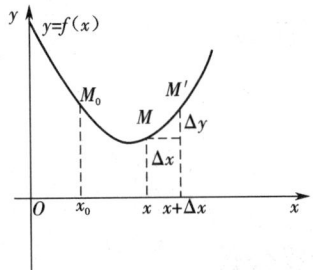

图 4-16

定理 4.7.1 设函数$y=f(x)$在区间(a,b)内具有连续导数,弧$s=s(x)$,则有关系式

$$\left(\frac{ds}{dx}\right)^2 = 1 + \left(\frac{dy}{dx}\right)^2$$

成立.

证明 设$x, x+\Delta x$为(a,b)内两个邻近的点,分别对应曲线$y=f(x)$上的两点M, M'(图4-16),并设对应于x的增量Δx,弧x的增量为Δs,则有

$$\Delta s = |\overparen{M_0M'}| - |\overparen{M_0M}| = |\overparen{MM'}|,$$

于是

$$\left(\frac{\Delta s}{\Delta x}\right)^2 = \left(\frac{|\overparen{MM'}|}{\Delta x}\right)^2 = \left(\frac{|\overparen{MM'}|}{MM'}\right)^2 \left(\frac{\overline{MM'}}{\Delta x}\right)^2$$

$$= \left(\frac{|\overparen{MM'}|}{MM'}\right)^2 \frac{(\Delta x)^2 + (\Delta y)^2}{(\Delta x)^2} = \left(\frac{|\overparen{MM'}|}{MM'}\right)^2 \left[1 + \left(\frac{\Delta y}{\Delta x}\right)^2\right],$$

其中 $\overline{MM'}$ 表示点 M 到点 M' 之间的距离,即弦的长度. 因为当 $\Delta x \to 0$ 时,$M' \to M$,这时弧的长度与弦的长度之比的极限等于 1(请读者思考其中的理由),于是有

$$\left(\frac{ds}{dx}\right)^2 = \lim_{\Delta x \to 0} \left(\frac{|\widehat{MM'}|}{MM'}\right)^2 \left[1 + \left(\frac{\Delta y}{\Delta x}\right)^2\right] = 1 + \left(\frac{dy}{dx}\right)^2.$$

若将上面的式子开方,有 $\frac{ds}{dx} = \pm\sqrt{1 + \left(\frac{dy}{dx}\right)^2}$. 由于 $s = s(x)$ 是单调增加函数,故根号前应取正号,于是有

$$ds = \sqrt{1 + (y')^2}\, dx,$$

即为**弧微分公式**.

4.7.2 曲率及其计算公式

直观告诉我们,一个圆的弯曲程度到处都一样,但是不同半径的圆的弯曲程度却不一样,半径大弯曲度小,半径小弯曲度大. 在数学上用切线的转动角 $\Delta \alpha$ 与相应弧长 Δs 之比表示该段曲线弧的**平均曲率**. 有了平均曲率的概念,曲线在一点处的曲率自然规定为平均曲率的极限. 若函数 $f(x)$ 在区间 I 上有连续的导函数,则称曲线 $y = f(x)$ 在 I 上是光滑的.

定义 4.7.1 如图 4-17 所示,在光滑曲线 $C: y = f(x)$ 上,设 $\widehat{M_0 M}$ 的弧长为 s,$\widehat{M_0 M'}$ 的弧长为 $s + \Delta s$,从点 M' 到 M 切线的转动角为 $|\Delta \alpha|$,则当 $\Delta s \to 0$(即 $M' \to M$),平均曲率 $\left|\frac{\Delta \alpha}{\Delta s}\right|$ 的极限

$$K = \lim_{s \to 0} \left|\frac{\Delta \alpha}{\Delta s}\right|$$

称为曲线 C 在点 M 处的**曲率**.

例如,直线的切线就是本身,当点沿直线移动时,切线的转角 $\Delta \alpha = 0$,$\frac{\Delta \alpha}{\Delta s} = 0$ 从而 $K = 0$. 它表示直线上任一点的曲率都等于零,这与

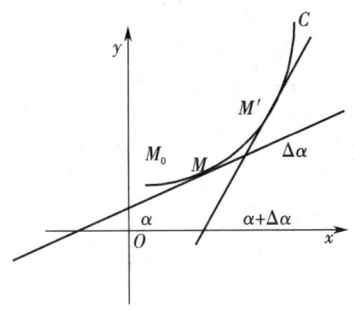

图 4-17

我们的直觉"直线不弯曲"是一致的.

又如,半径为 R 的圆,圆上点 M,M' 处切线所夹的角 $\Delta\alpha$ 等于中心角 $MDM' = \dfrac{\Delta s}{R}$,所以

$$\frac{\Delta\alpha}{\Delta s} = \frac{\Delta s}{R} \cdot \frac{1}{\Delta s} = \frac{1}{R} = K. \text{(图 4-18)}$$

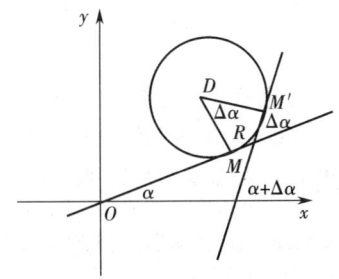

图 4-18

这表明,圆上各点处的曲率都等于半径的倒数,且半径越小曲率越大,即弯曲得越厉害.

下面讨论曲率的计算公式.

设曲线方程为 $y=f(x)$,$f(x)$ 具有二阶导数,点 M 处切线的倾角

为 α，α 的变化范围为 $\left(-\dfrac{\pi}{2}, \dfrac{\pi}{2}\right)$. 因为 $y' = \tan \alpha$，$\alpha = \arctan y'$，所以

$$\frac{\mathrm{d}\alpha}{\mathrm{d}x} = \frac{y''}{1+(y')^2}.$$

又由弧微分公式知 $\dfrac{\mathrm{d}s}{\mathrm{d}x} = \sqrt{1+(y')^2}$，根据曲率的定义有

$$\frac{\mathrm{d}\alpha}{\mathrm{d}s} = \frac{\mathrm{d}\alpha}{\mathrm{d}x} \cdot \frac{\mathrm{d}x}{\mathrm{d}s} = \frac{y''}{[1+(y')^2]^{\frac{3}{2}}}.$$

最后有

$$K = \frac{|y''|}{[1+(y')^2]^{\frac{3}{2}}}.$$

这就是曲率的计算公式,在上面的推导中利用了 x 是 s 的反函数的事实.

若曲线由参数方程 $\begin{cases} x = \varphi(t), \\ y = \psi(t) \end{cases}$ 表示,则根据参数方程求导法则:

$$\frac{\mathrm{d}y}{\mathrm{d}x} = \frac{\psi'(t)}{\varphi'(t)}, \quad \frac{\mathrm{d}^2 y}{\mathrm{d}x^2} = \frac{\varphi'(t)\psi''(t) - \varphi''(t)\psi'(t)}{[\varphi'(t)]^3},$$

代入曲率计算公式得

$$K = \frac{|\varphi'(t)\psi''(t) - \varphi''(t)\psi'(t)|}{\{[\varphi'(t)]^2 + [\psi'(t)]^2\}^{\frac{3}{2}}}.$$

例 4.7.1 抛物线 $y = ax^2 + bx + c$ 上,哪一点处的曲率最大?

解 求导数得 $y' = 2ax + b$，$y'' = 2a$，因此 $K = \dfrac{|2a|}{[1+(2ax+b)^2]^{\frac{3}{2}}}$.

显然,当 $2ax + b = 0$,即 $x = -\dfrac{b}{2a}$ 时,曲率 K 最大,而 $x = -\dfrac{b}{2a}$ 所对应的点为抛物线的顶点,因此抛物线在顶点处曲率最大.

在有些实际问题中,$|y'|$ 与 1 比较起来是很小很小的(即 $|y'| \ll 1$),从而 $1+(y')^2 \approx 1$,这时有曲率的近似公式

$$K \approx |y''|.$$

4.7.3 曲率半径与曲率圆

设曲线 C 在点 $M(x,y)$ 处的曲率 $K \neq 0$,我们把曲率的倒数称为曲线 C 在 M 点的**曲率半径** ρ,即 $\rho = \dfrac{1}{K}$. 在点 M 处曲线 C 的法线上,在曲线凹的一侧取一点 D,使 $DM = \rho$,以 D 为圆心,ρ 为半径画一个圆,这个圆叫做曲线 C 在点 M 处的**曲率圆**(图 4-19),圆心 D 叫做**曲率中心**. 曲率圆与曲线 C 在 M 点有相同的切线和凹向以及相同的曲率,因而在 M 点附近,圆弧与曲线弧的密切程度非常好,因此在实际问题中,常常采用曲率圆在点 M 邻近处的一段圆弧来近似代替该点邻近处的小曲线弧,曲率圆又叫**密切圆**.

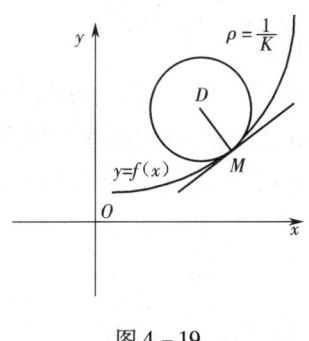

图 4-19

4.7.4 曲率中心的计算公式、渐屈线与渐伸线

设曲线 C 的方程为 $y = f(x)$,其二阶导数 y'' 在点 x 处不为 0,现在我们来确定曲线 C 在点 $M(x,y)$ 处的曲率中心 $D(\xi, \eta)$ 的坐标.

因为 $(x-\xi)^2 + (y-\eta)^2 = \rho^2$,且曲线 C 在点 $M(x,y)$ 处的切线与曲率半径 DM 垂直,所以 $y' = -\dfrac{x-\xi}{y-\eta}$,即 $x - \xi = -(y-\eta)y'$. 代入上式,有

$$(y-\eta)^2 = \frac{\rho^2}{1+(y')^2} = \frac{\frac{[1+(y')^2]^3}{(y'')^2}}{1+(y')^2} = \frac{[1+(y')^2]^2}{(y'')^2}.$$

注意到当 $y''>0$ 时，曲线是向上凹的，这时 $\eta-y>0$；当 $y''<0$ 时，曲线是向下凹的，这时 $\eta-y<0$. 因此，

$$\eta-y = \frac{1+(y')^2}{y''}, \eta = y + \frac{1+(y')^2}{y''}.$$

再由 $x-\xi = -(y-\eta)y'$，有 $\xi = x - \frac{y'\cdot[1+(y')^2]}{y''}$，则曲线 C 在点 $M(x,y)$ 处的曲率中心 $D(\xi,\eta)$ 的坐标为

$$\begin{cases}\xi = x - \dfrac{y'\cdot[1+(y')^2]}{y''}, \\ \eta = y + \dfrac{1+(y')^2}{y''}.\end{cases}$$

当点 $M(x,y)$ 沿着曲线 C 移动时，它的曲率中心 $D(\xi,\eta)$ 亦将随着移动. 把 $D(\xi,\eta)$ 移动的轨迹 L 称为曲线 C 的**渐屈线**，而原曲线 C 称为曲线 L 的**渐伸线**(图 4-20)，它们在机器制造中有重要的应用.

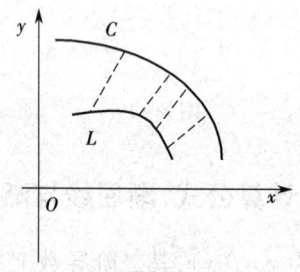

图 4-20

例 4.7.2 求曲线 $y=\tan x$ 的点 $\left(\dfrac{\pi}{4},1\right)$ 处的曲率圆方程.

解 因为 $y'|_{x=\frac{\pi}{4}}=2, y''|_{x=\frac{\pi}{4}}=4$，所以曲线在点 $\left(\dfrac{\pi}{4},1\right)$ 处的曲率半径为

$$\rho = \frac{1}{K} = \frac{[1+(y')^2]^{\frac{3}{2}}}{|y''|} = \frac{5\sqrt{5}}{4},$$

在点 $\left(\frac{\pi}{4}, 1\right)$ 处的曲率中心 $D(\xi, \eta)$ 的坐标为

$$\begin{cases} \xi = x - \dfrac{y' \cdot [1+(y')^2]}{y''} = \dfrac{\pi - 10}{4}, \\ \eta = y + \dfrac{1+(y')^2}{y''} = \dfrac{9}{4}. \end{cases}$$

因此，曲线 $y = \tan x$ 在点 $\left(\frac{\pi}{4}, 1\right)$ 处的曲率圆方程为

$$\left(x - \frac{\pi-10}{4}\right)^2 + \left(y - \frac{9}{4}\right)^2 = \frac{125}{16}.$$

习题 4.7

求下列函数在指定点处的曲率圆方程：

(1) 曲线 $y = \cot x$ 在点 $M\left(\dfrac{\pi}{4}, 1\right)$ 处的曲率圆方程；

(2) 曲线 $y = \ln x$ 在与 x 轴交点处的曲率圆方程.

第5章 不定积分

本章讨论一元函数微积分学的一个基本问题,即求一个可导函数,使其导数等于一个已知函数,这是前面求一个函数的导数或微分的逆问题. 该问题与积分有关,如果说计算函数的导数或微分是一个从整体到局部的过程,则积分是一个从局部到整体的过程. 关于一元函数的积分,本教材只涉及一元函数的定积分和不定积分两个部分的内容,本章的重点是从不定积分的概念、性质出发,计算初等函数的不定积分.

5.1 不定积分的概念

5.1.1 原函数与不定积分

定义 5.1.1 如果在区间 I 上,存在可导函数 $F(x)$,使得
$$F'(x) = f(x) \text{ 或 } dF(x) = f(x)dx, x \in I,$$
则称函数 $F(x)$ 为已知函数 $f(x)$ 在区间 I 上的一个原函数.

例如因为 $(\cos x)' = -\sin x, (\arcsin x)' = \dfrac{1}{\sqrt{1-x^2}}$,所以 $\cos x$ 是 $-\sin x$ 在 $(-\infty, +\infty)$ 上的一个原函数,$\arcsin x$ 是 $\dfrac{1}{\sqrt{1-x^2}}$ 在 $(-1,1)$ 上的一个原函数.

关于原函数,人们会自然地想到这样的问题:一个函数应满足什么条件,能够保证它的原函数存在? 如果原函数存在,则它是否唯一? 下面的三个定理讨论这两个问题.

定理 5.1.1(原函数存在定理) 如果函数 $f(x)$ 在区间 I 上连续,则函数 $f(x)$ 在区间 I 上的原函数必存在.

定理 5.1.2 如果 $F(x)$ 是 $f(x)$ 在区间 I 上的一个原函数,则 $F(x)+C$(其中 C 是任一常数)也是 $f(x)$ 在区间 I 上的一个原函数,而且 $f(x)$ 在区间 I 上的任一原函数都可表示为 $F(x)+C$ 的形式,其中 C 为任意常数.

证明 由定理的条件知 $F'(x)=f(x)$,所以对任意常数 C,有
$$[F(x)+C]'=F'(x)=f(x),$$
由定义知,$F(x)+C$ 是 $f(x)$ 在区间 I 上的原函数.

另一方面,设 $G(x)$ 是 $f(x)$ 在区间 I 上的任一原函数,则 $G'(x)=f(x)$,因此
$$[G(x)-F(x)]'=G'(x)-F'(x)=f(x)-f(x)=0, x\in I.$$
由上一章定理可知,$G(x)-F(x)$ 在区间 I 上恒为常数,因此
$$G(x)=F(x)+C, x\in I.$$

定理 5.1.2 表明:若 $f(x)$ 有原函数,则原函数必有无穷多个,而且 $f(x)$ 的任意两个原函数之间只差一个常数. 因此要得到 $f(x)$ 的全部原函数,只须找到它的一个原函数,再加上一个任意常数 C 就可以了.

定义 5.1.2 设函数 $f(x)$ 在区间 I 上有原函数 $F(x)$,则函数 $f(x)$ 在区间 I 上的原函数全体称为 $f(x)$ 的不定积分,记作
$$\int f(x)\mathrm{d}x = F(x)+C.$$

其中 $\int$ 称为积分号,$f(x)$ 称为被积函数,$f(x)\mathrm{d}x$ 称为被积表达式,x 称为积分变量,C 称为积分常数.

例 5.1.1 求 $\int \mathrm{e}^{\sin x}\cos x\mathrm{d}x$.

解 由于 $(\mathrm{e}^{\sin x})'=\mathrm{e}^{\sin x}\cos x$,因此 $\mathrm{e}^{\sin x}$ 是 $\mathrm{e}^{\sin x}\cos x$ 在 $(-\infty,+\infty)$ 上的一个原函数,因此
$$\int \mathrm{e}^{\sin x}\cos x\mathrm{d}x = \mathrm{e}^{\sin x}+C.$$

例 5.1.2 求 $\int \frac{1}{x} dx$.

解 由于 $(\ln |x|)' = \frac{1}{x}, x \in (-\infty, 0) \cup (0, +\infty)$,

因此 $\int \frac{1}{x} dx = \ln|x| + C, x \in (-\infty, 0) \cup (0, +\infty)$.

为了简单起见,在本章以后的论述中,一般将不再指出不定积分中变量 x 的变化范围.

5.1.2 不定积分的几何意义

$f(x)$ 的一个原函数 $y = F(x)$ 的图形称为 $f(x)$ 的一条积分曲线,积分曲线上任一点 $(x, F(x))$ 处的切线斜率等于 $f(x)$. 如果把这条积分曲线沿 y 轴平行移动常数 C 时,就得到 $f(x)$ 任一积分曲线 $y = F(x) + C$. 因此不定积分 $\int f(x) dx$ 的几何意义就是一族积分曲线.

在求原函数的具体问题中,一般先求出全体原函数 $F(x) + C$,然后从中确定一个满足 $F(x_0) + C = y_0$ 的原函数,即从积分曲线族中找出满足初始条件 $y(x_0) = y_0$ 的那一条积分曲线.

例 5.1.3 设一曲线通过点 $(e, 2)$ 且在任一点处的切线斜率等于该点横坐标的倒数,求这条曲线.

解 设所求曲线为 $y = y(x)$,由题设知

$$\frac{dy}{dx} = \frac{1}{x}, y(e) = 2.$$

所以

$$y = \int \frac{1}{x} dx = \ln|x| + C.$$

将初始条件 $y(e) = 2$ 代入上式,得 $C = 2 - \ln e = 1$. 因此,所求曲线为 $y = \ln|x| + 1$.

例 5.1.4 一个半球状雪堆,其体积融化的速率与半球的面积 S 成正比,比例系数 $k > 0$. 假设在融化过程中雪堆始终保持半球状. 已

知半径为 r_0 的雪堆在开始融化的 3 小时内融化了其体积的 $\frac{7}{8}$,试问雪堆全部融化需要多少小时?

解 设 t 时刻半球状雪堆的半径为 $r(t)$,体积为 V,表面积为 S,则由假设知 $\frac{dV}{dt} = -kS$ $\left(\text{因为}\frac{dV}{dt}<0,\text{所以式中有负号}\right)$. 把 $V = \frac{2}{3}\pi r^3$ 及 $S = 2\pi r^2$ 代入上式,得

$$\frac{dr}{dt} = -k,$$

因此

$$r = -\int k dt = -kt + C.$$

由初始条件知

$$r(0) = r_0, \frac{2}{3}\pi r(3)^3 = \frac{1}{8} \cdot \frac{2}{3}\pi r_0^3,$$

即 $r(0) = r_0, r(3) = \frac{1}{2}r_0$.

由上面两式,可得

$$r = -\frac{1}{6}r_0 t + r_0.$$

由 $r = 0$ 解得 $t = 6$,故雪堆 6 小时可融化完.

5.1.3 基本积分表

由于不定积分是求导数的逆运算,回忆 3.1 节里的导数基本公式(表 3.1),可直接得到如下不定积分的基本公式(表 5.1).

表 5.1

编号	导数公式	不定积分公式
(1)	$(kx)' = k$ (k 为常数)	$\int k dx = kx + C$ (k 为常数)

续表

编号	导数公式	不定积分公式
(2)	$(x^\alpha)' = \alpha x^{\alpha-1}, \alpha \in \mathbf{R}$	$\int x^\alpha dx = \dfrac{1}{(1+\alpha)} x^{\alpha+1} + C \ (\alpha \neq -1)$
(3)	$(\ln x)' = \dfrac{1}{x}$	$\int \dfrac{1}{x} dx = \ln|x| + C$
(4)	$(e^x)' = e^x$	$\int e^x dx = e^x + C$
(5)	$(\sin x)' = \cos x$	$\int \cos x dx = \sin x + C$
(6)	$(\cos x)' = -\sin x$	$\int \sin x dx = -\cos x + C$
(7)	$(\tan x)' = \dfrac{1}{\cos^2 x}$	$\int \dfrac{1}{\cos^2 x} dx = \tan x + C$
(8)	$(\cot x)' = -\dfrac{1}{\sin^2 x}$	$\int \dfrac{1}{\sin^2 x} dx = -\cot x + C$
(9)	*$(\sec x)' = \sec x \cdot \tan x$	*$\int \sec x \cdot \tan x dx = \sec x + C$
(10)	*$(\csc x)' = -\csc x \cdot \cot x$	*$\int \csc x \cdot \cot x dx = -\csc x + C$
(11)	$(\arctan x)' = \dfrac{1}{1+x^2}$	$\int \dfrac{1}{1+x^2} dx = \arctan x + C$
(12)	$(\arcsin x)' = \dfrac{1}{\sqrt{1-x^2}}$	$\int \dfrac{dx}{\sqrt{1-x^2}} = \arcsin x + C$

表 5.1 中有 12 个公式,除标有星号的两个公式外,其余的 10 个公式非常基本,要求读者**务必熟记**. 结合后面介绍的方法,可以扩展积分表如下:

(13) $\int \cot x dx = \ln|\sin x| + C.$

(14) $\int \tan x dx = \ln|\cos x| + C.$

(15) $\int \csc x \mathrm{d}x = \ln|\csc x - \cot x| + C.$

(16) $\int \sec x \mathrm{d}x = \ln|\sec x + \tan x| + C.$

(17) $\int \dfrac{\mathrm{d}x}{x^2 - a^2} = \dfrac{1}{2a}\ln\left|\dfrac{x-a}{x+a}\right| + C \ (a>0).$

(18) $\int \dfrac{\mathrm{d}x}{x^2 + a^2} = \dfrac{1}{a}\arctan\dfrac{x}{a} + C \ (a>0).$

(19) $\int \dfrac{\mathrm{d}x}{\sqrt{a^2 - x^2}} = \arcsin\dfrac{x}{a} + C \ (a>0).$

(20) $\int \dfrac{\mathrm{d}x}{\sqrt{x^2 - a^2}} = \ln|x + \sqrt{x^2 - a^2}| + C \ (a>0).$

(21) $\int \dfrac{\mathrm{d}x}{\sqrt{x^2 + a^2}} = \ln(x + \sqrt{x^2 + a^2}) + C \ (a>0).$

(22) *$\int \mathrm{sh}\, x \mathrm{d}x = \mathrm{ch}\, x + C.$

(23) *$\int \mathrm{ch}\, x \mathrm{d}x = \mathrm{sh}\, x + C.$

(24) *$\int \dfrac{1}{\mathrm{ch}^2 x}\mathrm{d}x = \mathrm{th}\, x + C.$

(25) *$\int \dfrac{1}{\mathrm{sh}^2 x}\mathrm{d}x = -\mathrm{cth}\, x + C.$

基本积分表中给出的前 21 个积分公式是求不定积分的基础,需要熟记.

习题 5.1

1. 计算下列积分:

(1) $\int \dfrac{1}{\sqrt[3]{x}}\mathrm{d}x$;

(2) $\int x^4 \sqrt[3]{x}\, \mathrm{d}x$;

(3) 设 $f(x) = \begin{cases} x, & x \leq 1, \\ 1, & x > 1, \end{cases}$ 求 $\int f(x)\,dx$.

2. 如果 $\int f(x)\,dx = \arcsin x + C$, 则 $f(x) = $ _____.

3. 若 $\int f(x)\,dx = 2\sin\dfrac{x}{2} + C$, 则 $f(x) = $ _____.

4. 若 $f'(x) = 2x$, 则 $\int f(x)\,dx = $ _____.

5. $\int f(x)\,dx = xe^x + C$, 则 $f(x) = $ _____.

6. 设 $f(x)$ 是连续函数且 $\int f(x)\,dx = F(x) + C$, 则 $\int F(x)f(x)\,dx = $ _____.

5.2 不定积分的性质

由前面原函数和不定积分的概念可知,求导(或求微分)与求不定积分互为逆运算. 为了讨论不定积分的性质,有必要回顾导数的基本性质,设 $f(x), g(x)$ 是可微函数,α, β 是常数,则有

(1) $[\alpha f(x) \pm \beta g(x)]' = \alpha f'(x) \pm \beta g'(x)$ (线性性质).

(2) $[f(x)g(x)]' = f(x)g'(x) + f'(x)g(x)$ (导数的乘法公式).

(3) $[f(g(x))]' = f'[g(x)]g'(x)$ (链式法则).

注 5.2.1 从计算导数的角度看,上面三个公式具有基本重要性. 这里没有列出商的导数公式,逻辑上商的导数公式是导数乘法公式和链式法则的推论,事实上由链式法则有

$$\left(\frac{1}{g(x)}\right)' = -\frac{g'(x)}{g^2(x)}.$$

结合公式(2)有

$$\left(\frac{f(x)}{g(x)}\right)' = f'(x)\frac{1}{g(x)} + f(x)\left(\frac{1}{g(x)}\right)' = \frac{f'(x)}{g(x)} - \frac{f(x)g'(x)}{g^2(x)}.$$

结合原函数和不定积分的概念立即得到不定积分的下列性质,设 $f(x)$ 和 $g(x)$ 都有原函数,α,β 为常数,则有:

性质 1 $\int [\alpha f(x) + \beta g(x)] \mathrm{d}x = \alpha \int f(x) \mathrm{d}x + \beta \int g(x) \mathrm{d}x$;

性质 2 $\int f'(x) g(x) \mathrm{d}x = f(x) g(x) - \int f(x) g'(x) \mathrm{d}x$;

性质 3 设 $\int f(x) \mathrm{d}x = F(x) + C$,则

$$\int f[g(x)] g'(x) \mathrm{d}x = F[g(x)] + C.$$

性质 2 的证明 由导数乘法公式有

$$f'(x) g(x) = [f(x) g(x)]' - f(x) g'(x),$$

两边积分得

$$\int f'(x) g(x) \mathrm{d}x = f(x) g(x) - \int f(x) g'(x) \mathrm{d}x.$$

性质 3 的证明 注意 $F'(x) = f(x)$,由公式(3)有

$$[F(g(x)) + C]' = F'[g(x)] g'(x) = f[g(x)] g'(x)$$

因此

$$\int f[g(x)] g'(x) \mathrm{d}x = F(g(x)) + C.$$

上面三个性质对计算不定积分具有基本重要性,后面将围绕这三个性质讨论计算不定积分的方法.

利用上节的积分表和性质 1 可以计算简单的不定积分.

例 5.2.1 求 $\int \left[\dfrac{(x-1)^2}{\sqrt{x}} + 2^x \right] \mathrm{d}x$.

解
$$\int \left[\dfrac{(x-1)^2}{\sqrt{x}} + 2^x \right] \mathrm{d}x = \int \left[\dfrac{x^2 - 2x + 1}{\sqrt{x}} + 2^x \right] \mathrm{d}x$$

$$= \int x^{\frac{3}{2}} \mathrm{d}x - 2 \int x^{\frac{1}{2}} \mathrm{d}x + \int x^{-\frac{1}{2}} \mathrm{d}x + \int 2^x \mathrm{d}x$$

$$= \dfrac{2}{5} x^{\frac{5}{2}} - \dfrac{4}{3} x^{\frac{3}{2}} + 2 x^{\frac{1}{2}} + \dfrac{1}{\ln 2} 2^x + C.$$

例 5.2.2 求 $\int \dfrac{\cos 2x}{\cos x - \sin x} dx$.

解 $\int \dfrac{\cos 2x}{\cos x - \sin x} dx = \int \dfrac{\cos^2 x - \sin^2 x}{\cos x - \sin x} dx = \int (\cos x + \sin x) dx$
$= \sin x - \cos x + C$.

例 5.2.3 求 $\int (e^x + 3\sin x + 2\tan^2 x) dx$.

解 $\int (e^x + 3\sin x + 2\tan^2 x) dx$

$= \int e^x dx + 3\int \sin x dx + 2\int (\sec^2 x - 1) dx$

$= e^x - 3\cos x + 2\int \sec^2 x dx - 2\int dx$

$= e^x - 3\cos x + 2\tan x - 2x + C$.

例 5.2.4 求 $\int \dfrac{x^4}{1+x^2} dx$.

解 $\int \dfrac{x^4}{1+x^2} dx = \int \dfrac{x^4 - 1 + 1}{1+x^2} dx$

$= \int \left(x^2 - 1 + \dfrac{1}{1+x^2} \right) dx$

$= \int x^2 dx - \int dx + \int \dfrac{dx}{1+x^2}$

$= \dfrac{1}{3} x^3 - x + \arctan x + C$.

例 5.2.5 求 $I(x) = \int |x-1| dx$.

解 当 $x \geq 1$ 时，$I(x) = \int (x-1) dx = \dfrac{x^2}{2} - x + C_1$，当 $x < 1$ 时，
$I(x) = \int (1-x) dx = x - \dfrac{x^2}{2} + C_2$. 因为 $I(x)$ 在 $x = 1$ 处连续，所以

$$\dfrac{1}{2} - 1 + C_1 = 1 - \dfrac{1}{2} + C_2,$$

即 $C_2 = C_1 - 1$. 因此

$$\int |x-1| dx = \begin{cases} \dfrac{x^2}{2} - x + C_1, & x \geqslant 1, \\ x - \dfrac{x^2}{2} - 1 + C_1, & x < 1 \end{cases}$$

$$= \frac{1}{2}(x-1)|x-1| + C.$$

注意,不定积分中的积分常数只能为一个,所以应将连续的分段函数的不定积分中出现的几个积分常数,通过在分段点处的连续性,把这些积分常数用一个积分常数表示.

习题 5.2

求下列不定积分.

(1) $\int \dfrac{1}{\sqrt[3]{x}} dx$;

(2) $\int x^4 \sqrt[3]{x} \, dx$;

(3) $\int (1+\sqrt{x})^2 dx$;

(4) $\int (1-x)\sqrt{x} \, dx$;

(5) $\int \dfrac{(x-\sqrt{x})(1+\sqrt{x})}{\sqrt[3]{x}} dx$;

(6) $\int \left(1 - \dfrac{1}{x^2}\right) \sqrt{x\sqrt{x}} \, dx$;

(7) $\int \dfrac{\sqrt[3]{x^2} - \sqrt[4]{x}}{\sqrt{x}} dx$;

(8) $\int \dfrac{4x^2 - 2\sqrt{x}}{x} dx$;

(9) $\int (\sqrt{x}+1)(x-\sqrt{x}+1) dx$;

(10) $\int \dfrac{x^4 - 10x + 5}{x} dx$;

(11) $\int 2^x e^x dx$;

(12) $\int 3^{x+4} dx$;

(13) $\int \dfrac{2 \cdot 3^x - 5 \cdot 2^x}{3^x} dx$;

(14) $\int e^x \left(1 - \dfrac{e^{-x}}{\sqrt{x}}\right) dx$;

(15) $\int 3^{-x}\left(1 - \dfrac{3^x}{\sqrt{x}}\right) dx$;

(16) $\int \dfrac{x^2}{x^2+1} dx$;

(17) $\int \dfrac{1+x+x^2}{x(x^2+1)}dx$; (18) $\int \dfrac{x^4+1}{x^2+1}dx$;

(19) $\int \dfrac{1-x^2}{1+x^2}dx$; (20) $\int \dfrac{1+x^2-x^4}{x^2(x^2+1)}dx$;

(21) $\int \dfrac{1+2x^2}{x^2(x^2+1)}dx$; (22) $\int \dfrac{\sqrt{1+x^2}}{\sqrt{1-x^4}}dx$;

(23) $\int \dfrac{1}{\sin^2\dfrac{x}{2}\cos^2\dfrac{x}{2}}dx$; (24) $\int \tan^2 x\,dx$;

(25) $\int \left(\sin x + \dfrac{3}{1+x^2} - \dfrac{1}{2\sqrt{1-x^2}}\right)dx$; (26) $\int \dfrac{1+\cos^2 x}{1+\cos 2x}dx$;

(27) $\int \dfrac{\cos 2x}{\sin^2 x}dx$; (28) $\int \dfrac{\cos 2x}{\cos x + \sin x}dx$;

(29) $\int \sqrt{1-\sin 2x}\,dx \left(0 \leqslant x \leqslant \dfrac{\pi}{4}\right)$.

5.3 换元积分法

在上一节,我们利用基本积分表及不定积分的性质 1,求出一些函数的不定积分,但用此方法所能求解的不定积分是有限的,我们需要进一步研究求解不定积分的方法. 本节基于不定积分的性质 3 讨论两类不定积分换元法.

5.3.1 第一类换元法

定理 5.3.1(第一类换元法) 设 $f(u)$ 具有原函数,即 $\int f(u)\,du = F(u) + C$. 如果 $u = \varphi(x)$ 可导,则有换元积分公式

$$\int f[\varphi(x)]\varphi'(x)\,dx = \int f(u)\,du = F(u) + C = F[\varphi(x)] + C \ (u = \varphi(x)).$$

注 5.3.1 定理 5.3.1 即为性质 3,从微分的角度看链式法则表

现为一阶微分的形式不变性,即

$$dF(u) = F'(u)du = f(u)du = f[\varphi(x)]\varphi'(x)dx \ (u = \varphi(x)),$$

从积分的角度看则有

$$\int f[\varphi(x)]\varphi'(x)dx = \int f(u)du \ (u = \varphi(x)).$$

第一类换元法也称凑微分法,它是复合函数求导的逆运算. 该方法关键在于适当选择 $u = \varphi(x)$,把被积表达式 $f[\varphi(x)]\varphi'(x)dx$ 凑成 $f(u)du$ 的形式,再利用已知的不定积分公式求解 $\int f(u)du$.

例 5.3.1 求 $\int (3+2x)^5 dx$.

解 设 $u = 2x+3$,则 $du = 2dx$,所以

$$\int (3+2x)^5 dx = \frac{1}{2}\int (3+2x)^5 d(2x+3) = \frac{1}{2}\int u^5 du$$

$$= \frac{1}{12}u^6 + C = \frac{1}{12}(2x+3)^6 + C.$$

在熟练掌握第一换元法后,可以省略换元过程,只须在求解过程中把 $\varphi(x)$ 看做一个变元即可.

例 5.3.2 $\int \dfrac{x^3}{\sqrt{2+x^2}}dx$.

解 $\int \dfrac{x^3}{\sqrt{2+x^2}}dx = \dfrac{1}{2}\int \dfrac{x^2}{\sqrt{2+x^2}}d(2+x^2)$

$$= \frac{1}{2}\int \frac{x^2+2-2}{\sqrt{2+x^2}}d(2+x^2)$$

$$= \frac{1}{2}\int \sqrt{2+x^2}\,d(2+x^2) - \int \frac{d(2+x^2)}{\sqrt{2+x^2}}$$

$$= \frac{1}{3}(2+x^2)^{\frac{3}{2}} - 2\sqrt{2+x^2} + C.$$

例 5.3.3 求 $\int \dfrac{dx}{(x-a)(x-b)} \ (a \neq b)$.

解 $\int \dfrac{1}{(x-a)(x-b)}\mathrm{d}x = \dfrac{1}{a-b}\int \left(\dfrac{1}{x-a} - \dfrac{1}{x-b}\right)\mathrm{d}x$

$$= \dfrac{1}{a-b}\left[\int \dfrac{\mathrm{d}(x-a)}{x-a} - \int\dfrac{\mathrm{d}(x-b)}{x-b}\right]$$

$$= \dfrac{1}{a-b}(\ln|x-a| - \ln|x-b|) + C$$

$$= \dfrac{1}{a-b}\ln\left|\dfrac{x-a}{x-b}\right| + C.$$

特别地,在上式中取 $b = -a \neq 0$ 时,有

$$\int \dfrac{\mathrm{d}x}{x^2 - a^2} = \dfrac{1}{2a}\ln\left|\dfrac{x-a}{x+a}\right| + C.$$

例 5.3.4 求 $\int \dfrac{\mathrm{d}x}{\sqrt{a^2 - x^2}}$ 与 $\int \dfrac{\mathrm{d}x}{a^2 + x^2}$ ($a > 0$).

解 $\int \dfrac{\mathrm{d}x}{\sqrt{a^2 - x^2}} = \int \dfrac{\mathrm{d}x}{a\sqrt{1 - \left(\dfrac{x}{a}\right)^2}} = \int \dfrac{\mathrm{d}\left(\dfrac{x}{a}\right)}{\sqrt{1 - \left(\dfrac{x}{a}\right)^2}} = \arcsin\dfrac{x}{a} + C.$

同理可得 $\int \dfrac{\mathrm{d}x}{a^2 + x^2} = \dfrac{1}{a}\arctan\dfrac{x}{a} + C.$

例 5.3.5 求 $\int \dfrac{\mathrm{d}x}{\sqrt{x(1-x)}}$.

解 1 $\int \dfrac{\mathrm{d}x}{\sqrt{x(1-x)}} = 2\int \dfrac{\mathrm{d}\sqrt{x}}{\sqrt{1-x}} = 2\int \dfrac{\mathrm{d}\sqrt{x}}{\sqrt{1-(\sqrt{x})^2}}$

$$= 2\arcsin\sqrt{x} + C.$$

解 2 $\int \dfrac{\mathrm{d}x}{\sqrt{x(1-x)}} = \int \dfrac{\mathrm{d}\left(x - \dfrac{1}{2}\right)}{\sqrt{\dfrac{1}{4} - \left(x - \dfrac{1}{2}\right)^2}} = \arcsin\dfrac{x - \dfrac{1}{2}}{\dfrac{1}{2}} + C$

$$= \arcsin(2x - 1) + C.$$

由此题可看出,由于采用凑的形式(或引入变元)的不同,导致了

不同形式的结果,其实这两种结果间只相差一个常数,通常我们不把两者转化为统一形式,但可通过求导的方法验证其正确性。

例 5.3.6 求 $\int \tan x dx$ 与 $\int \cot x dx$.

解 $\int \tan x dx = \int \dfrac{\sin x}{\cos x} dx = -\int \dfrac{d(\cos x)}{\cos x} = -\ln|\cos x| + C.$

同理可得 $\int \cot x dx = \ln|\sin x| + C.$

例 5.3.7 求 $\int \sec x dx$ 与 $\int \csc x dx$.

解 $\int \sec x dx = \int \dfrac{\cos x}{\cos^2 x} dx = \int \dfrac{d(\sin x)}{1 - \sin^2 x}$

$= \int \dfrac{d(\sin x)}{\sin^2 x - 1} = -\dfrac{1}{2}\ln\left|\dfrac{\sin x - 1}{\sin x + 1}\right| + C$

$= \dfrac{1}{2}\ln \dfrac{(1+\sin x)^2}{(1-\sin^2 x)} + C$

$= \ln\left|\dfrac{1+\sin x}{\cos x}\right| + C$

$= \ln|\sec x + \tan x| + C.$

同理可得 $\int \csc x dx = \ln|\csc x - \cot x| + C.$

例 5.3.8 求 $\int (\sin^2 x + \cos^3 x \sin x) dx$.

解 $\int (\sin^2 x + \cos^3 x \sin x) dx$

$= \int \dfrac{1 - \cos 2x}{2} dx + \int \cos^3 x \sin x dx$

$= \dfrac{1}{2}\int dx - \dfrac{1}{4}\int \cos 2x d(2x) - \int \cos^3 x d(\cos x)$

$= \dfrac{1}{2}x - \dfrac{1}{4}\sin 2x - \dfrac{1}{4}\cos^4 x + C.$

例 5.3.9 求 $\int \sin 2x \cos 3x dx$.

解 $\int \sin 2x \cos 3x \, dx = \dfrac{1}{2} \int (\sin 5x - \sin x) \, dx$

$= \dfrac{1}{10} \int \sin 5x \, d(5x) - \dfrac{1}{2} \int \sin x \, dx$

$= -\dfrac{1}{10} \cos 5x + \dfrac{1}{2} \cos x + C.$

例 5.3.10 求 $\int \dfrac{1}{e^x(1+e^{2x})} dx.$

解 $\int \dfrac{1}{e^x(1+e^{2x})} dx = \int \dfrac{1+e^{2x}-e^{2x}}{e^x(1+e^{2x})} dx$

$= \int \left(\dfrac{1}{e^x} - \dfrac{e^x}{1+e^{2x}} \right) dx$

$= -\int e^{-x} d(-x) - \int \dfrac{1}{1+(e^x)^2} de^x$

$= -\dfrac{1}{e^x} - \arctan e^x + C.$

从以上这些例子可看出,对被积函数做恰当的恒等变形后,再应用基本积分公式是求不定积分的一种基本方法. 在三角函数中常用的恒等式有:二倍角公式 $\cos 2x = 1 - 2\sin^2 x = 2\cos^2 x - 1$,$1 + \tan^2 x = \sec^2 x$,$1 + \cot^2 x = \csc^2 x$ 以及积化和差公式等. 此外,熟悉基本微分公式对求解不定积分也是很重要的.

例 5.3.11 求 $\int \dfrac{\arctan \sqrt{x}}{(1+x)\sqrt{x}} dx.$

解 $\int \dfrac{\arctan \sqrt{x}}{(1+x)\sqrt{x}} dx = 2\int \dfrac{\arctan \sqrt{x}}{(1+x)} d\sqrt{x}$

$= 2\int \arctan \sqrt{x} \, d(\arctan \sqrt{x})$

$= (\arctan \sqrt{x})^2 + C.$

例 5.3.12 求 $\int \tan^3 x \sec x \, dx.$

解 $\int \tan^3 x \sec x \mathrm{d}x = \int \tan^2 x \tan x \sec x \mathrm{d}x$

$$= \int (\sec^2 x - 1) \mathrm{d}(\sec x)$$

$$= \frac{1}{3} \sec^3 x - \sec x + C.$$

例 5.3.13 求 $\int \frac{1+x^2}{1+x^4} \mathrm{d}x.$

解 $\int \frac{1+x^2}{1+x^4} \mathrm{d}x = \int \frac{\frac{1}{x^2}+1}{\frac{1}{x^2}+x^2} \mathrm{d}x$

$$= \int \frac{\mathrm{d}\left(x - \frac{1}{x}\right)}{\left(x - \frac{1}{x}\right)^2 + (\sqrt{2})^2}$$

$$= \frac{1}{\sqrt{2}} \arctan \frac{1}{\sqrt{2}} \left(x - \frac{1}{x}\right) + C.$$

例 5.3.14 求 $\int \frac{1 + \ln x}{(x \ln x)^2 + 2x \ln x - 3} \mathrm{d}x.$

解 注意到 $(x \ln x)' = 1 + \ln x$,则

$$\int \frac{1 + \ln x}{(x \ln x)^2 + 2x \ln x - 3} \mathrm{d}x = \int \frac{\mathrm{d}(x \ln x + 1)}{((x \ln x + 1)^2 - 2^2}$$

$$= \frac{1}{4} \ln \left| \frac{x \ln x + 1 - 2}{x \ln x + 1 + 2} \right| + C$$

$$= \frac{1}{4} \ln \left| \frac{x \ln x - 1}{x \ln x + 3} \right| + C.$$

5.3.2 第二类换元积分法

第一类换元积分法关键在于凑出微分 $f(u)\mathrm{d}u$,使其积分容易求出,但是有些积分不能较容易地凑出来微分,需要先作变量替换 $x = $

$\varphi(t)$,使得积分 $\int f[\varphi(t)]\varphi'(t)dt$ 容易求出,本质上,这两种方法的基本思想都是换元,只是具体步骤有所不同.

定理 5.3.2(第二类换元积分法)   设 $f(x)$ 连续,$x=\varphi(t)$ 有连续导数且 $\varphi'(t)\neq 0$,$x=\varphi(t)$ 的反函数 $t=\varphi^{-1}(x)$ 存在且可导,又设 $f(\varphi(t))\varphi'(t)dt$ 有原函数 $F(t)$,则有以下换元公式

$$\int f(x)dx = \int f[\varphi(t)]\varphi'(t)dt = F(t)+C = F[\varphi^{-1}(x)]+C. \quad *$$

证明 由假设可知,$F'(t)=f[\varphi(t)]\varphi'(t)$,所以

$$\frac{d}{dx}F[\varphi^{-1}(x)] = F'(t)\frac{dt}{dx} = F[\varphi(t)]\varphi'(t)\frac{dt}{dx}.$$

再由反函数求导公式 $\frac{dt}{dx}=\frac{1}{\varphi'(t)}$,可得

$$\frac{d}{dx}F[\varphi^{-1}(x)] = f[\varphi(t)] = f(x).$$

由不定积分的定义知,公式 * 成立.

注 5.3.2   与第一换元法比较,两个换元法的共同点是都涉及积分等式

$$\int f(x)dx = \int f[\varphi(t)]\varphi'(t)dt, x=\varphi(t).$$

上面的积分等式等价于链式法则或一阶微分的形式不变性,但是等式两端的积分变量(或函数的自变量)不同,在第一类换元法中 t 是原始积分变量,且函数 $\varphi(t)$ 不必有反函数;在第二类换元法中 x 是原始积分变量,第二类换元积分法的关键是作一个适当的变量替换 $x=\varphi(t)$,为保证其反函数存在,通常 $\varphi(t)$ 选为严格单调函数.

例 5.3.15   求 $\int \frac{dx}{\sqrt{x^2+a^2}}$ $(a>0)$.

在求解例 5.3.15 之前,先介绍双曲函数,即双曲正弦函数 $\text{sh } x = \frac{e^x-e^{-x}}{2}$ 和双曲余弦函数 $\text{ch } x = \frac{e^x+e^{-x}}{2}$,通过简单的计算可得下列

公式
$$(\operatorname{sh} x)' = \operatorname{ch} x, (\operatorname{ch} x)' = \operatorname{sh} x, \operatorname{ch}^2 x - \operatorname{sh}^2 x = 1.$$

解 被积函数含有二次根式的积分,可通过恰当的变量替换去除根式. 例如

令 $x = a\tan t \left(-\dfrac{\pi}{2} < t < \dfrac{\pi}{2}\right)$, $x = a\cot t \ (0 < t < \pi)$, 或 $x = a\operatorname{sh} t$ 均可达到目的. 下面分别以 $x = a\tan t$ 和 $x = a\operatorname{sh} t$ 为例计算积分.

(1) 令 $x = a\tan t$, 则 $\mathrm{d}x = a\sec^2 t\,\mathrm{d}t$, $\sqrt{x^2 + a^2} = a\sec t$, 所以

$$\int \frac{\mathrm{d}x}{\sqrt{x^2 + a^2}} = \int \frac{a\sec^2 t}{a\sec t}\mathrm{d}t = \int \sec t\,\mathrm{d}t$$

$$= \ln|\sec t + \tan t| + C$$

$$= \ln\left|\frac{\sqrt{x^2 + a^2}}{a} + \frac{x}{a}\right| + C$$

$$= \ln(x + \sqrt{x^2 + a^2}) + C - \ln a.$$

由于任意常数加或减一个常数仍为任意常数,因此在计算过程中对此不加区别,把 $C - \ln a$ 仍记作 C, 这样

$$\int \frac{\mathrm{d}x}{\sqrt{x^2 + a^2}} = \ln(x + \sqrt{x^2 + a^2}) + C.$$

(2) 令 $x = a\operatorname{sh} t$, 则 $\mathrm{d}x = a\operatorname{ch} t\,\mathrm{d}t$, $\sqrt{x^2 + a^2} = a\operatorname{ch} t$, 所以

$$\int \frac{\mathrm{d}x}{\sqrt{x^2 + a^2}} = \int \mathrm{d}t = t + C.$$

下面需要将原函数还原成自变量 x 的函数,为此求双曲正弦函数 $\operatorname{sh} t$ 的反函数,将等式 $\dfrac{e^t - e^{-t}}{2} = \dfrac{x}{a}$ 变形为 $e^{2t} - \dfrac{2x}{a}e^t - 1 = 0$, 解关于 e^t 的一元二次方程,得

$$e^t = \frac{x}{a} \pm \frac{\sqrt{x^2 + a^2}}{a},$$

舍去负号并取对数得 $t = \ln\left(\dfrac{x}{a} + \dfrac{\sqrt{x^2 + a^2}}{a}\right) = \ln(x + \sqrt{x^2 + a^2}) - \ln a,$

最后有
$$\int \frac{\mathrm{d}x}{\sqrt{x^2+a^2}} = \ln(x+\sqrt{x^2+a^2}) + C.$$

例 5.3.16 求 $\int \frac{\mathrm{d}x}{\sqrt{x^2-a^2}}$ $(a>0)$.

解 与例 5.3.15 类似,换元的首要目的是除去根号,为此可以选择
$$x = a\sec t \quad \left(t \in \left(0, \frac{\pi}{2}\right) \cup \left(\frac{\pi}{2}, \pi\right)\right),$$
$$x = a\csc t \quad \left(t \in \left(-\frac{\pi}{2}, 0\right) \cup \left(0, \frac{\pi}{2}\right)\right),$$
$$x = a\operatorname{ch} t \ (t > 0),$$
下面分别以 $x = a\sec t$ 和 $x = a\operatorname{ch} t$ 为例计算积分.

(1) 设 $x = a\sec t$,则 $\mathrm{d}x = a\sec t \tan t \, \mathrm{d}t$, $\sqrt{x^2-a^2} = a|\tan t|$.

当 $x > a$ 时,即 $t \in \left(0, \frac{\pi}{2}\right)$,于是
$$\int \frac{\mathrm{d}x}{\sqrt{x^2-a^2}} = \int \frac{a\sec t \tan t}{a\tan t}\mathrm{d}t = \int \sec t \, \mathrm{d}t$$
$$= \ln|\sec t + \tan t| + C$$
$$= \ln\left|\frac{x}{a} + \frac{\sqrt{x^2-a^2}}{a}\right| + C$$
$$= \ln\left|x + \sqrt{x^2-a^2}\right| + C.$$

当 $x < -a$ 时,令 $x = -t$,则 $t > a$,于是由上式可得
$$\int \frac{\mathrm{d}x}{\sqrt{x^2-a^2}} = -\int \frac{\mathrm{d}t}{\sqrt{t^2-a^2}} = -\ln|t + \sqrt{t^2-a^2}| + C$$
$$= -\ln|-x + \sqrt{x^2-a^2}| + C$$
$$= -\ln\left|\frac{-a^2}{x+\sqrt{x^2-a^2}}\right| + C$$

$$= \ln|x + \sqrt{x^2-a^2}| + C.$$

最后有

$$\int \frac{dx}{\sqrt{x^2-a^2}} = \ln|x + \sqrt{x^2-a^2}| + C.$$

（2）设 $x = a\mathrm{ch}\, t$，则 $dx = a\mathrm{sh}\, t dt$，$\sqrt{x^2-a^2} = a\mathrm{sh}\, t$，且 $x > a$，所以

$$\int \frac{dx}{\sqrt{x^2-a^2}} = \int dt = t + C.$$

与前面的例题一样，需要将原函数 $t + C$ 还原为变量 x 的函数，但是函数 $\mathrm{ch}\, t$ 是偶函数，不存在整体的反函数，因此需要选取使函数 $\mathrm{ch}\, t$ 单调的区间，例如 $(0, +\infty)$，在 $(0, +\infty)$ 内求反函数，为此解关于 e^t 的一元二次方程 $e^{2t} - \frac{2x}{a} e^t + 1 = 0$，得

$$e^t = \frac{x}{a} \pm \frac{\sqrt{x^2-a^2}}{a}.$$

注意 $\left(\frac{x}{a} + \frac{\sqrt{x^2-a^2}}{a}\right) \cdot \left(\frac{x}{a} - \frac{\sqrt{x^2-a^2}}{a}\right) = 1$ 及 $t > 0$，为使 $\frac{x}{a} \pm \frac{\sqrt{x^2-a^2}}{a} > 1$，应该舍去负号，因此有

$$t = \ln\left(\frac{x}{a} + \frac{\sqrt{x^2-a^2}}{a}\right) = \ln(x + \sqrt{x^2-a^2}) - \ln a,$$

最后有

$$\int \frac{dx}{\sqrt{x^2-a^2}} = \ln(x + \sqrt{x^2-a^2}) + C.$$

用类似例 5.3.15 方法，可以处理 $x < -a$ 的情况.

注 5.3.3 从前述两个例子可以看出，较之第一类换元法，第二类换元法更灵活，选择更多样化.

例 5.3.17 求 $\int \sqrt{a^2-x^2}\, dx\ (a > 0)$.

解 设 $x = a\sin t\ \left(|t| < \dfrac{\pi}{2}\right)$,则

$$dx = a\cos t\,dt,\ \sqrt{a^2 - x^2} = a\cos t,\ t = \arcsin \dfrac{x}{a}.$$

于是 $\displaystyle\int \sqrt{a^2 - x^2}\,dx = \int a\cos t \cdot a\cos t\,dt = a^2 \int \dfrac{1 + \cos 2t}{2}dt$

$$= \dfrac{a^2}{2}t + \dfrac{a^2}{4}\int \cos 2t\,d(2t)$$

$$= \dfrac{a^2}{2}t + \dfrac{a^2}{4}\sin 2t + C$$

$$= \dfrac{a^2}{2}\arcsin \dfrac{x}{a} + \dfrac{1}{2}x\sqrt{a^2 - x^2} + C.$$

例 5.3.18 求 $\displaystyle\int \dfrac{x\,dx}{\sqrt{3 + 2x - x^2}}$.

解 $\displaystyle\int \dfrac{x\,dx}{\sqrt{3 + 2x - x^2}} = -\dfrac{1}{2}\int \dfrac{d(3 + 2x - x^2)}{\sqrt{3 + 2x - x^2}} + \int \dfrac{d(x - 1)}{\sqrt{4 - (x - 1)^2}}$

$$= -\sqrt{3 + 2x - x^2} + \arcsin \dfrac{x - 1}{2} + C.$$

例 5.3.19 求 $\displaystyle\int \dfrac{dx}{x^2\sqrt{x^2 - 4}}$.

解 除去使用典型变换 $x = 2\sec t$(留给读者作为练习)外,也可使用倒数变换 $x = \dfrac{1}{t}$,于是

$$\int \dfrac{dx}{x^2\sqrt{x^2 - 4}} = \int \dfrac{-\dfrac{1}{t^2}}{\dfrac{1}{t^2}\sqrt{\dfrac{1}{t^2} - 4}}dt = -\int \dfrac{|t|}{\sqrt{1 - 4t^2}}dt.$$

当 $t = \dfrac{1}{x} > 0$ 时,

$$\int \dfrac{dx}{x^2\sqrt{x^2 - 4}} = -\int \dfrac{t}{\sqrt{1 - 4t^2}}dt = \dfrac{1}{8}\int \dfrac{d(1 - 4t^2)}{\sqrt{1 - 4t^2}}$$

$$= \frac{1}{4}\sqrt{1-4t^2} + C = \frac{1}{4}\sqrt{1-\frac{4}{x^2}} + C$$

$$= \frac{\sqrt{x^2-4}}{4x} + C.$$

当 $t = \frac{1}{x} < 0$ 时,同理可得

$$\int \frac{\mathrm{d}x}{x^2\sqrt{x^2-4}} = \frac{\sqrt{x^2-4}}{4x} + C.$$

故 $\int \frac{\mathrm{d}x}{x^2\sqrt{x^2-4}} = \frac{\sqrt{x^2-4}}{4x} + C.$

例 5.3.20 求 $\int \frac{\mathrm{d}x}{1+\sqrt{1-x^2}}$.

解 设 $x = \sin t$,则 $\mathrm{d}x = \cos t\, \mathrm{d}t$,

$$\int \frac{\mathrm{d}x}{1+\sqrt{1-x^2}} = \int \frac{\cos t}{1+\cos t}\mathrm{d}t = \int \left(1 - \frac{1}{1+\cos t}\right)\mathrm{d}t$$

$$= \int \mathrm{d}t - \int \frac{\mathrm{d}t}{1+\cos t} = t - \int \frac{\mathrm{d}t}{2\cos^2\frac{t}{2}}$$

$$= t - \tan\frac{t}{2} + C = t - \frac{2\sin\frac{t}{2}\cos\frac{t}{2}}{2\cos^2\frac{t}{2}} + C$$

$$= t - \frac{\sin t}{1+\cos t} + C = \arcsin x - \frac{x}{1+\sqrt{1-x^2}} + C.$$

习题 5.3

1. 求下列不定积分:

(1) $\int 3\sqrt{3x+1}\,\mathrm{d}x$; (2) $\int (2x+1)^8\,\mathrm{d}x$;

(3) $\int \sin(5x+8)\,dx$;

(4) $\int \sqrt[3]{x+5}\,dx$;

(5) $\int \dfrac{x+2}{x+1}\,dx$;

(6) $\int (5x^2+11)^5 x\,dx$;

(7) $\int x^3 \sqrt{4+2x^4}\,dx$;

(8) $\int x\sqrt{1-x^2}\,dx$;

(9) $\int \dfrac{x}{\sqrt{1+x^2}}\,dx$;

(10) $\int 2x e^{x^2}\,dx$;

(11) $\int \dfrac{2x}{(x^2+1)^3}\,dx$;

(12) $\int \dfrac{e^{\sqrt{x}}}{\sqrt{x}}\,dx$;

(13) $\int \dfrac{\cos\sqrt{x}}{\sqrt{x}}\,dx$;

(14) $\int x\cos(2x^2-1)\,dx$;

(15) $\int \dfrac{dx}{x(x+1)}$;

(16) $\int \dfrac{1}{x^2}\sin\dfrac{1}{x}$;

(17) $\int \dfrac{dx}{x(1+2\ln x)}$;

(18) $\int \dfrac{1}{x\sqrt{1-\ln^2 x}}\,dx$;

(19) $\int \dfrac{e^x+e^{-x}}{e^x-e^{-x}}\,dx$;

(20) $\int \dfrac{(\arctan x)^2}{1+x^2}\,dx$;

(21) $\int \dfrac{e^{\sqrt[3]{x}+1}}{\sqrt[3]{x^2}}\,dx$;

(22) $\int \dfrac{e^{2x}}{9-e^{4x}}\,dx$;

(23) $\int \dfrac{e^x}{1+e^{2x}}\,dx$;

(24) $\int e^{e^x+x}\,dx$;

(25) $\int \dfrac{\cos x}{(1+\sin x)^3}\,dx$;

(26) $\int \dfrac{x}{\sqrt{1-x^4}}\,dx$;

(27) $\int x(x+3)^{10}\,dx$;

(28) $\int x(1-5x^2)^{10}\,dx$;

(29) $\int \sin 3x \cdot \sin 5x\,dx$;

(30) $\int \dfrac{(1+e^x)^2}{1+e^{2x}}\,dx$;

(31) $\int \dfrac{x^2}{\sqrt{1-x^6}}\,dx$;

(32) $\int \dfrac{1+\cos^3 x}{\sin^2 x}\,dx$;

(33) $\int \sin^2 x \cos^5 x \, dx$;

(34) $\int \cos 3x \cdot \sin x \, dx$;

(35) $\int x^2 \sqrt{1+x^3} \, dx$;

(36) $\int \dfrac{dx}{(x^2+1)\arctan x}$.

2. 求下列不定积分:

(1) $\int \dfrac{2-\sqrt{2x+3}}{1-2x} dx$;

(2) $\int \dfrac{\sqrt{x}}{1+\sqrt[3]{x}} dx$;

(3) $\int \dfrac{1}{(2+x)\sqrt{1+x}} dx$;

(4) $\int \dfrac{dx}{1+\sqrt[3]{x+1}}$;

(5) $\int \dfrac{dx}{\sqrt{x}+\sqrt[4]{x}}$;

(6) $\int \dfrac{x+1}{x\sqrt{x-2}} dx$;

(7) $\int \dfrac{1-x}{\sqrt{9-4x^2}} dx$;

(8) $\int \dfrac{\sqrt{x^2-9}}{x} dx$;

(9) $\int \dfrac{dx}{x\sqrt{x^2-4}}$;

(10) $\int \dfrac{x+1}{x^2\sqrt{x^2-1}} dx$;

(11) $\int \dfrac{\sqrt{x^2-4}}{x^4} dx$;

(12) $\int \dfrac{1}{x\sqrt{x^2+1}} dx$;

(13) $\int \dfrac{1}{x^2\sqrt{x^2+1}} dx$;

(14) $\int \dfrac{dx}{(x^2+a^2)^{\frac{3}{2}}}$;

(15) $\int \dfrac{dx}{x^2\sqrt{x^2-4}}$;

(16) $\int \dfrac{dx}{\sqrt{1+e^x}}$;

(17) $\int \dfrac{1}{x}\sqrt{\dfrac{1+x}{x}} dx$.

5.4 分部积分法

本节讨论求不定积分的另一种方法——分部积分法(即 5.2 节的性质2),它是基于函数乘积的求导法则建立的。

设 $u(x)$ 与 $v(x)$ 是两个可导(或可微)函数,由求导公式知

$$(uv)' = u'v + uv'.$$

对上式两边积分,得

$$\int uv' \mathrm{d}x = uv - \int u'v \mathrm{d}x \qquad ①$$

或

$$\int u \mathrm{d}v = uv - \int v \mathrm{d}u. \qquad ②$$

式①与式②称为分部积分公式. 它的特点为化难为易,关键在于合理地选取函数 u 和 v. 一般原则是 $v(x)$ 易于求导且 $\int v \mathrm{d}u$ 要比 $\int u \mathrm{d}v$ 容易求解. 因此,当被积函数含有 $\ln x$ 及反三角函数等时,一般选择它们为 $u(x)$,使其在积分 $\int v \mathrm{d}u$ 的计算中消失,从而使积分容易求解. 类似的,当被积函数为一多项式 $p(x)$ 分别与 $e^{\alpha x}$,$\sin mx$ 和 $\cos mx$ 等乘积形式时,选取 $u(x) = p(x)$,这样使用一次分部积分公式后,使得新的不定积分中的被积函数仍具有原来的形式,但被积函数中的多项式的次数降低一阶,这样反复应用不定积分公式,最终被积函数只剩下常数分别与 $e^{\alpha x}$,$\sin mx$ 和 $\cos mx$ 等形式,从而使积分容易求解. 概括地说,当被积函数为两个函数乘积的形式,且两个因子属不同类型,此时可考虑使用分部积分公式.

例 5.4.1 求 $\int x^3 \ln x \, \mathrm{d}x$.

解 设 $u = \ln x, \mathrm{d}v = x^3 \mathrm{d}x$,则 $u' = \dfrac{1}{x}, v = \dfrac{1}{4}x^4$,所以

$$\int x^3 \ln x \, \mathrm{d}x = \int \ln x \, \mathrm{d}\left(\frac{1}{4}x^4\right) = \frac{x^4}{4}\ln x - \int \frac{1}{x} \cdot \frac{1}{4}x^4 \mathrm{d}x$$

$$= \frac{x^4}{4}\ln x - \frac{1}{4}\int x^3 \mathrm{d}x = \frac{x^4}{4}\ln x - \frac{1}{16}x^4 + C.$$

在掌握分部积分法后,计算时无需具体写出 $u(x)$ 和 $v(x)$,这样也便于需要多次使用分部积分公式的不定积分的计算.

例 5.4.2 求 $\int x^2 \cos x \, dx$.

解 $\int x^2 \cos x \, dx = \int x^2 d(\sin x) = x^2 \sin x - \int 2x \sin x \, dx$

$= x^2 \sin x + 2 \int x d(\cos x)$

$= x^2 \sin x + 2x \cos x - 2 \int \cos x \, dx$

$= x^2 \sin x + 2x \cos x - 2 \sin x + C.$

注意,在上例中第一次使用分部积分公式时,选三角函数类 $\sin x$ 为 $v(x)$,在第二次使用分部积分公式时仍需选三角类函数 $\cos x$ 为 $v(x)$;否则,在第二次使用分部积分公式中选 x^2 为 $v(x)$,则积分后就会回到原来要求的不定积分.

例 5.4.3 求 $\int \arctan x \, dx$.

解 $\int \arctan x \, dx = x \arctan x - \int x d(\arctan x)$

$= x \arctan x - \int \dfrac{x}{1+x^2} dx$

$= x \arctan x - \dfrac{1}{2} \int \dfrac{1}{1+x^2} d(1+x^2)$

$= x \arctan x - \dfrac{1}{2} \ln(1+x^2) + C.$

例 5.4.4 求 $\int \dfrac{\arctan e^x}{e^x} dx$.

解 $\int \dfrac{\arctan e^x}{e^x} dx = -\int \arctan e^x d(e^{-x})$

$= -e^{-x} \arctan x + \int \dfrac{e^x \cdot e^{-x}}{1+e^{2x}} dx$

$= -e^{-x} \arctan x + \int \dfrac{d(e^x)}{e^x(1+e^{2x})}$

$$= -e^{-x}\arctan x + \int \left(\frac{1}{e^x} - \frac{e^x}{1+e^{2x}}\right) d(e^x)$$

$$= -e^{-x}\arctan x + \ln e^x - \frac{1}{2}\int \frac{d(1+e^{2x})}{1+e^{2x}}$$

$$= \frac{-\arctan x}{e^x} + x - \frac{1}{2}\ln(1+e^{2x}) + C.$$

例 5.4.5 求 $\int \sqrt{x^2+a^2}\,dx$.

解
$$\int \sqrt{x^2+a^2}\,dx = x\sqrt{x^2+a^2} - \int \frac{x^2}{\sqrt{x^2+a^2}}dx$$

$$= x\sqrt{x^2+a^2} - \int \frac{x^2+a^2-a^2}{\sqrt{x^2+a^2}}dx$$

$$= x\sqrt{x^2+a^2} - \int \sqrt{x^2+a^2}\,dx + a^2\int \frac{dx}{\sqrt{x^2+a^2}}.$$

所以
$$\int \sqrt{x^2+a^2}\,dx = \frac{1}{2}x\sqrt{x^2+a^2} + \frac{a^2}{2}\int \frac{dx}{\sqrt{x^2+a^2}}$$

$$= \frac{1}{2}x\sqrt{x^2+a^2} + \frac{a^2}{2}\ln(x+\sqrt{x^2+a^2}) + C.$$

注意,在使用分部积分法求解过程中,通过简单变形整理后,会出现原不定积分的情况,这样通过移项得到结果,下面再给一例.

例 5.4.6 求 $\int \sec^3 x\,dx$.

解
$$\int \sec^3 x\,dx = \int \sec x\,d(\tan x) = \sec x\tan x - \int \sec x\tan^2 x\,dx$$

$$= \sec x\tan x - \int \sec x(\sec^2 x - 1)\,dx$$

$$= \sec x\tan x - \int \sec^3 x\,dx + \int \sec x\,dx.$$

所以
$$\int \sec^3 x\,dx = \frac{1}{2}\sec x\tan x + \frac{1}{2}\int \sec x\,dx$$

第5章 不定积分

$$= \frac{1}{2}\sec x \tan x + \frac{1}{2}\ln|\sec x + \tan x| + C.$$

在求不定积分过程中，通常需要综合使用分部积分法和换元积分法。

例 5.4.7 求 $\int \cos\sqrt{x}\,\mathrm{d}x$.

解 设 $\sqrt{x} = t$，则 $x = t^2$，$\mathrm{d}x = 2t\mathrm{d}t$，所以

$$\int \cos\sqrt{x}\,\mathrm{d}x = 2\int t\cos t\,\mathrm{d}t = 2\int t\,\mathrm{d}(\sin t)$$

$$= 2t\sin t - 2\int \sin t\,\mathrm{d}t$$

$$= 2t\sin t + 2\cos t + C$$

$$= 2\sqrt{x}\sin\sqrt{x} + 2\cos\sqrt{x} + C.$$

例 5.4.8 求 $\int \dfrac{x\mathrm{e}^x}{\sqrt{\mathrm{e}^x - 1}}\mathrm{d}x$.

解 令 $t = \sqrt{\mathrm{e}^x - 1}$，则 $x = \ln(1 + t^2)$，$\mathrm{d}x = \dfrac{2t}{1 + t^2}\mathrm{d}t$，所以

$$\int \frac{x\mathrm{e}^x}{\sqrt{\mathrm{e}^x - 1}}\mathrm{d}x = \int \frac{(1 + t^2)\ln(1 + t^2)}{t} \cdot \frac{2t}{1 + t^2}\mathrm{d}t$$

$$= 2\int \ln(1 + t^2)\,\mathrm{d}t = 2t\ln(1 + t^2) - 4\int \frac{t^2}{1 + t^2}\mathrm{d}t$$

$$= 2t\ln(1 + t^2) - 4\int \left(1 - \frac{1}{1 + t^2}\right)\mathrm{d}t$$

$$= 2t\ln(1 + t^2) - 4t + 4\arctan t + C$$

$$= 2x\sqrt{\mathrm{e}^x - 1} - 4\sqrt{\mathrm{e}^x - 1} + 4\arctan\sqrt{\mathrm{e}^x - 1} + C.$$

本节最后，给出下一节有理函数的积分中最重要的一个积分的递推公式。

例 5.4.9 求 $I_n = \int \dfrac{1}{(x^2 + a^2)^n}\mathrm{d}x$ （$a > 0$，n 为非负整数）。

解 显然 $I_0 = x + C, I_1 = \dfrac{1}{a}\arctan\dfrac{x}{a} + C.$

当 $n \geq 1$ 时,

$$I_n = \int \dfrac{\mathrm{d}x}{(x^2+a^2)^n} = \dfrac{x}{(x^2+a^2)^n} + 2n\int \dfrac{x^2}{(x^2+a^2)^{n+1}} \mathrm{d}x$$

$$= \dfrac{x}{(x^2+a^2)^n} + 2n\int \dfrac{x^2+a^2-a^2}{(x^2+a^2)^{n+1}} \mathrm{d}x$$

$$= \dfrac{x}{(x^2+a^2)^n} + 2nI_n - 2na^2 I_{n+1}.$$

由此得到递推公式

$$I_{n+1} = \dfrac{2n-1}{2na^2}I_n + \dfrac{1}{2na^2}\dfrac{x}{(x^2+a^2)^n}$$

$$= \dfrac{1}{2na^2}\left[(2n-1)I_n + \dfrac{x}{(x^2+a^2)^n}\right] \quad (n=1,2,\cdots).$$

因此,由递推公式可求出 $I_2, I_3, \cdots,$ 如

$$I_2 = \dfrac{1}{2a^2}\left(I_1 + \dfrac{x}{x^2+a^2}\right) = \dfrac{1}{2a^2}\left(\dfrac{x}{x^2+a^2} + \dfrac{1}{a}\arctan\dfrac{x}{a} + C\right).$$

习题 5.4

求下列不定积分:

(1) $\int x\cos 3x \mathrm{d}x$;

(2) $\int x\mathrm{e}^{-x} \mathrm{d}x$;

(3) $\int x^2 \mathrm{e}^x \mathrm{d}x$;

(4) $\int \ln x \mathrm{d}x$;

(5) $\int x^2 \ln(1+x) \mathrm{d}x$;

(6) $\int \ln(1+x^2) \mathrm{d}x$;

(7) $\int \dfrac{\ln x}{\sqrt{x}} \mathrm{d}x$;

(8) $\int x\ln\dfrac{1+x}{1-x} \mathrm{d}x$;

(9) $\int \left(\dfrac{\ln x}{x}\right)^2 \mathrm{d}x$;

(10) $\int x\tan^2 x \mathrm{d}x$;

(11) $\int x\cos^2 x \,\mathrm{d}x$;

(12) $\int \sin\sqrt{x}\,\mathrm{d}x$;

(13) $\int \arcsin x\,\mathrm{d}x$;

(14) $\int x^2 \arccos x\,\mathrm{d}x$;

(15) $\int x^2 \arctan x\,\mathrm{d}x$;

(16) $\int \mathrm{e}^{2x}\cos 3x\,\mathrm{d}x$.

5.5 有理函数的积分

有理函数是指形如

$$R(x)=\frac{P(x)}{Q(x)}=\frac{a_0 x^n+a_1 x^{n-1}+\cdots+a_{n-1}x+a_n}{b_0 x^m+b_1 x^{m-1}+\cdots+b_{m-1}x+b_m} \quad (a_0\neq 0, b_0\neq 0)$$

的函数,其中多项式 $P(x)$ 与 $Q(x)$ 没有公因子. 当 $n \geqslant m$ 时,称 $R(x)$ 为假分式;当 $n<m$ 时,称 $R(x)$ 为真分式. 通过多项式除法,任一个假分式都可表示为一个多项式加上一个真分式. 这样,我们只须研究真分式的不定积分,为此,不加证明地给出如下一个定理.

定理 5.5.1 设 $Q(x)$ 在实数范围内有如下分解:

$$Q(x)=b_0(x-a)^\alpha \cdots (x-b)^\beta (x^2+px+q)^\lambda \cdots (x^2+rx+s)^\mu,$$

其中 $p^2-4q<0, \cdots r^2-4s<0, \alpha, \cdots, \beta, \lambda, \cdots, \mu$ 为正整数,则真分式 $\dfrac{P(x)}{Q(x)}$ 可唯一分解为:

$$\begin{aligned}\frac{P(x)}{Q(x)}=&\frac{A_1}{(x-a)^\alpha}+\frac{A_2}{(x-a)^{\alpha-1}}+\cdots+\frac{A_\alpha}{(x-a)}+\cdots\\&+\frac{B_1}{(x-b)^\beta}+\frac{B_2}{(x-b)^{\beta-1}}+\cdots+\frac{B_\beta}{(x-b)}+\cdots\\&+\frac{M_1 x+N_1}{(x^2+px+q)^\lambda}+\frac{M_2 x+N_2}{(x^2+px+q)^{\lambda-1}}+\cdots+\frac{M_\lambda x+N_\lambda}{(x^2+px+q)}+\cdots\\&+\frac{K_1 x+L_1}{(x^2+rx+s)^\mu}+\frac{K_2 x+L_2}{(x^2+rx+s)^{\mu-1}}+\cdots+\frac{K_\mu x+L_\mu}{(x^2+rx+s)}.\end{aligned}$$

其中 $A_i(i=1,2,3\cdots,\alpha), B_i(i=1,2,3\cdots,\beta), M_i, N_i(i=1,2,3\cdots,\lambda)$,

$K_i, L_i (i=1,2,3\cdots,\mu)$ 都是实数.

根据上述定理,有理真分式的积分都可转化为下列四种积分:

(1) $\int \dfrac{1}{x-a}dx = \ln|x-a| + C.$

(2) $\int \dfrac{1}{(x-a)^k}dx = \dfrac{1}{(1-k)(x-a)^{k-1}} + C \ (k>1).$

(3) $\int \dfrac{Ax+B}{x^2+px+q}dx \ (p^2-4q<0).$

将(3)式恒等变形为

$$\int \dfrac{Ax+B}{x^2+px+q}dx = \int \dfrac{\dfrac{A}{2}(2x+p)+\left(B-\dfrac{Ap}{2}\right)}{x^2+px+q}dx$$

$$= \dfrac{A}{2}\int \dfrac{d(x^2+px+q)}{x^2+px+q} + \left(B-\dfrac{A}{2}p\right)\int \dfrac{d\left(x+\dfrac{p}{2}\right)}{\left(x+\dfrac{p}{2}\right)^2+q-\dfrac{p^2}{4}}$$

$$= \dfrac{A}{2}\ln(x^2+px+q) + \dfrac{2B-Ap}{\sqrt{4q-p^2}}\arctan\dfrac{2x+p}{\sqrt{4q-p^2}} + C.$$

(4) $\int \dfrac{Ax+B}{(x^2+px+q)^n}dx \ (p^2-4q<0, n=2,3,\cdots).$

类似于(3),可得

$$\int \dfrac{Ax+B}{(x^2+px+q)^n}dx = \dfrac{A}{2}\int \dfrac{d(x^2+px+q)}{(x^2+px+q)^n} + \left(B-\dfrac{Ap}{2}\right)\int \dfrac{dx}{(x^2+px+q)^n}$$

$$= \dfrac{A}{2(1-n)(x^2+px+q)^{n-1}} +$$

$$\left(B-\dfrac{Ap}{2}\right)\int \dfrac{d\left(x+\dfrac{p}{2}\right)}{\left[\left(x+\dfrac{p}{2}\right)^2+q-\dfrac{p^2}{4}\right]^n}.$$

设 $t = x + \dfrac{p}{2}, a = \dfrac{1}{2}\sqrt{4q-p^2}$,则上式右端的不定积分可转化为上

一节例 5.4.9 的积分

$$\int \frac{\mathrm{d}x}{(x^2+px+q)^n} = \int \frac{\mathrm{d}t}{(t^2+a^2)^n},$$

通过递推公式求解. 这样(4)的积分就可得到.

综合以上讨论,有理函数的不定积分可以用初等函数表示,在具体的有理函数的部分分式分解过程中,我们常使用待定系数法.

例 5.5.1 求 $\int \frac{x^2-2}{x^3-3x^2+4}\mathrm{d}x$.

解 由于 $x^3-3x^2+4=(x+1)(x-2)^2$,于是

$$\frac{x^2-2}{x^3-3x^2+4} = \frac{x^2-2}{(x+1)(x-2)^2} = \frac{A}{x+1}+\frac{B}{x-2}+\frac{C}{(x-2)^2},$$

故有

$$x^2-2 = A(x-2)^2+B(x+1)(x-2)+C(x+1).$$

在上式中,令 $x=2$,可得 $3C=2, C=\frac{2}{3}$,

令 $x=-1$,得 $9A=-1, A=-\frac{1}{9}$;

比较 x^2 系数,得

$$A+B=1, B=1-A=1+\frac{1}{9}=\frac{10}{9}.$$

因此

$$\frac{x^2-2}{x^3-3x^2+4} = -\frac{1}{9}\cdot\frac{1}{x+1}+\frac{10}{9}\cdot\frac{1}{x-2}+\frac{2}{3}\cdot\frac{1}{(x-2)^2}.$$

从而

$$\int \frac{x^2-2}{x^3-3x^2+4}\mathrm{d}x = -\frac{1}{9}\int\frac{\mathrm{d}x}{x+1}+\frac{10}{9}\int\frac{\mathrm{d}x}{x-2}+\frac{2}{3}\int\frac{\mathrm{d}x}{(x-2)^2}$$

$$= -\frac{1}{9}\ln|x+1|+\frac{10}{9}\ln|x-2|-\frac{2}{3(x-2)}+C.$$

例 5.5.2 求 $\int \frac{x^5+x^4-8}{x^3+x}\mathrm{d}x$.

解 根据多项式除法,可得

$$\frac{x^5+x^4-8}{x^3+x}=x^2+x-1-\frac{x^2-x+8)}{x(x^2+1)}.$$

设真分式可分解为

$$\frac{x^2-x+8}{x(x^2+1)}=\frac{A}{x}+\frac{Bx+C}{x^2+1}.$$

上式去分母,可得

$$x^2-x+8=A(x^2+1)+x(Bx+C).$$

令 $x=0$,得 $A=8$;

比较 x^2 的系数,可知 $A+B=1, B=1-A=-7$;

比较 x 的系数,得 $C=-1$.

于是

$$\frac{x^2-x+8}{x(x^2+1)}=\frac{8}{x}-\frac{7x+1}{x^2+1}.$$

因此

$$\begin{aligned}\int\frac{x^5+x^4-8}{x^3+x}\mathrm{d}x&=\int(x^2+x-1)\mathrm{d}x-8\int\frac{1}{x}\mathrm{d}x+\int\frac{7x+1}{x^2+1}\mathrm{d}x\\&=\frac{1}{3}x^3+\frac{x^2}{2}-x-8\ln|x|+\frac{7}{2}\int\frac{\mathrm{d}(x^2+1)}{x^2+1}+\int\frac{\mathrm{d}x}{x^2+1}\\&=\frac{1}{3}x^3+\frac{x^2}{2}-x-8\ln|x|+\frac{7}{2}\ln(1+x^2)+\arctan x+C.\end{aligned}$$

例 5.5.3 求 $\int\frac{x}{x^6-1}\mathrm{d}x$.

解 如果对被积函数直接进行有理式分解较繁,可先换元再进行分解. 令 $u=x^2$,则

$$\int\frac{x}{x^6-1}\mathrm{d}x=\frac{1}{2}\int\frac{\mathrm{d}u}{u^3-1}.$$

设

$$\frac{1}{u^3-1}=\frac{1}{(u-1)(u^2+u+1)}=\frac{A}{u-1}+\frac{Bu+C}{u^2+u+1}.$$

去分母,可得
$$1 = A(u^2 + u + 1) + (u - 1)(Bu + C).$$

在上式中,令 $u = 1$,得 $3A = 1$,$A = \dfrac{1}{3}$;比较 u^2 系数,得 $A + B = 0$,$B = -A = -\dfrac{1}{3}$;比较常系数,得 $A - C = 1$,$C = A - 1 = -\dfrac{2}{3}$. 于是

$$\frac{1}{u^3 - 1} = \frac{1}{3} \cdot \frac{1}{u - 1} - \frac{1}{3} \cdot \frac{u + 2}{u^2 + u + 1}.$$

因此

$$\int \frac{x}{x^6 - 1} dx = \frac{1}{6} \int \frac{du}{u - 1} - \frac{1}{6} \int \frac{u + 2}{u^2 + u + 1} du$$

$$= \frac{1}{6} \ln |u - 1| - \frac{1}{12} \int \frac{d(u^2 + u + 1)}{u^2 + u + 1} - \frac{1}{4} \int \frac{d\left(u + \dfrac{1}{2}\right)}{\left(u + \dfrac{1}{2}\right)^2 + \dfrac{3}{4}}$$

$$= \frac{1}{6} \ln |u - 1| - \frac{1}{12} \ln(u^2 + u + 1) - \frac{1}{2\sqrt{3}} \arctan \frac{2u + 1}{\sqrt{3}} + C$$

$$= \frac{1}{6} \ln |x^2 - 1| - \frac{1}{12} \ln(x^4 + x^2 + 1) - \frac{1}{2\sqrt{3}} \arctan \frac{2x^2 + 1}{\sqrt{3}} + C.$$

习题 5.5

求下列不定积分:

(1) $\displaystyle\int \frac{x + 5}{x^2 - 2x - 3} dx$;

(2) $\displaystyle\int \frac{1}{x^2(x^2 + 1)} dx$;

(3) $\displaystyle\int \frac{x^2 - 4x - 2}{x(x^2 + 1)} dx$;

(4) $\displaystyle\int \frac{4}{x^3 + 4x} dx$;

(5) $\displaystyle\int \frac{2}{x(x^2 - 1)} dx$;

(6) $\displaystyle\int \frac{3x^2 - 8x - 1}{(x + 2)(x - 1)^3} dx$;

(7) $\displaystyle\int \frac{1}{x^3 - 2x^2 + x} dx$;

(8) $\displaystyle\int \frac{x^2}{x^2 + 2x + 5} dx$;

(9) $\int \dfrac{x^2+1}{(x+1)^2(x-1)}dx$; (10) $\int \dfrac{3x+33}{(x+1)(x^2+9)}dx$;

(11) $\int \dfrac{x^5+x^4-8}{x^3-x}dx$.

5.6 三角函数有理式的积分

三角函数有理式是三角函数和常数经有限次四则运算后所得到的表达式,记为 $R(\sin x,\cos x)$. 为使 $R(\sin x,\cos x)$ 化为一元有理函数,通常使用如下万能变换:

设 $t=\tan\dfrac{x}{2}$,则 $x=2\arctan t$,$dx=\dfrac{2}{1+t^2}dt$,

$$\sin x = 2\sin\dfrac{x}{2}\cos\dfrac{x}{2} = 2\tan\dfrac{x}{2}\cos^2\dfrac{x}{2} = \dfrac{2\tan\dfrac{x}{2}}{1+\tan^2\dfrac{x}{2}} = \dfrac{2t}{1+t^2},$$

$$\cos x = \cos^2\dfrac{x}{2} - \sin^2\dfrac{x}{2} = \cos^2\dfrac{x}{2}\left(1-\tan^2\dfrac{x}{2}\right) = \dfrac{1-\tan^2\dfrac{x}{2}}{1+\tan^2\dfrac{x}{2}} = \dfrac{1-t^2}{1+t^2}.$$

于是,三角函数有理式 $R(\sin x,\cos x)$ 的积分化为有理函数的积分,即

$$\int R(\sin x,\cos x)dx = \int R\left(\dfrac{2t}{1+t^2},\dfrac{1-t^2}{1+t^2}\right)\dfrac{2}{1+t^2}dt.$$

例 5.6.1 求 $\int \dfrac{dx}{2\sin x - \cos x + 5}$.

解 设 $t=\tan\dfrac{x}{2}$,则

$$x = 2\arctan t,\quad dx = \dfrac{2}{1+t^2}dt,$$

$$\sin x = \dfrac{2t}{1+t^2},\quad \cos x = \dfrac{1-t^2}{1+t^2},$$

所以

$$\int \frac{dx}{2\sin x - \cos x + 5} = \int \frac{1}{2 \cdot \frac{2t}{1+t^2} - \frac{1-t^2}{1+t^2} + 5} \cdot \frac{2}{1+t^2} dt$$

$$= \int \frac{dt}{3t^2 + 2t + 2} = \int \frac{d(3t+1)}{(3t+1)^2 + 5}$$

$$= \frac{1}{\sqrt{5}} \arctan \frac{3t+1}{\sqrt{5}} + C$$

$$= \frac{1}{\sqrt{5}} \arctan \frac{3\tan\frac{x}{2}+1}{\sqrt{5}} + C.$$

虽然,在三角函数有理式的积分计算中原则上总可以使用万能变换,但不一定简单. 在有些情况下,使用如下几种全角变换,可以简化计算.

当 $R(\sin x, -\cos x) = -R(\sin x, \cos x)$ 时,作变换 $t = \sin x$,

当 $R(-\sin x, \cos x) = -R(\sin x, \cos x)$ 时,作变换 $t = \cos x$,

当 $R(-\sin x, -\cos x) = R(\sin x, \cos x)$ 时,作变换 $t = \tan x$.

例 5.6.2 求 $\int \frac{\cos x}{\cos^2 x + 2\sin x + 2} dx$.

解 被积函数满足 $R(\sin x, -\cos x) = -R(\sin x, \cos x)$,令 $t = \sin x$,则

$$\int \frac{\cos x}{\cos^2 x + 2\sin x + 2} dx = \int \frac{dt}{3 - t^2 + 2t} = \int \frac{dt}{4 - (t+1)^2}$$

$$= -\int \frac{d(t+1)}{(t+1)^2 - 4} = -\frac{1}{4} \ln \left| \frac{t-1}{t+3} \right| + C$$

$$= -\frac{1}{4} \ln \left| \frac{\sin x - 1}{\sin x + 3} \right| + C.$$

例 5.6.3 求 $\int \frac{\sin x + \cos x}{2\sin x \cos^2 x} dx$.

解 被积函数满足 $R(-\sin x, -\cos x) = R(\sin x, \cos x)$,令 $t =$

$\tan x$,则

$$\int \frac{\sin x + \cos x}{2\sin x \cos^2 x} dx = \int \frac{\tan x + 1}{2\tan x} \cdot \frac{1}{\cos^2 x} dx = \int \frac{t+1}{2t} dt$$

$$= \frac{1}{2}\int \left(1 + \frac{1}{t}\right) dt = \frac{1}{2}(t + \ln|t|) + C$$

$$= \frac{1}{2}(\tan x + \ln|\tan x|) + C.$$

例 5.6.4 求 $\displaystyle\int \frac{dx}{\sin^3 x + \sin x}$.

解 被积函数满足 $R(-\sin x, \cos x) = -R(\sin x, \cos x)$,令 $t = \cos x$,则

$$\int \frac{dx}{\sin^3 x + \sin x} = \int \frac{1}{\sin x(1 + \sin^2 x)} dx = \int \frac{\sin x dx}{\sin^2 x(2 - \cos^2 x)}$$

$$= -\int \frac{dt}{(1-t^2)(2-t^2)} = \int \left(\frac{1}{t^2-1} - \frac{1}{t^2-2}\right) dt$$

$$= \frac{1}{2}\ln\left|\frac{t-1}{t+1}\right| - \frac{1}{2\sqrt{2}}\ln\left|\frac{t-\sqrt{2}}{t+\sqrt{2}}\right| + C$$

$$= \frac{1}{2}\ln\left|\frac{\cos x - 1}{\cos x + 1}\right| - \frac{1}{2\sqrt{2}}\ln\left|\frac{\cos x - \sqrt{2}}{\cos x + \sqrt{2}}\right| + C.$$

习题 5.6

求下列不定积分:

(1) $\displaystyle\int \frac{dx}{1 + a\sin x}$;

(2) $\displaystyle\int \frac{\sin x dx}{\sin x + 2\cos x}$;

(3) $\displaystyle\int \frac{dx}{3 + \sin^2 x}$;

(4) $\displaystyle\int \frac{dx}{\sin x + \tan x}$;

(5) $\displaystyle\int \frac{dx}{1 + \sin x + \cos x}$;

(6) $\displaystyle\int \frac{\sin^2 x \cos x dx}{1 + \sin^2 x}$;

(7) $\int \dfrac{\sin x \mathrm{d}x}{\sin^3 x + \cos^3 x}$; (8) $\int \dfrac{\mathrm{d}x}{\sin^4 x + \cos^4 x}$.

5.7 简单无理函数的积分

简单无理函数的积分可通过适当变量替换消除根号,从而使其化为有理函数的积分.

设 $R(u,v)$ 表示两个变元的有理函数,$R(u,v,w)$ 表示三个变元的有理函数. 现讨论三种简单无理函数的积分

（Ⅰ） $\int R\left(x, \sqrt[n]{\dfrac{ax+b}{cx+d}}\right)\mathrm{d}x \ (n \in \mathbf{N}, ad - bc \neq 0)$

设 $t = \sqrt[n]{\dfrac{ax+b}{cx+d}}$,则

$$x = \dfrac{dt^n - b}{a - ct^n}, \ \mathrm{d}x = \dfrac{n(ad - bc)\, t^{n-1}}{(a - ct^n)^2}\mathrm{d}t.$$

所以

$$\int R\left(x, \sqrt[n]{\dfrac{ax+b}{cx+d}}\right)\mathrm{d}x = \int R\left(\dfrac{dt^n - b}{a - ct^n}, t\right)\dfrac{n(ad - bc)\, t^{n-1}}{(a - ct^n)^2}\mathrm{d}t.$$

（Ⅱ） $\int R\left(x, \sqrt[m]{\dfrac{ax+b}{cx+d}}, \sqrt[n]{\dfrac{ax+b}{cx+d}}\right)\mathrm{d}x \ (m, n \in \mathbf{N}, ad - bc \neq 0)$

设 p 是 m 和 n 的最小公倍数,令 $t = \sqrt[p]{\dfrac{ax+b}{cx+d}}$,则

$$x = \dfrac{dt^p - b}{a - ct^p}, \ \mathrm{d}x = \dfrac{p(ad - bc)\, t^{p-1}}{(a - ct^p)^2}\mathrm{d}t.$$

所以

$$\int R\left(x, \sqrt[m]{\dfrac{ax+b}{cx+d}}, \sqrt[n]{\dfrac{ax+b}{cx+d}}\right)\mathrm{d}x = \int R\left(\dfrac{dt^p - b}{a - ct^p}, t^{\frac{p}{m}}, t^{\frac{p}{n}}\right) \cdot \dfrac{p(ad - bc)\, t^{p-1}}{(a - ct^p)^2}\mathrm{d}t.$$

（Ⅲ） $\int R(x, \sqrt{ax^2 + bx + c})\mathrm{d}x \ (a \neq 0)$

对此类无理函数积分,可先将二次函数 $ax^2 + bx + c$ 配方,然后再

利用三角函数变换消去根号,从而把其化为三角函数有理式的积分.

例 5.7.1 求 $\int \dfrac{\mathrm{d}x}{1+\sqrt{x+2}}$.

解 令 $t=\sqrt{x+2}$,则 $x=t^2-2, \mathrm{d}x=2t\mathrm{d}t$,于是

$$\int \frac{\mathrm{d}x}{1+\sqrt{x+2}} = \int \frac{1}{1+t} \cdot 2t\mathrm{d}t = 2\int\left(1-\frac{1}{t+1}\right)\mathrm{d}t$$

$$= 2t - 2\ln|1+t| + C$$

$$= 2\sqrt{x+2} - 2\ln|1+\sqrt{x+2}| + C.$$

例 5.7.2 求 $\int \dfrac{\mathrm{d}x}{(x-1)\sqrt[3]{(x+1)^2(x-1)}}$.

解 为了把积分化为类型(Ⅰ)的无理函数积分,把积分改写为

$$\int \frac{\mathrm{d}x}{(x-1)\sqrt[3]{(x+1)^2(x-1)}} = \int \frac{1}{(x^2-1)}\sqrt[3]{\frac{x+1}{x-1}}\mathrm{d}x.$$

设 $t=\sqrt[3]{\dfrac{x+1}{x-1}}$,则

$$x = \frac{t^3+1}{t^3-1}, \quad \mathrm{d}x = \frac{-6t^2}{(t^3-1)^2}\mathrm{d}t,$$

于是

$$\int \frac{\mathrm{d}x}{(x-1)\sqrt[3]{(x+1)^2(x-1)}} = \int \frac{t}{\dfrac{4t^3}{(t^3-1)^2}} \cdot \frac{-6t^2}{(t^3-1)^2}\mathrm{d}t$$

$$= -\frac{3}{2}\int \mathrm{d}t = -\frac{3}{2}t + C$$

$$= -\frac{3}{2}\sqrt[3]{\frac{x+1}{x-1}} + C.$$

例 5.7.3 求 $\int \dfrac{x+\sqrt[3]{x^2}+\sqrt[6]{x}}{x(1+\sqrt[3]{x})}\mathrm{d}x$.

解 设 $t=\sqrt[6]{x}$,则 $x=t^6, \mathrm{d}x=6t^5\mathrm{d}t$,于是

$$\int \frac{x+\sqrt[3]{x^2}+\sqrt[6]{x}}{x(1+\sqrt[3]{x})}dx = 6\int \frac{t^6+t^4+t}{t^6(1+t^2)}t^5 dt = 6\int \frac{t^5+t^3+1}{t^2+1}dt$$

$$= 6\int \left(t^3 + \frac{1}{t^2+1}\right)dt = \frac{3}{2}t^4 + 6\arctan t + C$$

$$= \frac{3}{2}\sqrt[3]{x^2} + 6\arctan \sqrt[6]{x} + C.$$

例 5.7.4 求 $\int \dfrac{x^2}{\sqrt{3+2x-x^2}}dx$.

解 配方得 $3+2x-x^2 = 4-(x-1)^2$,设 $x-1 = 2\sin t$,则

$$dx = 2\cos t\, dt,\quad \sqrt{3+2x-x^2} = 2\cos t,$$

于是

$$\int \frac{x^2}{\sqrt{3+2x-x^2}}dx = \int \frac{(1+2\sin t)^2}{2\cos t}\cdot 2\cos t\, dt$$

$$= \int (1+4\sin t + 4\sin^2 t)\, dt$$

$$= \int (3+4\sin t - 2\cos 2t)\, dt$$

$$= 3t - 4\cos t - \sin 2t + C$$

$$= 3\arcsin \frac{x-1}{2} - 2\sqrt{3+2x-x^2} -$$

$$\frac{1}{2}(x-1)\sqrt{3+2x-x^2} + C.$$

例 5.7.5 求 $\int \dfrac{dx}{x^4\sqrt{1+x^2}}$.

解 设 $x = \tan t$,则 $\sqrt{1+x^2} = \sec t, dx = \sec^2 t\, dt$,于是

$$\int \frac{dx}{x^4\sqrt{1+x^2}} = \int \frac{\sec^2 t}{\tan^4 t\sec t}dt = \int \frac{\cos^3 t}{\sin^4 t}dt$$

$$= \int \frac{1-\sin^2 t}{\sin^4 t}d(\sin t) = \int \left(\frac{1}{\sin^4 t} - \frac{1}{\sin^2 t}\right)d(\sin t)$$

$$= -\frac{1}{3\sin^3 t} + \frac{1}{\sin t} + C$$

$$= -\frac{1}{3}\left(\frac{\sqrt{1+x^2}}{x}\right)^3 + \frac{\sqrt{1+x^2}}{x} + C.$$

至此，我们已经介绍了求解不定积分的几种基本方法. 在具体的不定积分计算中，应根据被积函数的特点，选择恰当和简便的方法. 此外，我们已经知道，有理函数的原函数可能以有理函数、对数函数及反正切函数的有限形式表示. 这表明：当被积函数为有理函数类时，其原函数所属的函数类要比有理函数类"大". 由此可知，初等函数的原函数不一定是初等函数.

例如：$\int \frac{\sin x}{x}\mathrm{d}x, \int \cos x^2 \mathrm{d}x, \int \frac{\mathrm{e}^x}{x}\mathrm{d}x, \int \mathrm{e}^{x^2}\mathrm{d}x$ 等均不是初等函数.

习题 5.7

求下列不定积分：

(1) $\int \frac{\sqrt{x^3}+1}{\sqrt{x}+1}\mathrm{d}x$；

(2) $\int \frac{\mathrm{d}x}{\sqrt{x}+\sqrt[4]{x}}$；

(3) $\int \frac{\mathrm{d}x}{\sqrt{ax+b}+m}$；

(4) $\int \frac{\sqrt[3]{x}\mathrm{d}x}{x(\sqrt{x}+\sqrt[3]{x})}$；

(5) $\int \sqrt{\frac{1-x}{1+x}}\frac{\mathrm{d}x}{x}$；

(6) $\int \frac{\sqrt{1+x}-1}{\sqrt{1+x}+1}\mathrm{d}x$.

第6章 定积分及其应用

本章首先讨论定积分的概念及其性质等理论内容,其次讨论计算定积分的方法和定积分的应用,最后介绍广义积分.

6.1 定积分的概念及性质

6.1.1 定积分的概念

先考虑两个例子,即计算曲边梯形的面积和质点作变速直线运动的路程问题.

例6.1.1 曲边梯形的面积模型

由连续曲线 $y=f(x)$ 和直线 $x=a, x=b$,及 $y=0$ 所围成的平面图形称为曲边梯形,如图 6-1 所示.

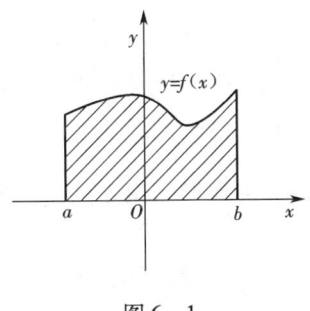

图 6-1

计算曲边梯形面积的想法是先适当分割曲边梯形,然后通过近似处理及求和得到曲边梯形面积的近似值,最后取极限得精确值. 中国古代数学家祖冲之曾用类似的想法计算圆周率的近似值. 上述思路分成以下三个步骤：

(1) 分割：在区间 $[a,b]$ 内插入分点 $a = x_0 < x_1 < x_2 \cdots < x_{n-1} < x_n = b$，把区间 $[a,b]$ 分成 n 个小区间 $[x_{i-1}, x_i]$ $(i = 1, 2, \cdots, n)$，小区间长度记为 $\Delta x_i = x_i - x_{i-1}$ $(i = 1, 2, \cdots, n)$（见图 6-2）；在每个小区间 $[x_{i-1}, x_i]$ 上任取一点 ξ_i $(x_{i-1} \leq \xi_i \leq x_i)$，则小曲边梯形的面积近似值为

$$\Delta A_i \approx f(\xi_i) \Delta x_i \ (i = 1, 2, \cdots, n).$$

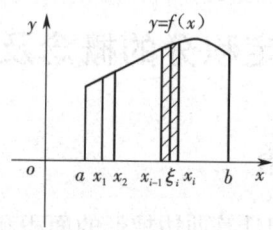

图 6-2

(2) 求和：把 n 个小矩形的面积近似值加起来，得到的和式

$$f(\xi_1)\Delta x_1 + f(\xi_2)\Delta x_2 + \cdots + f(\xi_n)\Delta x_n = \sum_{i=1}^{n} f(\xi_i) \Delta x_i$$

就是曲边梯形面积 A 的近似值，即 $A = \sum_{i=1}^{n} \Delta A_i \approx \sum_{i=1}^{n} f(\xi_i) \Delta x_i.$

(3) 取极限：当分点个数无限增加（即 $n \to +\infty$），我们要求小区间长度中的最大值 $\lambda = \max\{\Delta x_1, \Delta x_2, \cdots, \Delta x_n\}$ 趋向于零，这时和式 $\sum_{i=1}^{n} f(\xi_i) \Delta x_i$ 的极限就是曲边梯形面积 A 的精确值，即

$$A = \lim_{\lambda \to 0} \sum_{i=1}^{n} f(\xi_i) \Delta x_i.$$

例 6.1.2 变速直线运动的路程模型

设一质点作变速直线运动，质点的位置是时间的函数，记为 $s(t)$，则有 $s'(t) = v(t)$，设速度 $v = v(t)$ 是时间 t 的连续函数，求在时间间隔 $[T_1, T_2]$ 内质点经过的路程 $s(T_2) - s(T_1)$。如果是匀速直线运动，速度

第6章 定积分及其应用

函数是常数,因此有 $s(T_2) - s(T_1) = v(T_2 - T_1)$,在质点作变速直线运动的情况下考虑以下方法求路程:

(1) 分割:任取分点 $T_1 = t_0 < t_1 < t_2 < \cdots < t_{n-1} < t_n = T_2$ 把 $[T_1, T_2]$ 分成 n 个小段,每小段长为 $\Delta t_i = t_i - t_{i-1}$ ($i = 1, 2, \cdots, n$),任取时刻 $\xi_i \in [t_{i-1}, t_i]$,在每小段 $[t_{i-1}, t_i]$ 上质点的运动近似为速度 $v(\xi_i)$ 的匀速运动,这小段时间所走路程 Δs_i 可以近似表示为

$$\Delta s_i \approx v(\xi_i) \Delta t_i \ (i = 1, 2, \cdots, n).$$

(2) 求和:把 n 个小段时间的路程近似值相加,得到总路程 S 的近似值,即

$$S(T_2) - S(T_1) \approx \sum_{i=1}^{n} v(\xi_i) \Delta t_i = \sum_{i=1}^{n} S'(\xi_i) \Delta t_i.$$

(3) 取极限:当 $\lambda = \max\{\Delta t_1, \Delta t_2, \cdots, \Delta t_n\}$ 趋向于零时,上述和式的极限就是 S 的精确值,即

$$S(T_2) - S(T_1) = \lim_{\lambda \to 0} \sum_{i=1}^{n} v(\xi_i) \Delta t_i.$$

从以上两个具体问题我们看到,虽然它们的实际意义不同,但数学模型却是一致的,解决问题的方法都归结为这种特定和式的极限,我们抛开这些问题的具体背景,抽象出定积分的概念.

定义 6.1.1 设函数 $y = f(x)$ 在 $[a, b]$ 上有定义,任取分点 $a = x_0 < x_1 < x_2 < \cdots < x_{n-1} < x_n = b$ 将 $[a, b]$ 分为 n 个小区间 $[x_{i-1}, x_i]$ ($i = 1, 2, \cdots, n$),记

$$\Delta x_i = x_i - x_{i-1} \ (i = 1, 2, \cdots, n),$$
$$\lambda = \max\{\Delta x_1, \Delta x_2, \cdots, \Delta x_n\}.$$

在每个小区间 $[x_{i-1}, x_i]$ 上任取一点 ξ_i,作乘积 $f(\xi_i) \Delta x_i$ 的和式:

$$\sum_{i=1}^{n} f(\xi_i) \Delta x_i.$$

如果当 $\lambda \to 0$ 时上述和式的极限存在,则称此极限值为函数 $f(x)$ 在区间 $[a, b]$ 上的定积分,记为

$$\int_a^b f(x)\,\mathrm{d}x = \lim_{\lambda \to 0} \sum_{i=1}^n f(\xi_i)\Delta x_i,$$

其中称 $f(x)$ 为被积函数，x 为积分变量，$[a,b]$ 为积分区间，a,b 分别为积分下限和上限.

根据定积分的定义，以上的两个实际问题可表示为：

曲边梯形的面积：$A = \int_a^b f(x)\,\mathrm{d}x$；

变速直线运动的路程：$s(T_2) - s(T_1) = \int_{T_1}^{T_2} v(t)\,\mathrm{d}t = \int_{T_1}^{T_2} s'(t)\,\mathrm{d}t.$

上面关于变速直线运动路程的公式正是微积分学基本定理——牛顿—莱布尼兹公式，后面会详细讨论这个公式. 为了更好地理解定积分的概念，下面对定积分的定义作以下说明：

（1）如果定积分 $\int_a^b f(x)\,\mathrm{d}x$ 存在，则定积分值是一个确定的常数，它只与被积函数 $f(x)$ 及积分区间 $[a,b]$ 有关，而与区间 $[a,b]$ 的分法及点 ξ_i 的选法无关，与积分变量用什么字母表示也无关，即有

$$\int_a^b f(x)\,\mathrm{d}x = \int_a^b f(t)\,\mathrm{d}t = \int_a^b f(u)\,\mathrm{d}u.$$

（2）在定积分定义中要求积分限 $a < b$，我们补充如下约定：

当 $a = b$ 时，$\int_a^b f(x)\,\mathrm{d}x = 0$；

当 $a > b$ 时，$\int_a^b f(x)\,\mathrm{d}x = -\int_b^a f(x)\,\mathrm{d}x.$

（3）定积分的存在性：当 $f(x)$ 在 $[a,b]$ 上连续或只有有限个第一类间断点时，$f(x)$ 在 $[a,b]$ 上的定积分存在（也称可积）；如果在区间 $[a,b]$ 内有限个点处修改被积函数 $f(x)$ 的值，不影响可积性和积分值. 因此定积分是函数的整体性质.

（4）定积分存在的必要条件：若 $f(x)$ 在 $[a,b]$ 上可积，则 $f(x)$ 在 $[a,b]$ 上有界.

定积分的几何意义如下：

如果 $f(x)>0$，图形在 x 轴之上，积分值为正，有 $\int_a^b f(x)\,dx = A$；如果 $f(x) \leqslant 0$，图形在 x 轴下方，积分值为负，即 $\int_a^b f(x)\,dx = -A$；如果 $f(x)$ 在 $[a,b]$ 上有正有负，则积分值就等于曲线 $y=f(x)$ 在 x 轴上方的部分与下方部分面积的代数和，如图 6-3 所示，有

$$\int_a^b f(x)\,dx = A_1 - A_2 + A_3.$$

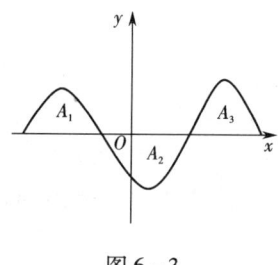

图 6-3

例 6.1.3 利用定积分的几何意义，求 $\int_0^1 \sqrt{1-x^2}\,dx$ 的值。

解 定积分 $\int_0^1 \sqrt{1-x^2}\,dx$ 在几何上表示以 $O(0,0)$ 为圆心，半径为 1 的 $\dfrac{1}{4}$ 圆的面积，如图 6-4 所示，所以 $\int_0^1 \sqrt{1-x^2}\,dx = \dfrac{\pi}{4}$。

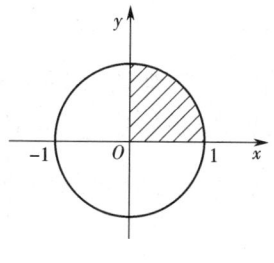

图 6-4

6.1.2 定积分的性质

设函数 $f(x)$, $g(x)$ 在所讨论的区间上可积,从定积分的定义出发,容易验证定积分的如下性质:

性质1(定积分的线性性质)
$$\int_a^b [\alpha f(x) \pm \beta g(x)] dx = \alpha \int_a^b f(x) dx \pm \beta \int_a^b g(x) dx, \quad \alpha, \beta \in \mathbf{R}.$$

性质2(定积分关于积分区间的可加性) 不论定积分 a,b,c 的相对位置如何,总有
$$\int_a^b f(x) dx = \int_a^c f(x) dx + \int_c^b f(x) dx.$$

注6.1.1 无论 c 是 $[a,b]$ 的内分点还是外分点该性质都成立,当 $a<c<b$ 时上式可由定义6.1.1直接推出,即 c 是 $[a,b]$ 的内分点时性质3成立;若 $a<b<c$,则有
$$\int_a^c f(x) dx = \int_a^b f(x) dx + \int_b^c f(x) dx.$$

移项有
$$\int_a^b f(x) dx = \int_a^c f(x) dx - \int_b^c f(x) dx = \int_a^c f(x) dx + \int_c^b f(x) dx.$$

这说明 c 是 $[a,b]$ 的外分点时性质3成立.

性质3(定积分的单调性) 在 $[a,b]$ 上若 $f(x) \le g(x)$,则
$$\int_a^b f(x) dx \le \int_a^b g(x) dx.$$

注6.1.2 这里介绍一下物理学家对定积分概念的理解.观察定积分的性质1~3可以发现,定积分继承了求和的所有性质,比较积分符号 $\int_a^b f(x) dx$ 和求和符号 $\sum_{i=1}^n a_i$,可以作如表6.1的类比.

表 6.1

$f(x) \leftrightarrow a_i$
$x \leftrightarrow i$
$\int \leftrightarrow \sum$
$a \leftrightarrow 1, b \leftrightarrow n$

在这个意义上,定积分是求和的推广,关键区别在于求和的下标 i 是离散的,积分的被积变量 x 是连续变化的,而且区间 $[a,b]$ 包含了无穷多的 x. 具体地说,区间 $[a,b]$ 包含了 "χ 个 x" (χ 是希伯来字母,中文音译 "阿列夫",表示实数集合 $\mathbf{R}$ 的基数,也称为连续统的势,有兴趣的读者可以参看集合论或实变函数方面的参考书).

定积分的单调性(性质 3)可以派生出下面两个推论:

推论 6.1.1 若在 $[a,b]$ 上 $m \leqslant f(x) \leqslant M$ ($m, M \in \mathbf{R}$),则
$$m(b-a) \leqslant \int_a^b f(x) \mathrm{d}x \leqslant M(b-a).$$

推论 6.1.2 $\int_a^b f(x) \mathrm{d}x \leqslant \int_a^b |f(x)| \mathrm{d}x.$

上述两个推论请读者自行验证,结合定积分的单调性和有限闭区间上连续函数的性质可得:

定理 6.1.1(积分中值定理) 设 $f(x)$ 在 $[a,b]$ 上连续,则存在 $\xi \in (a,b)$,使得
$$\int_a^b f(x) \mathrm{d}x = f(\xi)(b-a).$$

证明 当 $f(x)$ 是常数时结论显然成立. 设在 $[a,b]$ 上 $f(x)$ 不是常数,由有界闭区间上连续函数的性质可知,$f(x)$ 在 $[a,b]$ 上可取到最大值 $M = \max\limits_{x \in [a,b]} f(x)$ 和最小值 $m = \min\limits_{x \in [a,b]} f(x)$,且 $m < M$,由推论 6.1.1 有
$$m(b-a) \leqslant \int_a^b f(x) \mathrm{d}x \leqslant M(b-a),$$

由于在 $[a,b]$ 上 $f(x)$ 不是常数,可以证明上面不等式中等号不能成立,根据连续函数的介质定理,存在 $x_0 \in (a,b)$,使有 $m < f(x_0) < M$,由连续性可知,存在 x_0 的邻域 $(x_0 - \delta, x_0 + \delta)$ $(\delta > 0$,不妨设 $(x_0 - \delta, x_0 + \delta) \subset (a,b))$,在该邻域内有

$$m < \frac{m + f(x_0)}{2} < f(x_0) < \frac{M + f(x_0)}{2} < M,$$

注意 $f(x) - m \geq 0 (M - f(x) \geq 0)$,由定积分的性质 2、性质 3 有

$$\int_a^b f(x)\,dx - m(b-a) = \int_a^b [f(x) - m]\,dx$$

$$= \int_a^{x_0 - \delta} [f(x) - m]\,dx + \int_{x_0 - \delta}^{x_0 + \delta} [f(x) - m]\,dx$$

$$+ \int_{x_0 + \delta}^b [f(x) - m]\,dx$$

$$\geq \int_{x_0 - \delta}^{x_0 + \delta} [f(x) - m]\,dx \geq \delta(f(x_0) - m) > 0$$

即

$$\int_a^b f(x)\,dx > m(b-a),$$

同理有

$$\int_a^b f(x)\,dx < M(b-a).$$

综上所述有

$$m < \frac{1}{b-a}\int_a^b f(x)\,dx < M,$$

再次应用连续函数的介质定理可知,存在 $\xi \in (a,b)$,使得

$$f(\xi) = \frac{1}{b-a}\int_a^b f(x)\,dx.$$

注 6.1.3 $\dfrac{1}{b-a}\int_a^b f(x)\,dx$ 称为函数 $f(x)$ 在 $[a,b]$ 上的积分平均值,是算术平均值的推广. 积分中值定理的几何意义如图 6-5.

第6章 定积分及其应用

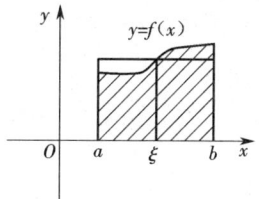

图 6-5

例 6.1.4 设 $f(x)$ 在 $[a,b]$ 上连续,且 $f(x) \geqslant 0$ ($x \in [a,b]$),$\int_a^b f(x)\mathrm{d}x = 0$,证明:在 $[a,b]$ 上 $f(x) \equiv 0$.

证明 证明方法与上述定理的证明类似,反证法,若存在 $x_0 \in (a, b)$ 使 $f(x_0) \neq 0$,不妨设 $f(x_0) > 0$,由连续性可知,存在 x_0 的邻域 $(x_0 - \delta, x_0 + \delta)$ ($\delta > 0$,不妨设 $(x_0 - \delta, x_0 + \delta) \subset (a,b)$),在该邻域内有 $f(x) > \dfrac{f(x_0)}{2} > 0$,由定积分的性质2、性质3有

$$\int_a^b f(x)\mathrm{d}x = \int_a^{x_0-\delta} f(x)\mathrm{d}x + \int_{x_0-\delta}^{x_0+\delta} f(x)\mathrm{d}x + \int_{x_0+\delta}^b f(x)\mathrm{d}x$$
$$\geqslant \int_{x_0-\delta}^{x_0+\delta} f(x)\mathrm{d}x \geqslant \delta f(x_0) > 0.$$

矛盾.

类似于定理 6.1.1,可以证明下面定理:

定理 6.1.2(第二积分中值定理) 设函数 $f(x), g(x)$ 在闭区间 $[a,b]$ 上连续,在 $[a,b]$ 上 $g(x) \geqslant 0$,则存在 $\xi \in (a,b)$,使得

$$\int_a^b f(x)g(x)\mathrm{d}x = f(\xi)\int_a^b g(x)\mathrm{d}x.$$

证明 由于函数 $g(x)$ 在 $[a,b]$ 上连续且非负,从例 6.1.4 的讨论可知

$$g(x) \equiv 0 \Leftrightarrow \int_a^b g(x)\mathrm{d}x = 0.$$

因此不妨设 $\int_a^b g(x)\mathrm{d}x > 0$(即 $g(x)$ 非零),设 $M = \max\limits_{x \in [a,b]} f(x)$,$m = \min\limits_{x \in [a,b]} f(x)$,则有

$$mg(x) \leqslant f(x)g(x) \leqslant Mg(x),$$

进而有

$$m\int_a^b g(x)\,dx \leqslant \int_a^b f(x)g(x)\,dx \leqslant M\int_a^b g(x)\,dx,$$

或

$$m \leqslant \frac{\int_a^b f(x)g(x)\,dx}{\int_a^b g(x)\,dx} \leqslant M.$$

由连续函数的介质定理可得 ξ 的存在性.

习题 6.1

1. 用定积分表示下列各组曲线围成的平面图形的面积 A：
(1) $y = x^2, x = 1, x = 2, y = 0$；
(2) $y = \sin x, x = \dfrac{\pi}{3}, x = \pi, y = 0$；
(3) $y = \ln x, x = e, y = 0$.

2. 利用定积分的几何意义说明下列各式：
(1) $\int_0^{2\pi} \sin x\,dx = 0$；　(2) $\int_{-\frac{\pi}{2}}^{\frac{\pi}{2}} \cos x\,dx = 2\int_0^{\frac{\pi}{2}} \cos x\,dx$.

3. 利用定积分的几何意义,求下列定积分：
(1) $\int_{-2}^{2} \sqrt{4 - x^2}\,dx$；　(2) $\int_0^4 \sqrt{4x - x^2}\,dx$.

6.2　微积分基本公式

6.2.1　积分上限的函数及其导数

设函数 $f(x)$ 在区间 $[a, b]$ 上连续,则定积分 $\int_a^b f(x)\,dx$ 存在,设

$x \in [a,b]$,显然定积分 $\int_a^x f(t)dt$ 存在. 这里积分上限用 x 表示,相对于积分变量 t 而言,积分上限 x 是常数. 显然,当 x 在 $[a,b]$ 上变动时,对应于每一个 x 值,积分 $\int_a^x f(t)dt$ 就有一个确定的值,因此 $\int_a^x f(t)dt$ 是上限变量 x 的一个函数,记作 $\Phi(x)$:

$$\Phi(x) = \int_a^x f(t)dt \ (a \leq x \leq b).$$

通常称函数 $\Phi(x)$ 为**积分上限变量的函数**. 积分上限变量的函数具有下面重要的性质:

定理 6.2.1 如果函数 $f(x)$ 在区间 $[a,b]$ 上连续,则积分上限变量函数 $\Phi(x) = \int_a^x f(t)dt$ 在 $[a,b]$ 上可导,且其导数是

$$\Phi'(x) = \frac{d}{dx}\int_a^x f(t)dt = f(x) \ (a \leq x \leq b).$$

证明 设 $x_0 \in (a,b)$,为证明 $\Phi(x)$ 在 x_0 处可导,考虑差商

$$\frac{\Delta \Phi}{\Delta x} = \frac{1}{\Delta x}\left(\int_a^x f(t)dt - \int_a^{x_0} f(t)dt\right) = \frac{1}{\Delta x}\int_{x_0}^x f(t)dt,$$

上式最后一项恰好是 $f(x)$ 在区间 $[x_0, x]$(或 $[x, x_0]$)上的积分平均值,由定理 6.1.1 可知,存在 $\xi \in (x_0, x)$(或 $\xi \in (x, x_0)$),使得 $\frac{\Delta \Phi}{\Delta x} = f(\xi)$,令 $\Delta x \to 0$,显然有 $\xi \to x_0$,由 $f(x)$ 的连续性可知,$f(\xi) \to f(x_0)$. 因此 $\Phi(x)$ 在 x_0 处可导,且 $\Phi'(x_0) = f(x_0)$. 类似的,可以证明在区间端点上 $\Phi(x)$ 有单侧导数,且 $\Phi'_+(a) = f(a)$,$\Phi'_-(b) = f(b)$.

由定理 6.2.1 可知,如果函数 $f(x)$ 在区间 $[a,b]$ 上连续,则积分上限变量函数 $\Phi(x) = \int_a^x f(t)dt$ 就是 $f(x)$ 在区间 $[a,b]$ 上的一个原函数,得到下面的推论:

推论 6.2.1 连续函数的原函数一定存在.

例 6.2.1 计算 $\Phi(x) = \int_0^x \sin t^2 dt$ 在 $x = 0, \frac{\sqrt{\pi}}{2}$ 处的导数.

解 因为 $\Phi'(x) = \dfrac{\mathrm{d}}{\mathrm{d}x}\displaystyle\int_0^x \sin t^2 \mathrm{d}t = \sin x^2$,故 $\Phi'(0) = \sin 0^2 = 0$,

$$\Phi'\left(\dfrac{\sqrt{\pi}}{2}\right) = \sin \dfrac{\pi}{4} = \dfrac{\sqrt{2}}{2}.$$

例 6.2.2 求 $\Phi(x) = \displaystyle\int_0^x \ln(1+t^3)\mathrm{d}t$ 函数的导数.

解 $\Phi'(x) = \dfrac{\mathrm{d}}{\mathrm{d}x}\displaystyle\int_0^x \ln(1+t^3)\mathrm{d}t = \ln(1+x^3).$

例 6.2.3 求 $\displaystyle\int_0^x \mathrm{e}^{-t}\sin t\,\mathrm{d}t$ 的导数.

解 $\left[\displaystyle\int_0^x \mathrm{e}^{-t}\sin t\,\mathrm{d}t\right]' = \mathrm{e}^{-x}\sin x.$

例 6.2.4 求 $\displaystyle\lim_{x\to 0}\dfrac{\displaystyle\int_0^x \sin t^2 \mathrm{d}t}{x^3}.$

解 当 $x\to 0$ 时,$\displaystyle\int_0^x \sin t^2 \mathrm{d}t \to 0$,$x^3 \to 0$,因此该极限是 $\dfrac{0}{0}$ 型不定式,可以用罗必达法则求极限,有

$$\lim_{x\to 0}\dfrac{\displaystyle\int_0^x \sin t^2 \mathrm{d}t}{x^3} = \lim_{x\to 0}\dfrac{\left(\displaystyle\int_0^x \sin t^2 \mathrm{d}t\right)'}{(x^3)'} = \lim_{x\to 0}\dfrac{\sin x^2}{3x^2} = \dfrac{1}{3}.$$

6.2.2 牛顿—莱布尼兹公式

定理 6.2.2 设函数 $f(x)$ 在闭区间 $[a,b]$ 上连续,$F(x)$ 是 $f(x)$ 在 $[a,b]$ 上的一个原函数,则有

$$\int_a^b f(x)\mathrm{d}x = F(b) - F(a).$$

证明 已知 $F(x)$ 是 $f(x)$ 的任一个原函数,根据定理 6.2.1,$\Phi(x) = \displaystyle\int_a^x f(t)\mathrm{d}t$ 也是 $f(x)$ 的一个原函数,因此在区间 $[a,b]$ 上,$\Phi(x) = F(x) + C$,其中 C 为某个常数,于是

$$\Phi(b) = F(b) + C, \quad \Phi(a) = F(a) + C,$$

两式相减,得 $\Phi(b) - \Phi(a) = F(b) - F(a)$,由于

$$\Phi(b) = \int_a^b f(t) dt = \int_a^b f(x) dx, \quad \Phi(a) = \int_a^a f(t) dt = 0,$$

所以

$$\int_a^b f(x) dx = F(b) - F(a).$$

上述公式称为**牛顿—莱布尼兹公式**,也称为**微积分基本公式**. 为方便起见,$F(b) - F(a)$ 常记作 $F(x)\big|_a^b$ 或 $[F(x)]_a^b$.

注 6.2.1 牛顿—莱布尼兹公式是一元微积分中最核心、最重要的公式,也是最深刻的公式. 对公式作变形有

$$\int_a^b F'(x) dx = F(b) - F(a),$$

因此牛顿—莱布尼兹公式揭示了定积分与原函数之间的内在联系,也揭示了导数与定积分之间的内在联系,如果对上式应用积分中值定理,有

$$F(b) - F(a) = \int_a^b F'(x) dx = F'(\xi)(b - a), \quad \xi \in (a, b),$$

此即拉格朗日微分中值定理. 与拉格朗日微分中值定理比较,牛顿—莱布尼兹公式同样揭示了一阶导数与函数本身之间的关系,但是表达式 $\int_a^b F'(x) dx$ 比 $F'(\xi)$ 携带的信息更完整. 另外,牛顿—莱布尼兹公式也给出了计算定积分的基本方法.

例 6.2.5 求下列定积分:

(1) $\int_1^4 \sqrt{x} \, dx$; (2) $\int_{-1}^1 \frac{dx}{1 + x^2}$; (3) $\int_{-1}^1 \frac{e^x}{1 + e^x} dx$.

解 (1) $\int_1^4 \sqrt{x} \, dx = \frac{2}{3} x^{\frac{3}{2}} \Big|_1^4 = \frac{2}{3}(4^{\frac{3}{2}} - 1) = \frac{14}{3}$;

(2) $\int_{-1}^1 \frac{dx}{1 + x^2} = \arctan x \big|_{-1}^1 = \arctan 1 - \arctan(-1)$

$$= \frac{\pi}{4} - \left(-\frac{\pi}{4}\right) = \frac{\pi}{2};$$

(3) $\int_{-1}^{1} \frac{e^x}{1+e^x} dx = \int_{-1}^{1} \frac{1}{1+e^x} d(1+e^x) = \ln(1+e^x)\big|_{-1}^{1} = 1.$

例 6.2.6 设 $f(x) = \begin{cases} x+1, & x \geq 0, \\ e^{-x}, & x < 0, \end{cases}$ 求 $\int_{-1}^{2} f(x) dx.$

解 由定积分性质 3,有

$$\int_{-1}^{2} f(x) dx = \int_{-1}^{0} f(x) dx + \int_{0}^{2} f(x) dx = \int_{-1}^{0} e^{-x} dx + \int_{0}^{2} (x+1) dx$$

$$= [-e^{-x}]_{-1}^{0} + \left[\frac{1}{2}x^2 + x\right]_{0}^{2} = e + 3.$$

例 6.2.7 求 $\int_{-1}^{1} \sqrt{x^2} dx.$

解 $\sqrt{x^2} = |x|$ 在 $[-1,1]$ 上写成分段函数的形式:

$$f(x) = \begin{cases} -x, & -1 \leq x < 0, \\ x, & 0 \leq x \leq 1. \end{cases}$$

$$\int_{-1}^{1} \sqrt{x^2} dx = \int_{-1}^{0} (-x) dx + \int_{0}^{1} x dx = -\frac{x^2}{2}\bigg|_{-1}^{0} + \frac{x^2}{2}\bigg|_{0}^{1} = 1.$$

需要注意的是:本题如果不分段积分,则得错误结果

$$\int_{-1}^{1} \sqrt{x^2} dx = \int_{-1}^{1} x dx = \frac{x^2}{2}\bigg|_{-1}^{1} = 0.$$

事实上,因为 $\sqrt{x^2} \geq 0$,所以积分值应为正数,而不是 0.

习题 6.2

1. 求下列函数的导数:

(1) $\Phi(x) = \int_{0}^{x} \sin t^2 dt;$ (2) $\Phi(x) = \int_{x}^{-2} e^{2t} \sin t dt;$

(3) $\Phi(x) = \int_{x}^{1} \sqrt{1+t^3} dt;$ (4) $\Phi(x) = \int_{a}^{b} f(t) dt;$

(5) $\Phi(x) = \int_0^{x^2} e^{t^2} dt$.

2. 求下列极限：

(1) $\lim\limits_{x \to 0} \dfrac{\int_0^x t\tan t \, dt}{x^3}$；

(2) $\lim\limits_{x \to 0} \dfrac{\int_0^x 2t\cos t \, dt}{1 - \cos x}$；

(3) $\lim\limits_{x \to +\infty} \dfrac{\int_a^x \left(1 + \dfrac{1}{t}\right)^t dt}{x}$ （$a > 0$ 为常数）；

(4) $\lim\limits_{x \to 0} \dfrac{\int_1^{\cos x} e^{-t^2} dt}{x^2}$.

3. 计算下列定积分：

(1) $\int_0^1 e^x dx$；

(2) $\int_0^{\frac{\pi}{2}} \sin x \, dx$；

(3) $\int_1^0 \dfrac{3x^4 + 3x^2 + 1}{1 + x^2} dx$；

(4) $\int_0^{\frac{\pi}{2}} \sin^2 \dfrac{x}{2} dx$；

(5) $\int_0^{\frac{\pi}{4}} \dfrac{\tan x}{\cos^2 x} dx$；

(6) $\int_0^1 (2x - 1)^{100} dx$；

(7) $\int_0^\pi \cos\left(\dfrac{x}{4} + \dfrac{\pi}{4}\right) dx$；

(8) $\int_{\frac{1}{\pi}}^{\frac{2}{\pi}} \dfrac{1}{x^2} \sin \dfrac{1}{x} dx$；

(9) $\int_{-2}^0 \dfrac{1}{1 + e^x} dx$；

(10) $\int_0^{\frac{\pi}{2}} \sin x \cos^2 x \, dx$；

(11) $\int_0^1 \dfrac{x}{1 + x^2} dx$；

(12) $\int_0^2 |1 - x| dx$；

(13) $\int_0^{2\pi} |\sin x| dx$；

(14) $\int_{-4}^0 |x + 2| dx$.

4. 设函数 $f(x) = \begin{cases} x + 1, & x \leq 1, \\ 2x^2, & x > 1, \end{cases}$ 求 $\int_{-1}^3 f(x) dx$.

5. 证明下列等式：

(1) $\lim\limits_{n \to +\infty} \int_0^1 \dfrac{x^n}{1 + x} dx = 0$；

(2) $\lim\limits_{n \to +\infty} \int_0^1 \sin x^n dx = 0$.

6.3 定积分的换元法与分部积分法

6.3.1 定积分的换元法

牛顿—莱布尼兹公式提供了求定积分的简便而有效的方法,在上一小节的例题中,被积函数的原函数是利用简单初等函数的求导公式得到的,但有的定积分,例如 $\int_0^1 \sqrt{1-x^2}\,\mathrm{d}x$,$\int_0^4 \dfrac{\mathrm{d}x}{1+\sqrt{x}}$,其原函数无法直接利用这些公式计算,在这种情况下需要借助积分变量的换元来化简被积函数.

例 6.3.1 求 $\int_0^1 \sqrt{1-x^2}\,\mathrm{d}x$.

解法一 用不定积分的换元积分法求 $\int \sqrt{1-x^2}\,\mathrm{d}x$,令 $x = \sin t$,$\mathrm{d}x = \cos t\,\mathrm{d}t$,于是

$$\int \sqrt{1-x^2}\,\mathrm{d}x = \int \cos^2 t\,\mathrm{d}t = \frac{1}{2}\int(1+\cos 2t)\,\mathrm{d}t = \frac{1}{2}t + \frac{1}{4}\sin 2t + C$$

$$= \frac{1}{2}\arcsin x + \frac{1}{2}x\sqrt{1-x^2} + C.$$

由牛顿-莱布尼兹公式得

$$\int_0^1 \sqrt{1-x^2}\,\mathrm{d}x = \frac{1}{2}(\arcsin x + x\sqrt{1-x^2})\bigg|_0^1 = \frac{\pi}{4}.$$

利用上述方法求出不定积分后,变量必须还原.下面看另一种解法:

解法二 令 $x = \sin t$,则 $\mathrm{d}x = \cos t\,\mathrm{d}t$,当 $x = 0$ 时,$t = 0$;当 $x = 1$ 时,$t = \dfrac{\pi}{2}$.

$$\int_0^1 \sqrt{1-x^2}\,\mathrm{d}x = \int_0^{\frac{\pi}{2}} \cos^2 t\,\mathrm{d}t = \left(\frac{1}{2}t + \frac{1}{4}\sin 2t\right)\bigg|_0^{\frac{\pi}{2}} = \frac{\pi}{4}.$$

显然解法 2 要比解法 1 简单一些,它省略了变量还原的步骤.

定理 6.3.1 若函数 $f(x)$ 在区间 $[a,b]$ 上连续,函数 $x = \varphi(t)$ 在区间 $[\alpha,\beta]$ 上有连续导数 $\varphi'(t)$,当 t 在 $[\alpha,\beta]$ 上变化时,$\varphi(t)$ 在 $[a,b]$ 上变化,且 $\varphi(\alpha) = a, \varphi(\beta) = b$,则

$$\int_a^b f(x)\,dx = \int_\alpha^\beta f[\varphi(t)]\varphi'(t)\,dt$$

证明 设 $F(x)$ 是 $f(x)$ 的原函数,由复合函数求导公式,$F(\varphi(t))$ 是 $f(\varphi(t))\varphi'(t)$ 的原函数,根据牛顿—莱布尼兹公式有

$$\int_a^b f(x)\,dx = F(b) - F(a)$$

和

$$\int_\alpha^\beta f[\varphi(t)]\varphi'(t)\,dt = F[\varphi(\beta)] - F[\varphi(\alpha)] = F(b) - F(a).$$

注 6.3.1 (1)定积分换元法换元必换积分限.(原)上限对(新)上限,(原)下限对(新)下限.

(2)在不定积分的情况,换元公式分为第一和第二换元公式,但是在定积分的情况不需要做这种区分,这是因为随着积分变量发生变化,积分上(下)限也跟随变化,但是积分值始终不变,因此也不存在还原积分变量的问题. 这一点在例 6.3.1 的解法 2 里有所体现,这是定积分换元法与不定积分换元法之间的重要区别.

例 6.3.2 求 $\int_0^4 \dfrac{dx}{1+\sqrt{x}}$.

解 设 $\sqrt{x} = t$,即 $x = t^2\,(t \geq 0), dx = 2t\,dt$,
当 $x = 0$ 时,$t = 0$;当 $x = 4$ 时,$t = 2$. 于是

$$\int_0^4 \frac{dx}{1+\sqrt{x}} = \int_0^2 \frac{2t\,dt}{1+t} = 2\int_0^2\left(1 - \frac{1}{1+t}\right)dt = 2(t - \ln|1+t|)\Big|_0^2 = 2(2 - \ln 3).$$

例 6.3.3 求 $\int_1^4 \dfrac{dx}{x+\sqrt{x}}$.

解 设 $t = \sqrt{x}, x = t^2$,则 $dx = 2t\,dt$;当 $x = 1$ 时,$t = 1$;当 $x = 4$ 时,$t =$

2;于是

$$\int_1^4 \frac{\mathrm{d}x}{x+\sqrt{x}} = \int_1^2 \frac{2t\mathrm{d}t}{t^2+t} = \int_1^2 \frac{2\mathrm{d}t}{t+1} = 2\int_1^2 \frac{\mathrm{d}(t+1)}{t+1}$$

$$= 2\ln(t+1)\big|_1^2 = 2(\ln 3 - \ln 2) = 2\ln\frac{3}{2}.$$

例 6.3.4 求 $\int_0^{\frac{\pi}{2}} 3\cos^2 x \sin x \mathrm{d}x$.

解法一 设 $u = \cos x$,则 $\mathrm{d}u = -\sin x \mathrm{d}x$,且当 $x = 0$ 时,$u = 1$;当 $x = \frac{\pi}{2}$ 时 $u = 0$.

于是

$$\int_0^{\frac{\pi}{2}} 3\cos^2 x \sin x \mathrm{d}x = -\int_1^0 3u^2 \mathrm{d}u = -u^3\big|_1^0 = 1.$$

解法二 $\int_0^{\frac{\pi}{2}} 3\cos^2 x \sin x \mathrm{d}x = -\int_0^{\frac{\pi}{2}} 3\cos^2 x \mathrm{d}(\cos x) = -\cos^3 x\big|_0^{\frac{\pi}{2}} = 1.$

利用定积分的换元法,可以得到奇、偶函数积分的一个重要性质.

例 6.3.5 设 $f(x)$ 在区间 $[-a, a]$ 上连续,证明:

(1) 如果 $f(x)$ 为奇函数,则

$$\int_{-a}^a f(x)\mathrm{d}x = 0;$$

(2) 如果 $f(x)$ 为偶函数,则

$$\int_{-a}^a f(x)\mathrm{d}x = 2\int_0^a f(x)\mathrm{d}x.$$

证明 因为 $\int_{-a}^a f(x)\mathrm{d}x = \int_{-a}^0 f(x)\mathrm{d}x + \int_0^a f(x)\mathrm{d}x$. 对于积分 $\int_{-a}^0 f(x)\mathrm{d}x$ 作变量代换 $x = -t, \mathrm{d}x = -\mathrm{d}t$,当 $x = -a$ 时,$t = a$;当 $x = 0$ 时,$t = 0$;由定积分换元法得

$$\int_{-a}^0 f(x)\mathrm{d}x = -\int_a^0 f(-t)\mathrm{d}t = \int_0^a f(-t)\mathrm{d}t = \int_0^a f(-x)\mathrm{d}x,$$

于是

$$\int_{-a}^{a} f(x)\,dx = \int_{0}^{a} f(-x)\,dx + \int_{0}^{a} f(x)\,dx = \int_{0}^{a}[f(-x)+f(x)]\,dx.$$

(1) 若 $f(x)$ 是奇函数,则 $f(-x) = -f(x)$,于是 $\int_{-a}^{a} f(x)\,dx = 0$.

(2) 若 $f(x)$ 是偶函数,则 $f(-x) = f(x)$,于是
$$\int_{-a}^{a} f(x)\,dx = 2\int_{0}^{a} f(x)\,dx.$$

利用这个结果,奇、偶函数在对称区间上的积分计算可以得到简化,甚至不经计算即可得出结果,如 $\int_{-1}^{1} x^5 \cos x\,dx = 0$.

例 6.3.6 求 $\int_{-2}^{2}(1+3x^2+5x^4)\,dx$.

解
$$\begin{aligned}\int_{-2}^{2}(1+3x^2+5x^4)\,dx &= 2\int_{0}^{2}(1+3x^2+5x^4)\,dx \\ &= 2(x+x^3+x^5)\big|_{0}^{2} \\ &= 2(2+2^3+2^5) = 84.\end{aligned}$$

例 6.3.7 求 $I = \int_{a}^{2a} \dfrac{dx}{\sqrt{x^2-a^2}}$, $a > 0$.

解 这里利用双曲函数换元,记 $\operatorname{ch} t = \dfrac{e^t+e^{-t}}{2}$, $\operatorname{sh} t = \dfrac{e^t - e^{-t}}{2}$, 容易验证 $\operatorname{ch}^2 t - \operatorname{sh}^2 t = 1$, 设 $x = a\operatorname{ch} t$ ($t \geq 0$), 则有反函数 $t = \ln\left(\dfrac{x}{a} + \sqrt{\dfrac{x^2}{a^2}-1}\right)$, 当 $t = 0$ 时, $x = a$, $t = \ln(2+\sqrt{3})$ 时, $x = 2a$, 由换元公式有

$$I = \int_{0}^{\ln(2+\sqrt{3})} dt = \ln(2+\sqrt{3}).$$

例 6.3.8 求 $I = \int_{0}^{a} \dfrac{dx}{\sqrt{x^2+a^2}}$, $a > 0$.

解 设 $x = a\tan u$, 则当 $u = 0$ 时, $x = 0$, 当 $u = \dfrac{\pi}{4}$ 时, $x = a$, 由换元公式有

$$I = \int_0^{\frac{\pi}{4}} \frac{du}{\cos u} = \int_0^{\frac{\pi}{4}} \frac{d(\sin u)}{1 - \sin^2 u},$$

进一步设 $t = \sin u$,则有

$$I = \int_0^{\frac{1}{\sqrt{2}}} \frac{dt}{1-t^2} = \frac{1}{2}[\ln(1+t) - \ln(1-t)]\Big|_0^{\frac{1}{\sqrt{2}}} = \frac{1}{2}\ln\left(\frac{\sqrt{2}+1}{\sqrt{2}-1}\right).$$

例 6.3.9　求 $I = \int_0^{\pi} \frac{x|\sin x \cos x|}{1+\sin^4 x} dx$.

解　$I = \int_0^{\frac{\pi}{2}} \frac{x\sin x\cos x}{1+\sin^4 x}dx - \int_{\frac{\pi}{2}}^{\pi} \frac{x\sin x\cos x}{1+\sin^4 x}dx = I_1 - I_2.$

下面计算 $I_2 = \int_{\frac{\pi}{2}}^{\pi} \frac{x\sin x\cos x}{1+\sin^4 x}dx$,令 $t = x - \pi$,则有

$$I_2 = \int_{-\frac{\pi}{2}}^{0} \frac{(t+\pi)\sin t\cos t}{1+\sin^4 t}dt.$$

进一步令 $u = -t$,有

$$I_2 = -\int_0^{\frac{\pi}{2}} \frac{(\pi-u)\sin u\cos u}{1+\sin^4 u}du.$$

因此有

$$I = \pi\int_0^{\frac{\pi}{2}} \frac{\sin x\cos x}{1+\sin^4 x}dx = \frac{\pi}{2}\int_0^{\frac{\pi}{2}} \frac{d(\sin^2 x)}{1+\sin^4 x}$$

$$= \frac{\pi}{2}\arctan(\sin^2 x)\Big|_0^{\frac{\pi}{2}} = \frac{\pi^2}{8}.$$

在处理积分 I_2 时,两次换元可以并成一步,这里为了更清晰地展示解题思路,特意分成两步. 注意,第一次换元利用了角度互补的性质,以确保被积函数中三角数部分的形式不变.

6.3.2　定积分的分部积分法

有些积分如 $\int_0^{\pi} x\sin x dx, \int_1^{e} \ln x dx$ 用直接积分或换元积分法都难以计算,需要积分的另一种重要方法——分部积分法. 设函数 $u(x)$, $v(x)$ 在 $[a,b]$ 上具有连续导数 $u'(x), v'(x)$,则

第6章 定积分及其应用

$$(uv)' = uv' + u'v.$$

等式两边求由 a 到 b 的定积分,得 $uv|_a^b = \int_a^b uv' dx + \int_a^b u'v dx$,即

$$\int_a^b uv' dx = uv|_a^b - \int_a^b u'v dx$$

或

$$\int_a^b u dv = uv|_a^b - \int_a^b v du.$$

此即定积分的分部积分公式,于是有如下结论:

定理 6.3.2 设函数 $u(x), v(x)$ 在 $[a,b]$ 上具有连续导数 $u'(x)$, $v'(x)$,则有

$$\int_a^b u dv = uv|_a^b - \int_a^b v du.$$

注 6.3.2 当被积函数是两个函数相乘的形式,且两个因子属不同类型的函数时,通常使用分部积分法计算积分.

例 6.3.10 求 $\int_1^e \ln x dx$.

解 由定理 6.3.2.

$$\int_1^e \ln x dx = (x\ln x)|_1^e - \int_1^e x \cdot \frac{dx}{x} = e - \int_1^e dx = e - (e-1) = 1.$$

例 6.3.11 求 $\int_0^1 x \arctan x dx$.

解
$$\begin{aligned}\int_0^1 x \arctan x dx &= \left[\frac{x^2}{2}\arctan x\right]_0^1 - \frac{1}{2}\int_0^1 \frac{x^2}{1+x^2} dx \\ &= \frac{\pi}{8} - \frac{1}{2}\int_0^1 \left(1 - \frac{1}{1+x^2}\right) dx \\ &= \frac{\pi}{8} - \frac{1}{2}[x - \arctan x]_0^1 \\ &= \frac{\pi}{4} - \frac{1}{2}.\end{aligned}$$

例 6.3.12 求 $I = \int_0^1 \sqrt{1-x^2} dx$.

解 $I = \int_0^1 (x)' \sqrt{1-x^2} \, dx = x\sqrt{1-x^2} \Big|_0^1 + \int_0^1 \frac{x^2}{\sqrt{1-x^2}} dx$

$= -\int_0^1 \sqrt{1-x^2} \, dx + \int_0^1 \frac{dx}{\sqrt{1-x^2}} = -I + \int_0^1 \frac{dx}{\sqrt{1-x^2}},$

因此

$$I = \frac{1}{2} \int_0^1 \frac{dx}{\sqrt{1-x^2}} = \frac{1}{2} \arcsin x \Big|_0^1 = \frac{\pi}{4}.$$

例 6.3.13 求 $I_n = \int_0^{\frac{\pi}{2}} \sin^n x \, dx$ (n 为正整数).

解 $I_n = \int_0^{\frac{\pi}{2}} \sin^n x \, dx = \int_0^{\frac{\pi}{2}} \sin^{n-1} x \, d(-\cos x)$

$= (-\sin^{n-1} x \cos x) \Big|_0^{\frac{\pi}{2}} + \int_0^{\frac{\pi}{2}} \cos x \, d(\sin^{n-1} x)$

$= \int_0^{\frac{\pi}{2}} (n-1) \cos^2 x \sin^{n-2} x \, dx$

$= (n-1) \int_0^{\frac{\pi}{2}} (1-\sin^2 x) \cdot \sin^{n-2} x \, dx$

$= (n-1) \int_0^{\frac{\pi}{2}} \sin^{n-2} x \, dx - (n-1) \int_0^{\frac{\pi}{2}} \sin^n x \, dx,$

即 $I_n = (n-1) I_{n-2} - (n-1) I_n$, 整理得 $I_n = \frac{n-1}{n} I_{n-2}.$

由此得 $I_{n-2} = \frac{n-3}{n-2} I_{n-4}$, 于是 $I_n = \frac{n-1}{n} \cdot \frac{n-3}{n-2} I_{n-4}$, 这样依次进行下去. 每用一次递推公式 $I_n = \frac{n-1}{n} I_{n-2}$, n 减少 2, 继续下去最后减至 $I_0 = \frac{\pi}{2}$ (n 为偶数) 或 $I_1 = 1$ (n 为奇数), 最后得到:

当 n 为奇数时,

$$I_n = \frac{n-1}{n} \cdot \frac{n-3}{n-2} \cdot \cdots \cdot \frac{4}{5} \cdot \frac{2}{3} \cdot 1;$$

当 n 为偶数时,

$$I_n = \frac{n-1}{n} \cdot \frac{n-3}{n-2} \cdot \cdots \cdot \frac{3}{4} \cdot \frac{1}{2} \cdot \frac{\pi}{2}.$$

由于 $I_n = \int_0^{\frac{\pi}{2}} \sin^n x \mathrm{d}x = \int_0^{\frac{\pi}{2}} \cos^n x \mathrm{d}x$,因此在计算 $\int_0^{\frac{\pi}{2}} \cos^n x \mathrm{d}x$ 时,也用上述递推公式.

例 6.3.14 求 $\int_0^{\frac{\pi}{2}} \sin^7 x \mathrm{d}x$.

解 由例 6.3.13 的结果知:$\int_0^{\frac{\pi}{2}} \sin^7 x \mathrm{d}x = \frac{6}{7} \cdot \frac{4}{5} \cdot \frac{2}{3} \cdot 1 = \frac{16}{35}$.

例 6.3.15 求 $\int_{-\frac{\pi}{2}}^{\frac{\pi}{2}} (\cos^4\theta + \sin^3\theta) \mathrm{d}\theta$.

解 因为积分区间 $\left[-\frac{\pi}{2}, \frac{\pi}{2}\right]$ 为对称区间,且被积函数 $\cos^4\theta + \sin^3\theta$ 中 $\cos^4\theta$ 为偶函数,$\sin^3\theta$ 为奇函数,所以

$$\int_{-\frac{\pi}{2}}^{\frac{\pi}{2}} (\cos^4\theta + \sin^3\theta) \mathrm{d}\theta = \int_{-\frac{\pi}{2}}^{\frac{\pi}{2}} \cos^4\theta \mathrm{d}\theta + \int_{-\frac{\pi}{2}}^{\frac{\pi}{2}} \sin^3\theta \mathrm{d}\theta$$

$$= 2\int_0^{\frac{\pi}{2}} \cos^4\theta \mathrm{d}\theta = 2 \cdot \frac{3}{4} \cdot \frac{1}{2} \cdot \frac{\pi}{2} = \frac{3}{8}\pi.$$

下面给出分部积分公式的理论应用.

例 6.3.16 用分部积分公式推导有积分余项的泰勒公式.

解 设 $f(x)$ 在 $(x_0 - \delta, x_0 + \delta)$ ($\delta > 0$) 内有 $n+1$ 阶连续导数 ($n \in \mathbf{N}_+$),由牛顿—莱布尼兹公式有

$$f(x) = f(x_0) + \int_{x_0}^x f'(t) \mathrm{d}t.$$

对积分作分部积分有

$$\int_{x_0}^x f'(t) \mathrm{d}t$$
$$= -\int_{x_0}^x f'(t)(x-t)' \mathrm{d}t$$

$$= -f'(t)(x-t)|_{x_0}^{x} + \int_{x_0}^{x} f''(t)(x-t)\,dt$$

$$= f'(x_0)(x-x_0) - \frac{1}{2}\int_{x_0}^{x} f''(t)[(x-t)^2]'\,dt$$

$$= f'(x_0)(x-x_0) - \frac{1}{2}f''(t)(x-t)^2|_{x_0}^{x} + \frac{1}{2}\int_{x_0}^{x} f'''(t)(x-t)^2\,dt$$

$$= f'(x_0)(x-x_0) + \frac{1}{2}f''(x_0)(x-x_0)^2 - \frac{1}{2\cdot 3}\int_{x_0}^{x} f'''(t)[(x-t)^3]'\,dt$$

$$\vdots$$

$$= f'(x_0)(x-x_0) + \frac{1}{2}f''(x_0)(x-x_0)^2 + \cdots +$$

$$\frac{1}{(n-1)!}f^{(n-1)}(x_0)(x-x_0)^{n-1} + r_n(x_0,x),$$

其中

$$r_n(x_0,x) = \frac{1}{(n-1)!}\int_{x_0}^{x} f^{(n)}(t)(x-t)^{n-1}\,dt,$$

最后有

$$f(x) = f(x_0) + f'(x_0)(x-x_0) + \frac{1}{2}f''(x_0)(x-x_0)^2 + \cdots +$$

$$\frac{1}{(n-1)!}f^{(n-1)}(x_0)(x-x_0)^{n-1} + r_n(x_0,x).$$

例 6.3.17 设 $f(x), g(x), g'(x)$ 在 $[a,b]$ 上连续，且 $g'(x) > 0$，证明：存在 $\xi \in (a,b)$，使

$$\int_a^b f(x)g(x)\,dx = g(a)\int_a^{\xi} f(x)\,dx + g(b)\int_{\xi}^{b} f(x)\,dx.$$

证明 设 $F(x) = \int_a^x f(t)\,dt$，则 $F'(x) = f(x)$，$F(a) = 0$，由定理 6.2.1 及定理 6.3.2 有

$$\int_a^b f(x)g(x)\,dx = \int_a^b F'(x)g(x)\,dx = g(x)F(x)|_a^b - \int_a^b F(x)g'(x)\,dx,$$

再由定理 6.1.2 上式变为

$$g(b)F(b) - F(\xi)\int_a^b g'(x)dx = g(b)[F(b) - F(\xi)] + g(a)F(\xi)$$
$$= g(b)\int_\xi^b f(x)dx + g(a)\int_a^\xi f(x)dx.$$

证毕.

习题 6.3

1. 计算下列定积分:

(1) $\int_0^1 \dfrac{\sqrt{x}}{1+\sqrt{x}}dx$;

(2) $\int_0^1 \sqrt{4+5x}\,dx$;

(3) $\int_4^9 \dfrac{\sqrt{x}}{\sqrt{x}-1}dx$;

(4) $\int_0^1 e^{x+e^x}dx$;

(5) $\int_0^1 \dfrac{1}{\sqrt{4+5x}-1}dx$;

(6) $\int_1^e \dfrac{1}{x\sqrt{1+\ln x}}dx$;

(7) $\int_0^{\frac{\pi}{2}} \cos^5 x \sin 2x\,dx$;

(8) $\int_{-\sqrt{2}}^{\sqrt{2}} \sqrt{8-2y^2}\,dy$;

(9) $\int_0^1 \sqrt{(1-x^2)^3}\,dx$;

(10) $\int_{-1}^1 \dfrac{x}{\sqrt{5-4x}}dx$;

(11) $\int_0^1 t e^{-\frac{t^2}{2}}dt$;

(12) $\int_0^a x^2\sqrt{a^2-x^2}\,dx$;

(13) $\int_{\frac{3}{4}}^1 \dfrac{1}{\sqrt{1-x}-1}dx$;

(14) $\int_0^5 \dfrac{1}{\sqrt{x+2}-\sqrt{x}}dx$;

(15) $\int_0^2 \dfrac{1}{\sqrt{x+1}+\sqrt{(x+1)^3}}dx$;

(16) $\int_{\frac{1}{\sqrt{2}}}^1 \dfrac{\sqrt{1-x^2}}{x^2}dx$;

(17) $\int_1^2 x\sqrt{x-1}\,dx$;

(18) $\int_0^3 \dfrac{x}{\sqrt{x+1}}dx$;

(19) $\int_{-2}^0 \dfrac{1}{x^2+2x+2}dx$;

(20) $\int_{-\frac{\pi}{2}}^{\frac{\pi}{2}} \cos x \cos 2x\,dx$;

(21) $\int_0^a \sqrt{x^2 + a^2}\, dx \quad (a>0)$; (22) $\int_a^{2a} \sqrt{x^2 - a^2}\, dx \quad (a>0)$.

2. 用分部积分法计算下列定积分：

(1) $\int_0^\pi x\cos x\, dx$; (2) $\int_0^1 x e^{-x}\, dx$;

(3) $\int_1^e x\ln x\, dx$; (4) $\int_0^{e-1} \ln(x+1)\, dx$;

(5) $\int_1^4 \dfrac{\ln x}{\sqrt{x}}\, dx$; (6) $\int_0^1 x\arctan x\, dx$;

(7) $\int_0^\pi (x\sin x)^2\, dx$; (8) $\int_1^3 \ln x\, dx$;

(9) $\int_0^{\frac{\pi}{2}} e^x \cos x\, dx$; (10) $\int_0^{\frac{\pi^2}{4}} \cos\sqrt{x}\, dx$;

(11) $\int_1^2 x\log_2 x\, dx$; (12) $\int_0^{\frac{\pi}{2}} e^{2x}\cos x\, dx$.

3. 用函数的奇偶性计算下列积分：

(1) $\int_{-1}^1 (1-x^2)^5 \sin^7 x\, dx$; (2) $\int_{-\pi}^{\pi} x^4 \sin x\, dx$;

(3) $\int_{-6}^6 \dfrac{x}{\sqrt{1-e^{x^2}}}\, dx$; (4) $\int_{-\frac{\pi}{2}}^{\frac{\pi}{2}} 4\cos^4\theta\, d\theta$;

(5) $\int_{-\pi}^{\pi} \sin 10x\, dx$; (6) $\int_{-\sqrt{2}}^{\sqrt{2}} x e^{x^2}\, dx$;

(7) $\int_{-3}^3 \dfrac{x^2 \sin^3 x}{1+x^4}\, dx$; (8) $\int_{-\frac{1}{2}}^{\frac{1}{2}} \dfrac{(\arcsin x)^2}{\sqrt{1-x^2}}\, dx$.

4. 设 $f(x)$ 是连续函数，证明：

(1) $\int_a^b f(x)\, dx = (b-a)\int_0^1 f(a+(b-a)x)\, dx$;

(2) $\int_{-a}^a f(x)\, dx = \int_{-a}^a f(-x)\, dx$;

(3) $\int_0^{\frac{\pi}{2}} f(\sin x)\, dx = \int_0^{\frac{\pi}{2}} f(\cos x)\, dx$;

(4) $\int_0^\pi xf(\sin x)\,dx = \dfrac{\pi}{2}\int_0^\pi f(\sin x)\,dx$;

(5) $\int_0^1 x^m(1-x)^n\,dx = \int_0^1 x^n(1-x)^m\,dx \quad (m,n>0)$.

5. 设 $f(x)$ 是以 l 为周期的连续函数,证明:
$$\int_a^{a+l} f(x)\,dx = \int_0^l f(x)\,dx \quad (a\in\mathbf{R}).$$

6.4　定积分的应用

6.4.1　微元法

定积分应用中的基本思想是"微元法",这一想法体现在定积分的定义中. 由定积分的概念可知,定积分所要解决的问题是求一些非均匀分布的整体量,解决的方法分为以下三个步骤(设整体量为 Q):

第一步,"分割". 把所要求的整体量 Q 分割成许多部分量 ΔQ_i,首先根据具体问题的需要选择一个被分割的变量 x(积分变量)和被分割的区间 $[a,b]$. 例如,对于求曲边梯形面积 A,我们选择曲边 $y=f(x)$ 中的自变量 x 作为被分割的变量,被分割的区间是 $[a,b]$. 分割的目的是为了做近似处理,即在任一小区间 $[x_i,x_{i+1}]$ 上求 ΔQ_i 的近似值,**近似处理是"微元法"的核心**. 例如,对曲边梯形面积 A,在小区间 $[x_i,x_{i+1}]$ 上,用直线 $y=f(\xi_i)$ 代替曲线 $y=f(x)$,即以小矩形面积 $f(\xi_i)\Delta x_i$ 代替小曲边梯形面积 ΔA_i,得 $\Delta A_i\approx f(\xi_i)\Delta x_i$. 事实上可以做其他的近似处理,例如用梯形近似代替小的曲边梯形,近似处理的想法可以概括为"以直代弯".

第二步,"求和". 得 $Q=\sum_i \Delta Q_i \approx \sum_i^i f(\xi_i)\Delta x_i$.

第三步,"取极限". 得 $Q=\lim_{\lambda\to 0}\sum_i f(\xi_i)\Delta x_i = \int_a^b f(x)\,dx$.

注 6.4.1　事实上近似的思想在极限、导数和定积分这些重要概念里都有体现,可以说是微积分的一个重要思想.

6.4.2 定积分的几何应用

1. 平面图形的面积

(1) 直角坐标系情形

①连续曲线 $y=f(x)(f(x)\geqslant 0)$,$x=a$,$x=b$ 及 x 轴所围图形(如图6-6所示)的面积微元 $dA=f(x)dx$,面积

$$A=\int_a^b f(x)dx.$$

②由上、下两条连续曲线 $y=f(x)$,$y=g(x)(f(x)\geqslant g(x))$ 及 $x=a$,$x=b$ 所围图形(如图6-7所示)的面积微元 $dA=[f(x)-g(x)]dx$,面积

$$A=\int_a^b [f(x)-g(x)]dx.$$

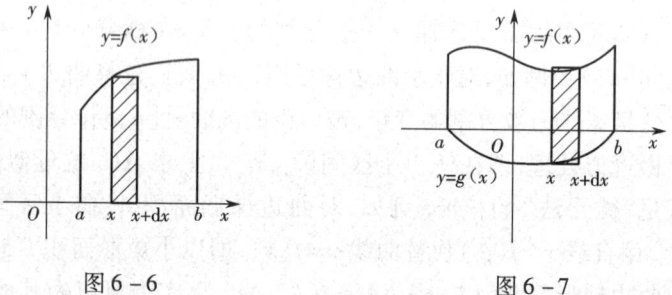

图6-6　　　　　　　　图6-7

③由左、右两条连续曲线 $x=\psi(y)$,$x=\varphi(y)(\varphi(y)\geqslant\psi(y))$ 及 $y=c$,$y=d$ 所围图形(如图6-8所示)的面积微元(注意,这时应取横条矩形为 dA,即取 y 为积分变量)$dA=[\varphi(x)-\psi(x)]dy$,面积

$$A=\int_c^d [\varphi(x)-\psi(x)]dy.$$

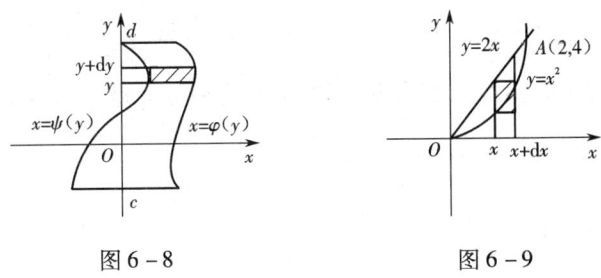

图 6 - 8   图 6 - 9

例 6.4.1 求由抛物线 $y = x^2$ 与直线 $y = 2x$ 围成的图形的面积.

解 (1) 画出图形简图,如图 6 - 9 所示,求曲线交点以确定积分区间:

联立两曲线方程:$\begin{cases} y = x^2, \\ y = 2x, \end{cases}$ 解出它们的交点 $O(0,0), A(2,4)$.

(2) 选择积分变量,写出面积微元:本题选择积分变量为横坐标 x,积分区间为 $[0,2]$,对应于小区间 $[x, x + \mathrm{d}x]$ 的窄条面积的近似值,即面积微元 $\mathrm{d}A = (2x - x^2)\mathrm{d}x$,即阴影部分小矩形的面积.

(3) 将面积表示成定积分,并计算:于是 $y = x^2$ 与 $y = 2x$ 所围图形面积为:$A = \int_0^2 (2x - x^2)\mathrm{d}x = \left[x^2 - \frac{1}{3}x^3\right]_0^2 = \frac{4}{3}$.

例 6.4.2 求曲线 $y = \mathrm{e}^x$,直线 $x = 0, x = 1$ 及 x 轴所围成的平面图形面积.

解 (1) 画出图形简图,如图 6 - 10 所示.

(2) 选择积分变量,写出面积微元:选择积分变量 x,积分区间为 $[0,1]$,即面积微元 $\mathrm{d}A = \mathrm{e}^x \mathrm{d}x$.

(3) 将面积表示成定积分:于是所求面积

$$A = \int_0^1 \mathrm{e}^x \mathrm{d}x = \mathrm{e}^x \big|_0^1 = \mathrm{e} - 1.$$

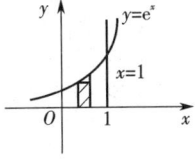

图 6 - 10

例 6.4.3 求由曲线 $y^2 = 2x$ 及 $y = x - 4$ 所围图形的面积.

解法一 如图 6-11(a)所示,求由方程组 $\begin{cases} y^2 = 2x, \\ y = x - 4 \end{cases}$ 的交点坐标为 $A(2,-2),B(8,4)$,观察图得知,取 y 为积分变量,y 变化范围为 $[-2,4]$,于是得:$dA = \left[(y+4) - \dfrac{1}{2}y^2\right]dy$,从而

$$A = \int_{-2}^{4}\left[(y+4) - \dfrac{1}{2}y^2\right]dy = \left(\dfrac{1}{2}y^2 + 4y - \dfrac{1}{6}y^3\right)\Big|_{-2}^{4} = 18.$$

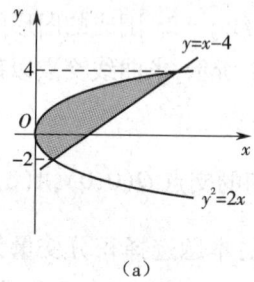
(a)

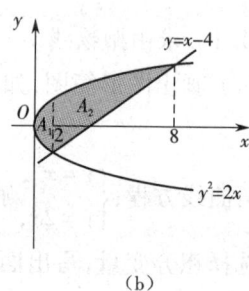
(b)

图 6-11

解法二 取 x 为积分变量,积分区间为 $[0,8]$,此时图形的下方边界由两条不同曲线组成,需要以直线 $x = 2$ 把图形分成 A_1 和 A_2 两部分,如图 6-11(b)所示,分别求出它们的面积为:

$$A_1 = \int_0^2[\sqrt{2x} - (-\sqrt{2x})]dx = 2\sqrt{2}\int_0^2\sqrt{x}\,dx = \dfrac{4\sqrt{2}}{3}x^{\frac{3}{2}}\Big|_0^2 = \dfrac{16}{3},$$

$$A_2 = \int_2^8[\sqrt{2x} - (-x-4)]dx = \left[\dfrac{2\sqrt{2}}{3}x^{\frac{3}{2}} - \dfrac{x^2}{2} + 4x\right]\Big|_2^8 = \dfrac{38}{3},$$

于是所求面积为:

$$A = A_1 + A_2 = \dfrac{16}{3} + \dfrac{38}{3} = 18.$$

由上述两种方法看出,同一个问题可以选择不同的积分变量,所得结果一样,但积分变量选择得当,可使计算简便.

④平面图形的边界曲线由参数方程给出:边界曲线的参数方程是

$\begin{cases} x=\varphi(t), \\ y=\psi(t), \end{cases}$ 则平面图形的面积为:

$$A = \int_a^b y\,dx = \int_\alpha^\beta \psi(t)\varphi'(t)\,dt,$$

其中 α,β 可由 $x=\varphi(t)$ 确定,即 $\varphi(\alpha)=a, \varphi(\beta)=b$.

例 6.4.4 计算椭圆 $\dfrac{x^2}{a^2}+\dfrac{y^2}{b^2}=1$ 的面积 S.

解 如图 6-12 所示,由于椭圆关于 x 轴、y 轴对称,所以 $S=4S_1$,其 S_1 是这个椭圆位于第一象限部分的面积. 这个椭圆的参数方程为 $\begin{cases} x=a\cos t, \\ y=b\sin t, \end{cases}$

当 $x=0$ 时, $t=\dfrac{\pi}{2}$; $x=a$ 时, $t=0$. 所求面积为:

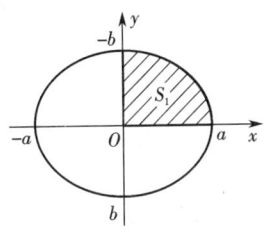

图 6-12

$$S = 4S_1 = 4\int_0^a y\,dx = 4\int_{\frac{\pi}{2}}^0 b\sin t(-a\sin t)\,dt$$

$$= 4ab\int_0^{\frac{\pi}{2}} \sin^2 t\,dt = 4ab\cdot\dfrac{1}{2}\cdot\dfrac{\pi}{2} = \pi ab.$$

(2) 极坐标系情形

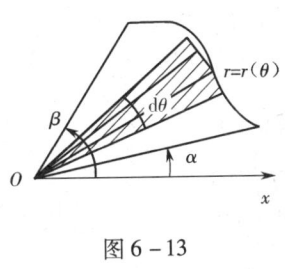

图 6-13

有些平面图形的面积,用极坐标计算比较简便. 设由平面曲线 $r=r(\theta)$ ($r(\theta)\geq 0$) 及两条射线 $\theta=\alpha$, $\theta=\beta$ ($\beta>\alpha$) 围成一平面图形,如图 6-13 所示,这种图形称为"曲边扇形". 下面用微元法推导在极坐标系下"曲边扇形"的面积公式.

取 θ 为积分变量,其变化区间为 $[\alpha,\beta]$. 在 $[\alpha,\beta]$ 上任取微小区间 $[\theta,\theta+d\theta]$,于其上"以常代变",即以中心角为 $d\theta$、半径为 $r=r(\theta)$ 的

小圆扇形面积 dA(图 6-13 中的阴影部分)作为小曲边扇形面积的近似值,即得面积微元为:$dA = \frac{1}{2}r^2(\theta)d\theta$,再将 dA 在 $[\alpha, \beta]$ 上积分,便得所求的曲边扇形面积为:

$$A = \frac{1}{2}\int_\alpha^\beta r^2(\theta)d\theta.$$

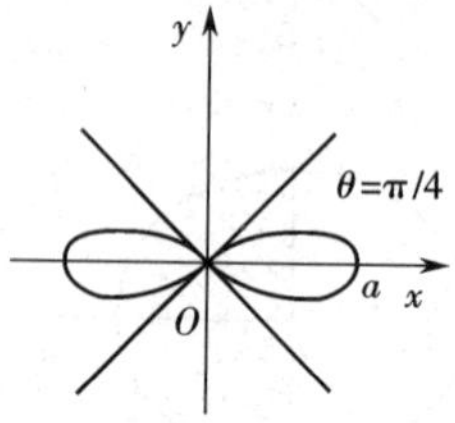

例 6.4.5 计算双纽线 $r^2 = a^2\cos 2\theta$ ($a > 0$)所围成图形的面积(如图 6-14).

解 由图形的对称性,只需求其在第一象限中的面积,然后再 4 倍即可. 在第一象限 θ 的变化范围为 $\left[0, \frac{\pi}{4}\right]$,所求图形的面积为:

$$A = 4 \times \frac{1}{2}\int_0^{\frac{\pi}{4}} a^2\cos 2\theta d\theta = a^2\sin 2\theta \Big|_0^{\frac{\pi}{4}} = a^2.$$

图 6-14

2. 立体体积

(1) 平行截面面积为已知的立体体积

设有一个空间立体,考虑其与 x 轴相垂直的截面,如果截面面积 $A(x)$ ($a \leqslant x \leqslant b$)是已知的连续函数,如图 6-15 所示,那么可求得该立体介于 $x = a$ 和 $x = b$ ($a < b$)之间的体积.

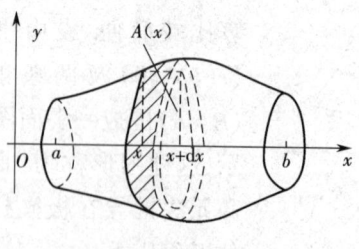

图 6-15

从微元法的思想出发,在区间 $[a, b]$ 上引入分点 $a = x_1 < x_2 < \cdots <$

$x_n = b$,这相当于将立体切割成小的薄片,每片的截面与 x 轴垂直,对第 i 小片做近似处理,在小区间 $[x_{i-1}, x_i]$ 上任取一点 μ_i,$x_{i-1} \leq \mu_i \leq x_i$,$1 \leq i \leq n$,将小片近似为截面积为 $A(\mu_i)$,高度为 $\Delta x_i = x_i - x_{i-1}$ 的柱体,用柱体的体积 $A(\mu_i)\Delta x_i$ 作为第 i 小片体积的近似值,则和式 $\sum_{i=1}^{n} A(\mu_i)\Delta x_i$ 给出空间立体体积的近似值,令 $|\Delta| = \max_{1 \leq i \leq n}\{\Delta x_i\} \to 0$,所得定积分 $\int_a^b A(x)\mathrm{d}x$ 给出空间立体体积的精确值.

例 6.4.6 设有底圆半径为 R 的圆柱,被一与圆柱面交成 α 角且过底圆直径的平面所截,求截下的楔形体积(如图 6-16 所示).

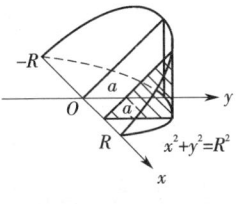

图 6-16

解 取坐标系(图 6-16),则底圆方程为:$x^2 + y^2 = R^2$. 取 x 为积分变量,其变化区间为 $[-R, R]$. 在 $[-R, R]$ 的任一点 x 处垂直于 x 轴作立体的截面,得一直角三角形,两条直角边分别为 y 及 $y\tan\alpha$,即:$\sqrt{R^2 - x^2}$ 及 $\sqrt{R^2 - x^2}\tan\alpha$,此直角三角形面积为

$$A(x) = \frac{1}{2}(R^2 - x^2)\tan\alpha.$$

根据前面的讨论得楔形体积为

$$V = \int_{-R}^{R} \frac{1}{2}(R^2 - x^2)\tan\alpha \mathrm{d}x = \tan\alpha \int_0^R (R^2 - x^2)\mathrm{d}x$$

$$= \tan\alpha \left(R^2 x - \frac{x^3}{3}\right)\Big|_0^R = \frac{2}{3}R^3 \tan\alpha.$$

(2)旋转体体积

旋转体是由某平面内的一个图形绕该平面内的一条定直线旋转一周而成的立体,这条定直线称为旋转体的轴. 例如,圆柱、圆锥、球体可以分别看成是由矩形绕它的一条边、直角三角形绕它的直角边、半圆绕它的直径旋转一周而成的立体,所以它们都是旋转体.

设一旋转体是由连续曲线 $y=f(x)$ 和直线 $x=a, x=b$ $(a<b)$ 及 x 轴所围成的曲边梯形绕 x 轴旋转而成,如图 6-17 所示,下面来求它的体积 V.

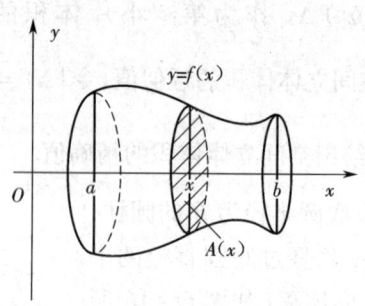

图 6-17

这是已知平行截面面积求立体体积的特殊情况,这时截面面积 $A(x)$ 是圆面积,即在区间 $[a,b]$ 上点 x 处垂直 x 轴的截面面积为: $A(x)=\pi f^2(x)$.

在 x 的变化区间 $[a,b]$ 上积分,得旋转体体积为:

$$V=\pi\int_a^b f^2(x)\,\mathrm{d}x.$$

类似地,由曲线 $x=\varphi(y)$,直线 $y=c$,$y=d$ $(c<d)$ 及 y 轴所围成的曲边梯形绕 y 轴旋转,所得旋转体体积为(如图 6-18 所示)

$$V=\pi\int_c^d \varphi^2(y)\,\mathrm{d}y.$$

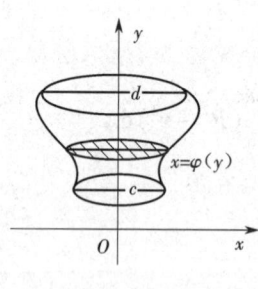

图 6-18

例 6.4.7 连接坐标原点 O 及点 $P(h,r)$ 的直线,直线 $x=h$ 及 x 轴围成一个直角三角形,求将它绕 x 轴旋转一周而成的圆锥体的体积.

解 如图 6-19 所示,积分变量 x 的变化区间为 $[0,h]$,此时 $y=$

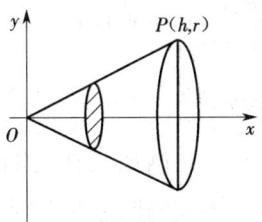

图 6-19

$f(x)$ 为直线 OP，其方程为 $y = \dfrac{r}{h}x$，由旋转体体积公式有

$$V = \int_0^h \pi \left(\dfrac{r}{h}x\right)^2 \mathrm{d}x = \pi \dfrac{r^2}{h^2} \int_0^h x^2 \mathrm{d}x$$

$$= \pi \dfrac{r^2}{h^2} \cdot \dfrac{x^3}{3} \bigg|_0^h = \dfrac{\pi r^2}{3} h.$$

例 6.4.8 求由椭圆 $\dfrac{x^2}{a^2} + \dfrac{y^2}{b^2} = 1$ ($a > 0, b > 0$) 所围成的图形绕 x 轴旋转而成的椭球体的体积（如图 6-20 所示）.

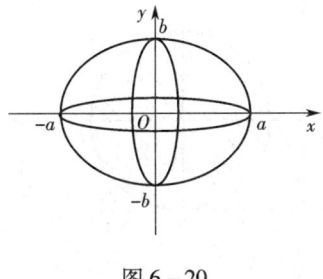

图 6-20

解 旋转椭球体如图 6-20 所示，其可看作由上半椭圆 $y = \dfrac{b}{a}\sqrt{a^2 - x^2}$ 及 x 轴围成的图形绕 x 轴旋转而成的. 于是可得所求体积为

$$V_x = \pi \int_{-a}^a y^2 \mathrm{d}x = 2\pi \int_0^a \left(\dfrac{b}{a}\sqrt{a^2 - x^2}\right)^2 \mathrm{d}x$$

$$= 2\pi \frac{b^2}{a^2} \int_0^a (a^2 - x^2) \, dx$$

$$= \frac{4}{3}\pi a b^2.$$

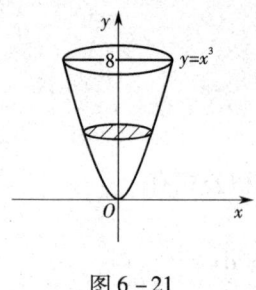

图 6-21

例 6.4.9 求由 $y = x^3, y = 8$ 及 y 轴所围成的曲边梯形绕 y 轴旋转一周成的立体的体积(如图 6-21 所示).

解 积分变量 y 的变化区间为 $[0,8]$,此时 $x = \varphi(y) = \sqrt[3]{y}$,旋转体的体积为:

$$V = \int_0^8 \pi (\sqrt[3]{y})^2 \, dy = \pi \int_0^8 y^{\frac{2}{3}} \, dy$$

$$= \pi \cdot \frac{3}{5} y^{\frac{5}{3}} \Big|_0^8 = \frac{96}{5}\pi.$$

例 6.4.10 求圆 $(x-b)^2 + y^2 = a^2 (0 < a < b)$ 绕 y 轴旋转一周所成的环形旋转体的体积(如图 6-22 所示).

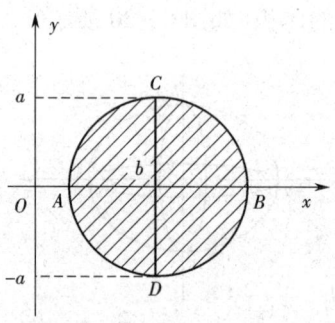

图 6-22

解 将圆方程改写为 $x = b \pm \sqrt{a^2 - y^2}$,右半圆弧 DBC 方程为:

$$x = x_1(y) = b + \sqrt{a^2 - y^2};$$

左半圆弧 DAC 方程为:

$$x = x_2(y) = b - \sqrt{a^2 - y^2}.$$

环体是这两个半圆在 y 轴的区间 $[-a,a]$ 上所围成的曲边梯形绕 y 轴旋转所得体积之差. 于是得体积微元为:

$$dV = \pi[x_1(y)]^2 dy - \pi[x_2(y)]^2 dy = \pi(x_1^2 - x_2^2) dy.$$

从而可得环形体体积为:

$$\begin{aligned}V &= \pi \int_{-a}^{a} (x_1^2 - x_2^2) dy \\ &= \pi \int_{-a}^{a} [(b + \sqrt{a^2 - y^2})^2 - (b - \sqrt{a^2 - y^2})^2] dy \\ &= 8b\pi \int_{0}^{a} \sqrt{a^2 - y^2} dy = 8b\pi \cdot \frac{1}{4}\pi a^2 \\ &= 2a^2 b\pi^2.\end{aligned}$$

需要注意的是:

(1) 不要把 dV 错误地写为 $dV = \pi(x_1 - x_2)^2 dy$;

(2) 上面计算用到了 $\int_{0}^{a} \sqrt{a^2 - x^2} dx = \frac{1}{4}\pi a^2$. 这是由该积分的几何意义得出的, 涉及圆的有关计算常遇到这个积分, 不妨可作为公式记住.

3. 曲线的弧长

首先考虑参数方程的情况, 设曲线段 L 有参数表达式

$$x = \varphi(t), y = \omega(t) \quad (\alpha \leq t \leq \beta),$$

其中函数 $\varphi(t), \omega(t)$ 在区间 $[\alpha, \beta]$ 上有连续一阶导数, 且 $(\varphi'(t))^2 + (\omega'(t))^2 \neq 0$ $(t \in [\alpha, \beta])$. 这里仍然应用微元法的思想, 首先分割曲线段 L, 这相当于在区间 $[\alpha, \beta]$ 上引入分点 $\alpha = t_0 < t_1 < \cdots < t_n = \beta$, 对应的曲线段 L 上的分点是 $M_i(x_i, y_i), x_i = \varphi(t_i), y_i = \omega(t_i), i = 0, 1, \cdots, n$, 这些分点将曲线段 L 分成 n 个小曲线段 (图 6-23); 在第 i 个小曲线段上作如下近似处理, 用直线段 $\overline{M_{i-1}M_i}$ 的长度

$$\sqrt{(x_i - x_{i-1})^2 + (y_i - y_{i-1})^2}$$

近似小弧段 $\overline{M_{i-1}M_i}$ 的弧长, 由拉格朗日中值定理有

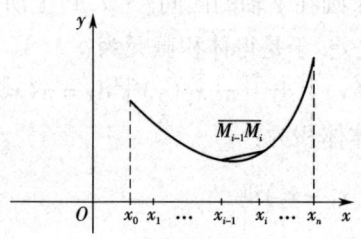

图 6–23

$$x_i - x_{i-1} = \varphi(t_i) - \varphi(t_{i-1}) = \varphi'(\tau_i)(t_i - t_{i-1}), \quad t_{i-1} < \tau_i < t_i,$$
$$y_i - y_{i-1} = \omega(t_i) - \omega(t_{i-1}) = \omega'(\mu_i)(t_i - t_{i-1}), \quad t_{i-1} < \mu_i < t_i,$$

因此有

$$\sqrt{(x_i - x_{i-1})^2 + (y_i - y_{i-1})^2} = \sqrt{(\varphi'(\tau_i))^2 + (\omega'(\mu_i))^2}(t_i - t_{i-1}),$$

求和得

$$\sum_{i=1}^{n} \sqrt{(\varphi'(\tau_i))^2 + (\omega'(\mu_i))^2}(t_i - t_{i-1}) = \sum\nolimits_1 + \sum\nolimits_2,$$

其中

$$\sum\nolimits_1 = \sum_{i=1}^{n} \sqrt{(\varphi'(\tau_i))^2 + (\omega'(\tau_i))^2}(t_i - t_{i-1}),$$

$$\sum\nolimits_2 = \sum_{i=1}^{n} \left[\sqrt{(\varphi'(\tau_i))^2 + (\omega'(\mu_i))^2} - \sqrt{(\varphi'(\tau_i))^2 + (\omega'(\tau_i))^2}\right] \cdot (t_i - t_{i-1}),$$

容易验证下面不等式

$$|\sqrt{a^2 + b^2} - \sqrt{a^2 + c^2}| \leq |b - c|, \quad a, b, c \in \mathbf{R},$$

因此有

$$|\sqrt{(\varphi'(\tau_i))^2 + (\omega'(\mu_i))^2} - \sqrt{(\varphi'(\tau_i))^2 + (\omega'(\tau_i))^2}| \leq |\omega'(\mu_i) - \omega'(\tau_i)|,$$

进一步有

$$\left|\sum\nolimits_2\right| \leq \sum_{i=1}^{n}(t_i - t_{i-1})|\omega'(\mu_i) - \omega'(\tau_i)|.$$

注意 $\omega'(t)$ 在 $[\alpha,\beta]$ 上连续,因此在 $[\alpha,\beta]$ 上一致连续,所以当 $|\Delta| = \max\limits_{1\leqslant i\leqslant n}\{t_i - t_{i-1}\}\to 0$ 时,有

$$\sum\nolimits_2 \to 0, \quad \sum\nolimits_1 \to \int_\alpha^\beta \sqrt{[\varphi'(t)]^2 + [\omega'(t)]^2}\,\mathrm{d}t,$$

最后得如下弧长公式

$$曲线段\ L\ 的弧长 = \int_\alpha^\beta \sqrt{[\varphi'(t)]^2 + [\omega'(t)]^2}\,\mathrm{d}t.$$

表达式 $\sqrt{[\varphi'(t)]^2 + [\omega'(t)]^2}\,\mathrm{d}t$ 称为弧微分,记为

$$\mathrm{d}s = \sqrt{[\varphi'(t)]^2 + [\omega'(t)]^2}\,\mathrm{d}t.$$

设函数 $f(x)$ ($x\in[a,b]$) 在区间 $[a,b]$ 上有连续的一阶导数,几何上函数 $f(x)$ 对应 xy 坐标平面上的一条曲线段 L,由上面的公式有

$$曲线段\ L\ 的弧长 = \int_a^b \sqrt{1 + [f'(x)]^2}\,\mathrm{d}x.$$

若曲线的参数方程有下面的形式 $x = r(\theta)\cos\theta, y = r(\theta)\sin\theta, \alpha\leqslant\theta\leqslant\beta$,其中 $r(\theta)$ 在 $[\alpha,\beta]$ 上连续可导,则有

$$曲线段\ L\ 的弧长 = \int_\alpha^\beta \sqrt{r^2 + (r')^2}\,\mathrm{d}\theta.$$

例 6.4.11 求悬链线 $y = a\mathrm{ch}\dfrac{x}{a}$ 在 $[-b,b]$ 上的这段弧长($a>0$)(图 6-24).

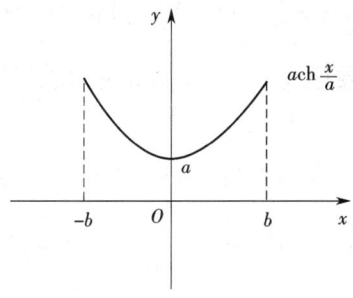

图 6-24

解 回忆双曲函数的表达式

$$\text{ch }x = \frac{e^x + e^{-x}}{2}, \quad \text{sh }x = \frac{e^x - e^{-x}}{2}, \quad \text{ch}'x = \text{sh }x, \quad \text{sh}'x = \text{ch }x,$$

计算弧微分,得 $ds = \sqrt{1+\text{sh}^2\frac{x}{a}}dx = \text{ch}\frac{x}{a}dx$,由前面的公式可知弧长为

$$2\int_0^b \text{ch}\frac{x}{a}dx = 2a\text{sh}\frac{b}{a}.$$

例 6.4.12 求抛物线 $y = \frac{x^2}{2}$ 在 $[0,a]$ 上的这段弧长(如图 6-25).

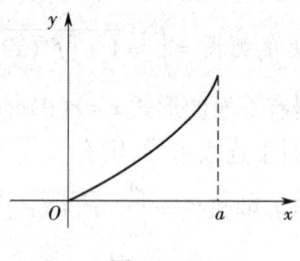

图 6-25

解 弧微分 $ds = \sqrt{1+x^2}dx$,弧长为

$$\int_0^a \sqrt{1+x^2}dx = \frac{a}{2}\sqrt{1+a^2} + \frac{1}{2}\ln(a+\sqrt{1+a^2}).$$

例 6.4.13 对数螺线 $r = e^{a\theta}$ 在 $[\alpha,\beta]$ 上的这段弧长($a>0$)(如图 6-26).

解 弧微分 $ds = \sqrt{r^2+(r')^2}d\theta = \sqrt{1+a^2}\,e^{a\theta}d\theta$,弧长为

$$\sqrt{1+a^2}\int_\alpha^\beta e^{a\theta}d\theta = \frac{\sqrt{1+a^2}}{a}(e^{a\beta} - e^{a\alpha}).$$

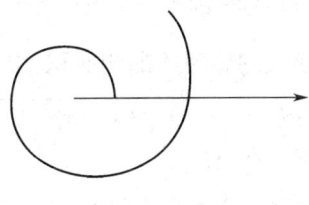

图 6-26

例 6.4.14 求椭圆 $\dfrac{x^2}{a^2}+\dfrac{y^2}{b^2}=1$ $(0<a\leqslant b)$ 位于第一象限部分的弧长.

解 取参数表达式 $x=a\cos\theta, y=b\sin\theta, 0\leqslant\theta\leqslant\dfrac{\pi}{2}$,弧微分

$$ds=\sqrt{\left(\dfrac{dx}{d\theta}\right)^2+\left(\dfrac{dy}{d\theta}\right)^2}d\theta=\sqrt{a^2\sin^2\theta+b^2\cos^2\theta}d\theta=b\sqrt{1-\varepsilon^2\sin^2\theta}d\theta,$$

其中 $\varepsilon=\dfrac{\sqrt{b^2-a^2}}{b}$ 是椭圆的离心率 $(0\leqslant\varepsilon<1)$,弧长为

$$b\int_0^{\frac{\pi}{2}}\sqrt{1-\varepsilon^2\sin^2\theta}d\theta,$$

当 $\varepsilon>0$ 时,被积函数 $\sqrt{1-\varepsilon^2\sin^2\theta}$ 的原函数不是初等函数,积分

$$\int_0^{\frac{\pi}{2}}\sqrt{1-\varepsilon^2\sin^2\theta}d\theta$$

是著名的椭圆积分.

4. 旋转体的侧面积

设函数 $f(x)$ $(x\in[a,b])$ 在区间 $[a,b]$ 上有连续的一阶导数,且 $f(x)\geqslant 0, x\in[a,b]$,函数 $f(x)$ 所对应的曲线段 L 绕 x 轴旋转形成一旋转体,求此旋转体的侧面积. 从微元法的思想出发,在区间 $[a,b]$ 上引入分点 $a=x_0<x_1<\cdots<x_n=b$,则对应的 L 上的分点为 $M_i(x_i,y_i)$, $y_i=f(x_i), i=0,1,\cdots,n$,在第 i 个小区间 $[x_{i-1},x_i]$ 上考虑直线段

$\overline{M_{i-1}M_i}$ 绕 x 轴旋转所形成的圆台,以该圆台的侧面积近似小弧段 $\overparen{M_{i-1}M_i}$ 绕 x 轴旋转所形成的旋转体的侧面积,由公式知

圆台的侧面积 $= \pi(y_{i-1}+y_i)\sqrt{(x_i-x_{i-1})^2+(y_i-y_{i-1})^2}$,

类似前面求曲线弧长的讨论,有

$$y_i - y_{i-1} = f(x_i) - f(x_{i-1}) = f'(\xi_i)(x_i - x_{i-1}), \quad x_{i-1} < \xi_i < x_i,$$

因此

$$\sqrt{(x_i-x_{i-1})^2+(y_i-y_{i-1})^2} = (x_i-x_{i-1})\sqrt{1+[f'(\xi_i)]^2},$$

进一步有

$$\pi(y_{i-1}+y_i)\sqrt{(x_i-x_{i-1})^2+(y_i-y_{i-1})^2}$$
$$= [2\pi f(\xi_i) + 2\pi(f(x_{i-1}) - f(\xi_i)) +$$
$$\pi(f(x_i) - f(x_{i-1}))]\sqrt{1+[f'(\xi_i)]^2}(x_i-x_{i-1}),$$

对上式求和得所求旋转体的侧面积的近似值如下

$$\text{侧面积的近似值} = \sum\nolimits_1 + \sum\nolimits_2 + \sum\nolimits_3,$$

其中

$$\sum\nolimits_1 = 2\pi \sum_{i=1}^n f(\xi_i)\sqrt{1+[f'(\xi_i)]^2}(x_i-x_{i-1}),$$

$$\sum\nolimits_2 = 2\pi \sum_{i=1}^n [f(x_{i-1}) - f(\xi_i)]\sqrt{1+[f'(\xi_i)]^2}(x_i-x_{i-1}),$$

$$\sum\nolimits_3 = \pi \sum_{i=1}^n [f(x_i) - f(x_{i-1})]\sqrt{1+[f'(\xi_i)]^2}(x_i-x_{i-1}).$$

记 $|\Delta| = \max\limits_{1 \leq i \leq n}\{x_i - x_{i-1}\}$, $M = \max\limits_{[a,b]}|f'(x)|$,则有

$$|f(x_i) - f(x_{i-1})| = |f'(\xi_i)||x_i - x_{i-1}| \leq M|\Delta|,$$
$$|f(x_{i-1}) - f(\xi_i)| = |f'(\mu_i)||\xi_i - x_{i-1}| \leq M|\Delta|, \quad x_{i-1} < \mu_i < \xi_i,$$

所以

$$\left|\sum\nolimits_2\right| \leq 2\pi M|\Delta|\sum_{i=1}^n \sqrt{1+[f'(\xi_i)]^2}(x_i-x_{i-1}).$$

$$\left|\sum\nolimits_3\right| \leq \pi M|\Delta|\sum_{i=1}^n \sqrt{1+[f'(\xi_i)]^2}(x_i-x_{i-1}),$$

显然当 $|\Delta|\to 0$ 时

$$|\sum_2|\to 0, |\sum_3|\to 0,$$

$$\sum_1 \to 2\pi\int_a^b f(x)\sqrt{1+[f'(x)]^2}\,\mathrm{d}x,$$

综合前面论证得到如下旋转体侧面积公式:

$$2\pi\int_a^b f(x)\sqrt{1+[f'(x)]^2}\,\mathrm{d}x.$$

例 6.4.15 求半径为 R 的球面面积.

解 上半圆 $y=\sqrt{R^2-x^2}$ 绕 x 轴旋转形成半径为 R 的球面, $\mathrm{d}s=\dfrac{R}{y}\mathrm{d}x$, 由前面的知识可知所求面积为

$$2\pi\int_{-R}^R y\,\mathrm{d}s = 4\pi R\int_0^R \mathrm{d}x = 4\pi R^2.$$

例 6.4.16 求抛物线 $y=\sqrt{x}$ 在 $[0,1]$ 区间上的一段绕 x 轴旋转形成的曲面面积.

解 曲面面积为

$$2\pi\int_0^1 y\sqrt{1+(y')^2}\,\mathrm{d}x = 2\pi\int_0^1 \sqrt{x}\sqrt{1+\frac{1}{4x}}\,\mathrm{d}x$$

$$=\pi\int_0^1 \sqrt{1+4x}\,\mathrm{d}x = \frac{(5\sqrt{5}-1)}{6}\pi.$$

6.4.3 定积分在物理中的应用

1. 变力沿直线段做功

例 6.4.17 在原点 O 有一个带电量为 $+q$ 的点电荷, 它所产生的电场对周围电荷有作用力. 现有一单位正电荷, 从距原点 a 处沿射线方向移至距 O 点为 b ($a<b$) 的地方, 求电场力所做的功. 又如果把该单位正电荷移至无穷远处, 电场力做了多少功?

解 取电荷移动的射线方向为 x 轴正向,那么电场力为 $F = k\dfrac{q}{x^2}$ (k 为常数),这是一个变力. 在微小区间 $[x, x+\mathrm{d}x]$ 上,"以常代变"得功微元为:$\mathrm{d}W = \dfrac{kq}{x^2}\mathrm{d}x$.

于是可得电场力的功为:

$$W = \int_a^b \frac{kq}{x^2}\mathrm{d}x = kq\left(-\frac{1}{x}\right)\bigg|_a^b = kq\left(\frac{1}{a} - \frac{1}{b}\right).$$

若移至无穷远处,则作功为:

$$W = \int_a^{+\infty} \frac{kq}{x^2}\mathrm{d}x = -kq\,\frac{1}{x}\bigg|_a^{+\infty} = \frac{kq}{a}.$$

物理学中,把上述单位正电荷移至无穷远处所做的功叫做电场在 a 处的电位,于是知电场在 a 处的电位为 $V = \dfrac{kq}{a}$.

2. 液体对平面薄板的压力

例 6.4.18 一个横放的半径为 R 的圆柱形油桶,里面盛有半桶油,计算桶的一个端面所受的压力(设油密度为 ρ).

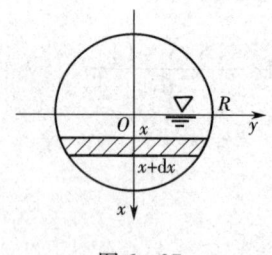

图 6-27

解 桶的一端面是圆板,现在要计算当油面过圆心时,垂直放置的一个圆板的一侧所受的压力. 选取坐标系(如图 6-27 所示). 此时圆的方程为 $x^2 + y^2 = R^2$. 取 x 为积分变量,在 x 的变化区间 $[0, R]$ 内任取小区间 $[x, x+\mathrm{d}x]$,视这细条上压强不变,所受的压力的近似值,即为压力微元:

$$\mathrm{d}F = \rho x \mathrm{d}S = 2\rho x\sqrt{R^2 - x^2}\,\mathrm{d}x.$$

于是,端面所受的压力为:

$$F = \int_0^R 2\rho x\sqrt{R^2 - x^2}\,\mathrm{d}x = -\rho\int_0^R (R^2 - x^2)^{\frac{1}{2}}\mathrm{d}(R^2 - x^2)$$

$$= -\rho \left[\frac{2}{3}(R^2 - x^2)^{\frac{3}{2}} \right]\Big|_0^R = \frac{2}{3}\rho R^3.$$

3. 转动惯量

例 6.4.19 一均匀细杆长为 l，质量为 m，试求细杆绕过它的中点且垂直杆的轴的转动惯量.

解 选择坐标系（如图 6-28 所示），我们仍采用微元法. 先求转动惯量微元 dI，为此考虑细杆上 $[x, x+dx]$ 的一段，它的质量为 $\frac{m}{l}dx$，把这一小段杆设想为位于 x 处的一个质点，它到转动轴距离为 $|x|$，于是得微元为: $dI = \frac{m}{l}x^2 dx$，再沿细杆从 $-\frac{l}{2}$ 到 $\frac{l}{2}$ 积分，便得整个细杆转动惯量为:

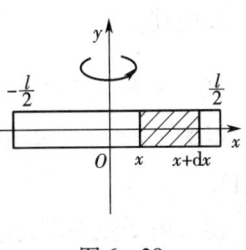

图 6-28

$$I = \int_{-\frac{l}{2}}^{\frac{l}{2}} \frac{m}{l}x^2 dx = \frac{m}{l}\frac{x^3}{3}\Big|_{-\frac{l}{2}}^{\frac{l}{2}} = \frac{1}{12}ml^2.$$

4. 润滑油的储存量

例 6.4.20 某制造公司在生产了一批超音速运输机之后就停止了这种产品的生产，但该公司承诺为客户终身提供一种适用于该机型的特殊润滑油. 停产后该批飞机的用油率为 $r(t) = 300t^{-\frac{3}{2}}$（单位：升/年），$t$ 表示从停产起的年($t \geq 1$). 公司要一次性生产该批运输机所需的润滑油并在停产一年后于客户需要时分出去，问需要生产此种润滑油多少升？

解 该问题已知用油率 $r(t)$，求用油量，类似于已知直线运动的运动速度求运动路程，故属积分问题. 从停产后第一年起到第 t 年，此种润滑油的需要为

$$\int_1^t r(t)\,dt = \int_1^t 300 t^{-\frac{3}{2}}\,dt = -2\times 300 t^{-\frac{1}{2}}\Big|_1^t = 600(1 - t^{-\frac{1}{2}}).$$

由于公司提供的是终身服务,即 $t\to +\infty$,故需要一次性生产该种润滑油

$$\int_1^{+\infty} r(t)\,dt = \lim_{t\to +\infty}\int_1^t r(t)\,dt = \lim_{t\to +\infty} 600(1 - t^{-\frac{1}{2}}) = 600\ \text{升}.$$

5. 电能

例 6.4.21 在电力需求的电涌时期,消耗电能的速度 r 可以近似地表示为 $r = te^{-t}$(t 单位:h).求在前两个小时内消耗的总电能 E(单位:J).

解 由变化率求总改变量得

$$E = \int_0^2 r\,dt = \int_0^2 te^{-t}\,dt = (-te^{-t})\Big|_0^2 - \int_0^2 e^{-t}\,d(-t).$$
$$= -2e^{-2} - 0 - (e^{-t})\Big|_0^2$$
$$\approx 0.594(\text{J}).$$

6. 污染

例 6.4.22 某工厂排出大量废气,造成了严重空气污染,于是工厂通过限产来控制废气的排放量,若第 t 年废气的排放量为 $C(t) = \dfrac{20\ln(t+1)}{(t+1)^2}$,求该厂 $t=0$ 到 $t=5$ 年间排出的总废气量.

解 因为该厂在第 $[t, t+\Delta t]$ 排出的废气量(废气量微元)为 $dW = \dfrac{20\ln(t+1)}{(t+1)^2}\,dt$. 所以该厂在 $t=0$ 到 $t=5$ 年间排出的总废气量为

$$W = \int_0^5 \frac{20\ln(t+1)}{(t+1)^2}\,dt = 20\int_0^5 \ln(t+1)\,d\left(-\frac{1}{t+1}\right)$$
$$= \left[\frac{20}{t+1}\ln(t+1)\right]\Big|_0^5 + 20\int_0^5 \frac{1}{t+1}\,d(\ln(t+1))$$

$$= -\frac{20}{6}\ln 6 + 20\int_0^5 \frac{1}{(t+1)^2}dt = -\frac{20}{t}\ln 6 - 20\left(\frac{1}{t+1}\right)\Big|_0^5$$
$$\approx 10.6941.$$

习题 6.4

1. 求出下列各曲线所围成的平面图形的面积:

(1) $y = x^2, x + y = 2$;

(2) $y = \ln x$ 与直线 $x = 0, y = \ln a, y = \ln b \ (b > a > 0)$;

(3) $y = e^x, y = e^{-x}$ 与直线 $y = e^2$;

(4) $y = \frac{1}{x}$ 与直线 $y = x$ 及 $x = 2$;

(5) $y = x^3$ 与 $y = \sqrt{x}$;

(6) $y = \cos x$ 与 $y = 0, x \in \left[\frac{\pi}{2}, \frac{3}{2}\pi\right]$;

(7) $y = 3 - 2x - x^2$ 与 x 轴;

(8) $y = x$ 与 $y = \sqrt{x}$;

(9) $y = x^3, y = 1$ 及 $x = 0$;

(10) $y^2 = x$ 与 $x = 1$;

(11) $y + 1 = x^2$ 与 $y = 1 + x$;

(12) $x = y^2 + 1, y = -1, y = 1$ 及 $x = 0$;

(13) $y = x, y = 2x$ 及 $y = 2$;

(14) $y = \sqrt{2x - x^2}$ 与直线 $y = x$.

2. 求由下列各曲线所围成的图形的面积:

(1) $\rho = 4\cos\theta$;

(2) $\rho = 2\sin\theta$.

3. 求星形线 $x = a\cos^3 t, y = a\sin^3 t$ 所围成的图形的面积.

4. 求下列曲线所围成的图形,按指定的轴旋转产生的旋转体的体积：

(1) $y=x^2, y=0, x=2$，绕 x 轴；

(2) $y=x, x=1, y=0$，绕 x 轴；

(3) $y=\sqrt{x}, x=4, y=0$，绕 x 轴；

(4) $y=e^x, x=0, x=1$ 及 $y=0$，绕 x 轴；

(5) $x=5-y^2, x=1$，绕 y 轴；

(6) $y=x^2, x=4, x=0$，绕 y 轴；

(7) $y=x^3, y=1, x=0$，绕 y 轴；

(8) $y=\sqrt{2x-x^2}, y=\sqrt{x}$，绕 x 轴；

(9) $y=x^2, x=-1, x=1, y=0$，绕 x 轴；

(10) $x=\sqrt{1-y^2}, x=1-\sqrt{1-y^2}$，绕 y 轴。

5. 求下列曲线上指定两点间一段曲线的弧长：

(1) $y^2=2px$，自点 $(0,0)$ 至点 $\left(\dfrac{p}{2}, p\right)$；

(2) $y=\ln(1-z^2)$，自 $x=0$ 至 $x=\dfrac{1}{2}$；

(3) $y=x^{\frac{3}{2}}$ $(0 \leqslant x \leqslant 4)$；

(4) $x=\dfrac{1}{4}y^2-\dfrac{1}{2}\ln y$ $(1 \leqslant y \leqslant e)$；

(5) 星形线 $x^{\frac{2}{3}}+y^{\frac{2}{3}}=a^{\frac{2}{3}}$ $(a>0)$；

(6) 圆的渐开线 $x=a(\cos t+t\sin t), y=a(\sin t-t\cos t)$，自 $t=0$ 至 $t=\pi$；

(7) 心脏线 $r=a(1+\cos\theta)$ $(0 \leqslant \theta \leqslant 2\pi)$。

6. 求下列曲线旋转而成的曲面面积：

(1) $y=\tan x$ $\left(0 \leqslant x \leqslant \dfrac{\pi}{4}\right)$，绕 x 轴；

(2) 椭圆 $\dfrac{x^2}{a^2}+\dfrac{y^2}{b^2}=1$，绕 y 轴；

(3) 悬链线 $y = a\text{ch}\dfrac{x}{a}$ 由 $x = 0$ 到 $x = a$ 的一段弧分别绕 x 轴和 y 轴旋转而成的曲面面积;

(4) $x^2 = 2py + a$ ($0 \leqslant x \leqslant a, a > 1$) 绕 x 轴和 y 轴旋转而成的曲面面积.

7. 设某产品的总产量变化率为 $f(t) = 100 + 10t - 0.45t^2$ (吨/小时),求

(1) 总产品函数 $Q(t)$;

(2) 从 $t_0 = 4$ 到 $t_1 = 8$ 这段时间内的产量.

8. 有一半球形水池,直径为 6 cm,水池中蓄满水. 现将水池内的水抽干,要做多少功?

9. 一底为 8 cm,高为 6 cm 的等腰三角形,垂直沉入水中,顶在上、底在下且与水面平行,而顶离水面 3 cm,试求它侧面所受的压力.

6.5 广义积分

定义 6.5.1 设对任意 $b > a$,函数 $f(x)$ 在 $[a, b]$ 上可积,如果 $\lim\limits_{b \to +\infty} \int_a^b f(x) \, \mathrm{d}x$ 存在,则称广义积分 $\int_a^{+\infty} f(x) \, \mathrm{d}x$ 收敛;否则称 $\int_a^{+\infty} f(x) \, \mathrm{d}x$ 发散.

注 6.5.1 类似的可以定义区间 $(-\infty, a)$ 和 $(-\infty, \infty)$ 上的广义积分.

对有限区间上的广义积分有如下定义:

定义 6.5.2 设函数 $f(x)$ 在区间 $(a, b]$ 有定义,对任意 $0 < \delta < b - a$,$f(x)$ 在区间 $[a + \delta, b]$ 上可积,如果极限 $\lim\limits_{\delta \to 0^+} \int_{a+\delta}^b f(x) \, \mathrm{d}x$ 存在,则称广义积分 $\int_a^b f(x) \, \mathrm{d}x$ 收敛,否则称其发散.

注 6.5.2 (1) $f(x)$ 在区间 $[a + \delta, b]$ 上可积,意味着 $f(x)$ 在区间

$[a+\delta, b]$ 上有界,而 $f(x)$ 在区间 $(a,b]$ 不可积,通常是因为端点 a 导致 $f(x)$ 在区间 $(a,b]$ 上无界.

(2) 经过简单的换元,总可以将区间 $(a,b]$ 变为 $(0,1]$,进一步令 $t=\dfrac{1}{x}$,则可将区间 $(0,1]$ 上的积分转化为区间 $[1,+\infty)$ 上的积分.

例 6.5.1 计算广义积分 $\int_{0}^{+\infty} x\mathrm{e}^{-x^2}\mathrm{d}x$.

解 $\int_{0}^{+\infty} x\mathrm{e}^{-x^2}\mathrm{d}x = \lim\limits_{b\to+\infty}\int_{0}^{b} x\mathrm{e}^{-x^2}\mathrm{d}x = -\dfrac{1}{2}\lim\limits_{b\to+\infty}(\mathrm{e}^{-x^2})\big|_{0}^{b} = \dfrac{1}{2}$.

为了书写简便,在运算过程中常常省去极限符号,将 ∞ 当成"数",使用牛顿—莱布尼兹公式的格式,即有

$$\int_{a}^{+\infty} F(x)\mathrm{d}x = F(x)\big|_{a}^{+\infty} = F(+\infty)-F(a),$$

$$\int_{-\infty}^{b} F(x)\mathrm{d}x = F(x)\big|_{-\infty}^{b} = F(b)-F(-\infty),$$

$$\int_{-\infty}^{+\infty} F(x)\mathrm{d}x = F(x)\big|_{-\infty}^{+\infty} = F(\infty)-F(-\infty),$$

其中 $F(x)$ 是 $f(x)$ 的一个原函数,记号 $F(\pm\infty)$ 应理解为 $F(\pm\infty)=\lim\limits_{x\to\pm\infty}F(x)$.

例 6.5.2 讨论 $\int_{2}^{+\infty}\dfrac{\mathrm{d}x}{x\ln x}$ 的敛散性.

解 $\int_{2}^{+\infty}\dfrac{\mathrm{d}x}{x\ln x} = \int_{2}^{+\infty}\dfrac{\mathrm{d}(\ln x)}{\ln x} = \ln|\ln x|\big|_{2}^{+\infty}$

$= \ln|\ln(+\infty)| - \ln|\ln 2| = +\infty,$

所以 $\int_{2}^{+\infty}\dfrac{\mathrm{d}x}{x\ln x}$ 发散.

例 6.5.3 计算广义积分 $\int_{-\infty}^{+\infty}\dfrac{\mathrm{d}x}{1+x^2}$.

解 $\int_{-\infty}^{+\infty}\dfrac{\mathrm{d}x}{1+x^2} = \arctan x\big|_{-\infty}^{+\infty} = \dfrac{\pi}{2} - \left(-\dfrac{\pi}{2}\right) = \pi.$

例 6.5.4 讨论 $\int_a^{+\infty} \dfrac{1}{x^p}dx$ 的敛散性 ($a>0$).

解 (1) 当 $p>1$ 时，$\int_a^{+\infty} \dfrac{1}{x^p}dx = \dfrac{1}{1-p} x^{1-p} \Big|_a^{+\infty} = \dfrac{1}{(p-1)a^{p-1}}$（收敛）；

(2) 当 $p=1$ 时，$\int_a^{+\infty} \dfrac{1}{x^p}dx = \int_a^{+\infty} \dfrac{1}{x}dx = \ln x \Big|_a^{+\infty} = +\infty$（发散）；

(3) 当 $p<1$ 时，$\int_a^{+\infty} \dfrac{dx}{x^p} = \dfrac{1}{1-p} x^{1-p} \Big|_a^{+\infty} = +\infty$（发散）.

综上，$\int_a^{+\infty} \dfrac{1}{x^p}dx = \begin{cases} \dfrac{1}{(p-1)a^{p-1}}, & p>1 \quad (\text{收敛}), \\ +\infty, & p\leqslant 1 \quad (\text{发散}). \end{cases}$

习题 6.5

计算下列各广义积分：

(1) $\int_1^{+\infty} \dfrac{1}{x}dx$；

(2) $\int_e^{+\infty} \dfrac{1}{x\ln^2 x}dx$；

(3) $\int_{-\infty}^0 e^x dx$；

(4) $\int_1^{+\infty} x^{-4} dx$；

(5) $\int_{\frac{2}{\pi}}^{+\infty} \dfrac{1}{x^2}\sin\dfrac{1}{x}dx$；

(6) $\int_{-\infty}^0 \cos x dx$；

(7) $\int_0^{+\infty} \dfrac{x}{1+x^2}dx$；

(8) $\int_e^{+\infty} \dfrac{1}{x\ln x}dx$；

(9) $\int_1^{+\infty} \dfrac{1}{\sqrt{x}}dx$；

(10) $\int_0^{+\infty} e^{-ax}dx$ ($a>0$)；

(11) $\int_{-\infty}^{+\infty} \dfrac{1}{x^2+2x+2}dx$；

(12) $\int_{-\infty}^{+\infty} \dfrac{1}{a^2+x^2}dx$.

第7章 向量代数与空间解析几何

平面解析几何是在平面坐标系的基础上,用代数的方法研究平面图形. 类似地,空间解析几何是在空间坐标系的基础上,用代数的方法研究空间图形.

7.1 空间直角坐标系

7.1.1 空间直角坐标系

在空间中任意选定一点 O,过点 O 引入三条互相垂直的数轴 Ox, Oy, Oz, 这三条数轴均以点 O 为原点,且有相同的度量单位,点 O 及三条坐标轴构成一个空间直角坐标系,记为 $Oxyz$. 每个坐标轴的正向可以有两个方向,根据坐标轴正向的不同取法,坐标系分为右手系和左手系两种,图 7-1 显示的是右手系. 习惯上采用右手系,约定下面在右手系下讨论问题.

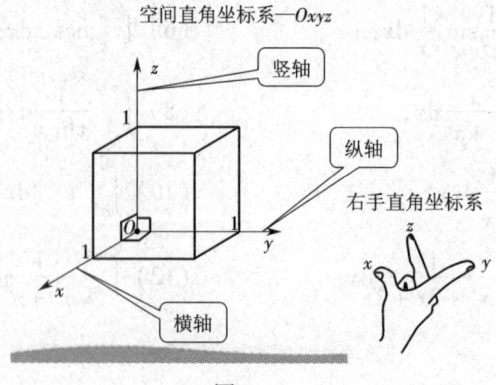

图 7-1

空间直角坐标系有三个坐标平面,其中 x 轴和 y 轴确定 xOy 坐标面,x 轴和 z 轴确定 zOx 坐标面,y 轴和 z 轴确定 yOz 坐标面. 三个坐标平面将空间分为八个部分,称为卦限,分别为第一至第八卦限,八个卦限的顺序如图 7-2 所示.

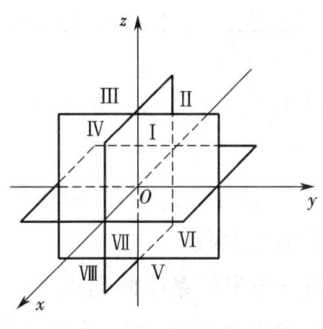

图 7-2

建立空间直角坐标系后,空间内的点就可以用坐标来表示,这里坐标是指由三个实数构成的有序数组. 设 M 为空间任意点,过 M 作三个分别垂直于三个坐标轴的平面,分别交坐标轴于 A,B,C 三点(如图 7-3 所示),它们在数轴上的坐标分别为 x,y,z,则称有序数组 (x,y,z) 为点 M 的直角坐标. 特殊地,原点的坐标为 $O(0,0,0)$;坐标轴 x 轴上点的坐标为 $A(x,0,0)$,y 轴上点的坐标为 $B(0,y,0)$,z 轴上点的坐标为 $C(0,0,z)$;坐标面 xOy 面上点的坐标为 $P(x,y,0)$,yOz 面上点的坐标为 $Q(0,y,z)$,zOx 面上点的坐标为 $R(x,0,z)$.

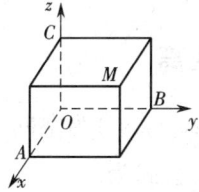

图 7-3

点在各卦限时,坐标的符号如表 7.1 所示.

表7.1

卦限	I	II	III	IV	V	VI	VII	VIII
X	+	−	−	+	+	−	−	+
Y	+	+	−	−	+	+	−	−
Z	+	+	+	+	−	−	−	−

例 7.1.1 指出点 $A(1,-1,-3)$,$B(1,2,-5)$,$C(-1,2,1)$ 所在的卦限.

解 点 $A(1,-1,-3)$ 位于第八卦限,点 $B(1,2,-5)$ 位于第五卦限,点 $C(-1,2,1)$ 位于第二卦限.

例 7.1.2 在空间直角坐标系中画出点 $A(1,-2,2)$.

解 先在 xOy 面上画出横坐标为 1,纵坐标为 -2 的点 P,即 $P(1,-2,0)$,由 P 点垂直向上引垂线,在上截取 2 个单位,所得点即为 $A(1,-2,2)$(如图 7-4 所示).

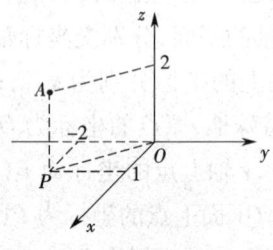

图 7-4

7.1.2 空间两点间的距离

若 $M_1(x_1,y_1,z_1)$,$M_2(x_2,y_2,z_2)$ 为空间两点,通过图 7-5 和勾股定理可以推导出两点的距离公式为

$$|M_1M_2| = \sqrt{(x_2-x_1)^2 + (y_2-y_1)^2 + (z_2-z_1)^2}.$$

例 7.1.3 求两点 $A(2,1,0)$、$B(3,3,4)$ 的距离 $|AB|$.

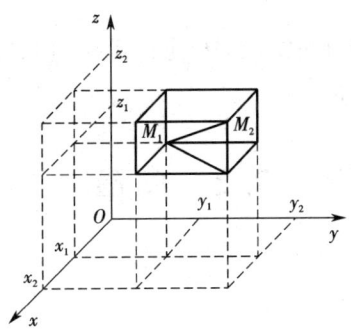

图 7-5

解 根据两点间距离公式,得

$|AB| = \sqrt{(2-3)^2 + (1-3)^2 + (0-4)^2} = \sqrt{1+4+16} = \sqrt{21}.$

例 7.1.4 在 x 轴上求与两点 $P_1(4,1,7)$ 和 $P_2(3,5,2)$ 等距离的点.

解 因为所求点在 x 轴上,故可设该点坐标为 $M(x,0,0)$ 依题意有 $|MP_1| = |MP_2|$,即

$\sqrt{(x-4)^2 + (0-1)^2 + (0-7)^2} = \sqrt{(x-3)^2 + (0-5)^2 + (0-2)^2}$,

解得 $x=14$,故所求点为 $(14,0,0)$.

习题 7.1

1. 空间直角坐标系中,指出下列各点的位置:

    $A(-1,2,-3), B(0,1,0), C(0,7,2).$

2. 求点 $P(4,-2,-1)$ 关于各坐标面、坐标轴及原点的对称点的坐标.

3. 在 z 轴上求与两点 $A(-2,1,2)$ 和 $B(1,0,0)$ 等距离的点.

4. 求点 $M(-2,4,-\sqrt{5})$ 与原点及各坐标轴间的距离.

5. 判断以点 $A(2,3,4), B(3,4,2), C(4,2,3)$ 为顶点的三角形的

形状.

6. 在 yOx 坐标面上求一点 M,使它到点 $A(1,-1,5)$,$B(3,4,4)$ 及 $C(4,6,1)$ 的距离相等.

7.2 向量

7.2.1 向量的概念

定义 7.2.1 空间中的一个有向线段表示向量(或矢量)(如图 7-6 所示), A 表示起点, B 表示终点, 记为 $\overrightarrow{AB}$ 或 $\boldsymbol{a}$. 有向线段的长度称为向量 $\overrightarrow{AB}$ 的模, 记作 $|\boldsymbol{a}|$ 或 $|\overrightarrow{AB}|$.

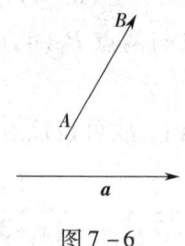

图 7-6

注 7.2.1 如不做特别声明,后面讨论的向量都是自由向量,即忽略向量的起点,或者说,如果两个向量经过平行移动后重合,则可将两个向量等同,因此在后面的讨论中可以认为所有的空间向量有共同的起点.

零向量:模为 0 的向量为零向量,记作 **0**. 零向量的方向是任意的.

单位向量:模为 1 的向量为单位向量.

负向量:与向量 $\boldsymbol{a}$ 的模相等,但方向相反的向量为 $\boldsymbol{a}$ 的负向量,记作 $-\boldsymbol{a}$.

向径:在空间直角坐标系中,以原点为起点,空间任一点为终点的向量为向径,记作 $\overrightarrow{OM}$ 或 $\boldsymbol{r}$.

第7章 向量代数与空间解析几何

向量相等：如果两个向量 a, b 方向相同（无论起点在哪），模相等，则称两个向量相等，记作：$a = b$.

7.2.2 向量的运算

1. 向量的加法

向量加法的平行四边形法则：设 a 和 b 是两个空间向量，则以向量 a 和 b 为邻边的平行四边形的对角线即为 $a + b$，这种方法称为向量加法的平行四边形法则（如图 7-7 所示）.

向量加法的三角形法则：将向量 a 和 b 首尾相接，以 a 的起点为起点，以 b 的终点为终点的向量即为 $a + b$，这种方法称为向量加法的三角形法则（如图 7-8 所示）.

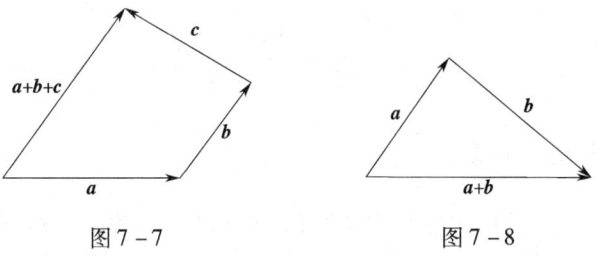

图 7-7　　　　　　　图 7-8

推广　利用三角形法则可求多个向量的和，具体做法是将它们平行移动，使其首尾相接，则以第一个向量的起点为起点，以最后一个向量的终点为终点的向量即为它们的和（如图 7-9 所示）.

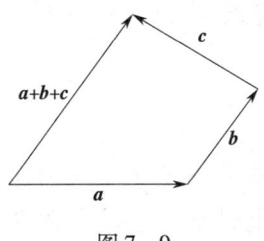

图 7-9

向量加法满足的运算律:
交换律 $a+b=b+a$;
结合律 $a+b+c=(a+b)+c=a+(b+c)$.

2. 向量的减法

因为 $a-b=a+(-b)$,故以 a 及 $-b$ 为邻边作平行四边形,则对角线向量就是 $a-b$(如图 7-10 所示).

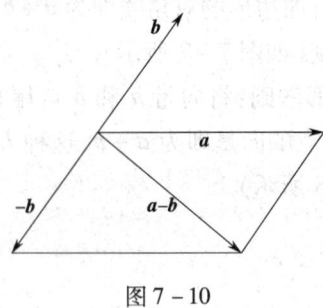

图 7-10

3. 数与向量的乘法

设 λ 为一实数,λ 与向量 a 的积 λa 仍为一向量,且 λa 的模是向量 a 的模的 λ 倍,当 $\lambda>0$(或 $\lambda<0$)时,λa 的方向与 a 方向相同(或相反). 当 $\lambda=0$ 时,λa 是零向量.

显然,向量的加法和数乘满足结合律.

7.2.3 向量的坐标表示

1. 向量的坐标表示

正如注 7.2.1 中的说明,所有的空间向量有共同的起点,所以可以认为这个共同起点是坐标原点. 在空间直角坐标系中,称与 x 轴、y 轴、z 轴正方向相同的单位向量为基本单位向量,用 i,j,k 表示(如图

7-11 所示).

对于空间直角坐标系中任一向量 a,设其终点为 M,则 $a = \overrightarrow{OM}$. 过 M 点做三个平面分别垂直于三个坐标轴且与坐标轴交于点 A, B, C,称 $\overrightarrow{OA}, \overrightarrow{OB}, \overrightarrow{OC}$ 为向量 $\overrightarrow{OM}$ 在三个坐标轴上的投影(如图 7-12 所示),显然有

$$\overrightarrow{OA} /\!/ i, \quad \overrightarrow{OB} /\!/ j, \quad \overrightarrow{OC} /\!/ k,$$

因此有

$$\overrightarrow{OA} = a_x i, \quad \overrightarrow{OB} = a_y j, \quad \overrightarrow{OC} = a_z k,$$

由向量加法定义知

$$\overrightarrow{OM} = \overrightarrow{OA} + \overrightarrow{OB} + \overrightarrow{OC}$$

即

$$a = a_x i + a_y j + a_z k,$$

称上式为向量 a 的坐标表达式. 为了方便,也记为

$$a = \{a_x, a_y, a_z\}.$$

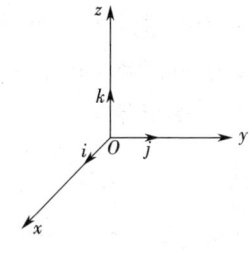

图 7-11

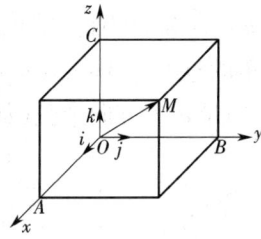

图 7-12

2. 用坐标表示向量的加、减及数乘的运算

设 $a = a_x i + a_y j + a_z k$, $b = b_x i + b_y j + b_z k$,$\lambda$ 为任一数,则

$$a \pm b = (a_x \pm b_x)i + (a_y \pm b_y)j + (a_z \pm b_z)k;$$

$$\lambda a = \lambda a_x i + \lambda a_y j + \lambda a_z k.$$

对于空间内任意两点 $P_1(x_1,y_1,z_1)$, $P_2(x_2,y_2,z_2)$, 则向量 $\overrightarrow{P_1P_2} = \overrightarrow{OP_2} - \overrightarrow{OP_1}$(如图 7 - 13 所示), 即

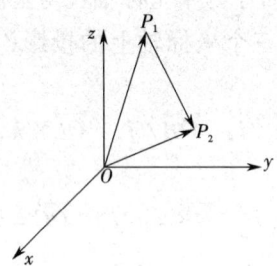

图 7 - 13

$$\overrightarrow{P_1P_2} = (x_2 - x_1)\boldsymbol{i} + (y_2 - y_1)\boldsymbol{j} + (z_2 - z_1)\boldsymbol{k}.$$

3. 用坐标表示向量的模和方向

设向量 $\boldsymbol{a} = a_x\boldsymbol{i} + a_y\boldsymbol{j} + a_z\boldsymbol{k}$, 则向量 $\boldsymbol{a}$ 的模为:

$$|\boldsymbol{a}| = \sqrt{a_x^2 + a_y^2 + a_z^2},$$

称向量 $\boldsymbol{a}$ 与 x 轴、y 轴、z 轴正向的夹角 α、β、γ 为向量的方向角,并规定方向角的范围为 $0 \leqslant \alpha \leqslant \pi, 0 \leqslant \beta \leqslant \pi, 0 \leqslant \gamma \leqslant \pi$, 同时称 $\cos\alpha$、$\cos\beta$、$\cos\gamma$ 为向量 $\boldsymbol{a}$ 的方向余弦(如图 7 - 14 所示). 由图可得,

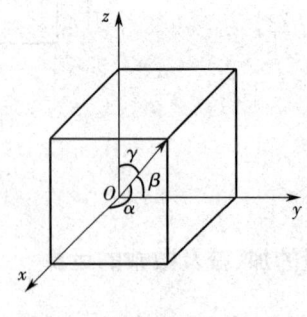

图 7 - 14

$$a_x = |\boldsymbol{a}|\cos\alpha, \quad a_y = |\boldsymbol{a}|\cos\beta, \quad a_z = |\boldsymbol{a}|\cos\gamma.$$

$$\cos\alpha = \frac{a_x}{|\boldsymbol{a}|} = \frac{a_x}{\sqrt{a_x^2 + a_y^2 + a_z^2}},$$

$$\cos\beta = \frac{a_y}{|\boldsymbol{a}|} = \frac{a_y}{\sqrt{a_x^2 + a_y^2 + a_z^2}},$$

$$\cos\gamma = \frac{a_z}{|\boldsymbol{a}|} = \frac{a_z}{\sqrt{a_x^2 + a_y^2 + a_z^2}}.$$

容易验证 $\cos^2\alpha + \cos^2\beta + \cos^2\gamma = 1$.

4. 单位向量的坐标表示

把与 $\boldsymbol{a}$ 同向且模为 1 的向量称为 $\boldsymbol{a}$ 的单位向量,记为 $\overrightarrow{a^0}$. 显然有

$$\boldsymbol{a} = |\boldsymbol{a}| \cdot \overrightarrow{a^0}, \text{或者}, \overrightarrow{a^0} = \frac{\boldsymbol{a}}{|\boldsymbol{a}|}.$$

例 7.2.1 设向量 $\boldsymbol{a}$ 与向量 $\boldsymbol{b}$ 平行,证明它们的坐标分别对应成比例.

解 设 $\boldsymbol{a} = a_x\boldsymbol{i} + a_y\boldsymbol{j} + a_z\boldsymbol{k}$; $\boldsymbol{b} = b_x\boldsymbol{i} + b_y\boldsymbol{j} + b_z\boldsymbol{k}$.

因为 $\boldsymbol{a}/\!/\boldsymbol{b}$,所以存在常数 λ,使 $\boldsymbol{a} = \lambda\boldsymbol{b}$,所以

$$\{a_x, a_y, a_z\} = \{\lambda b_x, \lambda b_y, \lambda b_z\},$$

从而 $\quad a_x = \lambda b_x, \quad a_y = \lambda b_y, \quad a_z = \lambda b_z,$

最后有 $\quad \dfrac{a_x}{b_x} = \dfrac{a_y}{b_y} = \dfrac{a_z}{b_y} = \lambda.$

例 7.2.2 已知 $\boldsymbol{a} = \{1, -1, 0\}, \boldsymbol{b} = \{1, 2, -1\}$,求 $2\boldsymbol{a} - 3\boldsymbol{b}$ 及 $\overrightarrow{a^0}$.

解 因为 $2\boldsymbol{a}\{2, -2, 0\}$, $3\boldsymbol{b} = \{3, 6, -3\}$,

所以 $2\boldsymbol{a} - 3\boldsymbol{b} = \{2-3; -2-6; 0-(-3)\} = \{-1, -8, 3\}$.

$|\boldsymbol{a}| = \sqrt{1^2 + (-1)^2 + 0^2} = \sqrt{2}$;从而 $\overrightarrow{a^0} = \dfrac{\boldsymbol{a}}{|\boldsymbol{a}|} = \left\{\dfrac{1}{\sqrt{2}}, \dfrac{1}{\sqrt{2}}, 0\right\}$.

例 7.2.3 已知 $\boldsymbol{a} = \{-11, -\sqrt{2}\}$,求 $\boldsymbol{a}$ 的模、方向余弦和方向角.

解 由 $\boldsymbol{a} = \{-11, -\sqrt{2}\}$,则 $a_x = -1, a_y = 1, a_z = -\sqrt{2}$.

又 $|a| = \sqrt{a_x^2 + a_y^2 + a_z^2}$，所以 $|a| = \sqrt{(-1)^2 + 1^2 + (-\sqrt{2})^2} = 2$.

$$\cos\alpha = \frac{a_x}{|a|} = \frac{1}{2}, \quad \alpha = \frac{2}{3}\pi,$$

$$\cos\beta = \frac{a_y}{|a|} = \frac{1}{2}, \quad \beta = \frac{1}{3}\pi,$$

$$\cos\gamma = \frac{a_z}{|a|} = -\frac{\sqrt{2}}{2}, \quad \gamma = \frac{3}{4}\pi.$$

例 7.2.4 设向量 $a = \{2, -1, 2\}$ 与 b 平行且 b 为单位向量，求 b.

解 由于 $a \mathbin{/\!/} b, a = \{2, -1, 2\}$ 故设 $b = \{2k, -k, 2k\}$, $\sqrt{4k^2 + k^2 + 4k^2} = 1, |3k| = 1, k = \pm\frac{1}{3}$，则 $b = \pm\frac{1}{3}\{2, -1, 2\}$.

7.2.4 向量的数量积

前面介绍了向量的有关概念、运算及坐标表示，下面介绍向量数量积的定义、运算性质及计算方法.

1. 数量积的概念

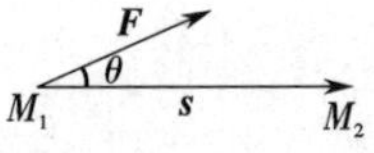

设一物体在常力 F 的作用下，从点 M_1 移动到 M_2，若用 $s = \overrightarrow{M_1 M_2}$ 表示位移，F 与 s 的夹角为 θ（如图 7-15 所示），那么力 F 所作的功为

$$W = |F||s|\cos\theta.$$

图 7-15

由这种向量的运算引出了向量的数量积的概念.

定义 7.2.1 向量 a 与向量 b 的模与它们夹角的余弦的乘积称为向量 a 与向量 b 数量积（或点积），即

$$a \cdot b = |a||b|\cos\theta,$$

其中 θ 为向量 a 与向量 b 的夹角.

注 7.2.1 （1）利用向量的数量积可以计算向量 a 到向量 b 的

投影,投影向量为 $a \cdot b \dfrac{b}{|b|^2}$, $b \neq 0$.

(2) 利用向量的数量积可以计算向量 a 与向量 b 之间的夹角

$$\theta = \arccos \dfrac{a \cdot b}{|a||b|}.$$

2. 数量积的性质

交换率: $a \cdot b = b \cdot a$

数乘结合率: $(\lambda a) \cdot b = \lambda (a \cdot b) = a \cdot (\lambda b)$

分配率: $a \cdot (b+c) = a \cdot b + a \cdot c$

由定义可知:(1) $a \cdot a = |a|^2$

(2) $a \perp b \Leftrightarrow a \cdot b = 0$

3. 数量积的坐标表示式

设向量 $a = \{a_x, a_y, a_z\}$, $b = \{b_x, b_y, b_z\}$, 由数量积的性质可推出数量积的坐标表示式,即

$$a \cdot b = a_x b_x + a_y b_y + a_z b_z.$$

又因 $a \cdot b = |a||b|\cos\theta$, 所以得两向量的夹角的余弦公式为

$$\cos\theta = \dfrac{a \cdot b}{|a||b|} = \dfrac{a_x b_x + a_y b_y + a_z b_z}{\sqrt{a_x^2 + a_y^2 + a_z^2} \cdot \sqrt{b_x^2 + b_y^2 + b_z^2}}.$$

因两向量垂直时 $a \cdot b = 0$, 所以得两向量垂直的充要条件是

$$a \perp b \Leftrightarrow a_x b_x + a_y b_y + a_z b_z = 0.$$

例 7.2.5 已知:向量 $a\{1, 0, -2\}$, $b\{-3, \sqrt{10}, 1\}$, 求 $a \cdot b$ 及 a 与 b 的夹角 θ.

解 $a \cdot b = 1 \times (-3) + 0 \times \sqrt{10} - 2 \times 1 = -5$,

又 $|a| = \sqrt{1^2 + 0^2 + (-2)^2} = \sqrt{5}$,

$|b| = \sqrt{(-3)^2 + (\sqrt{10})^2 + 1^2} = 2\sqrt{5}$,

从而 $\cos\theta = \dfrac{a \cdot b}{|a||b|} = \dfrac{-5}{\sqrt{5} \cdot 2\sqrt{5}} = -\dfrac{1}{2}$，又因为 $0 \leq \theta \leq \pi$，

所以 $\theta = \dfrac{2}{3}\pi$.

例 7.2.6 证明向量 $a = 2i - j + k$ 与向量 $b = 4i + 9j + k$ 互相垂直.

证明 因为 $a \cdot b = 2 \times 4 + (-1) \times 9 + 1 \times 1 = 0$，

所以 $a \perp b$.

7.2.5 向量的向量积

1. 向量积的概念

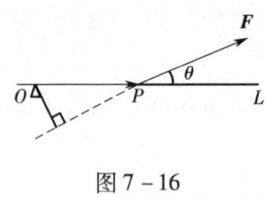

图 7 - 16

设 O 为杠杆 L 的支点，当力 F 作用于杠杆的 P 点处，力 F 与 $\overrightarrow{OP}$ 的夹角为 θ（如图 7 - 16 所示），力 F 对支点 O 的力矩 M 为一个向量，M 的大小为

$$|M| = |F||\overrightarrow{OP}|\sin\theta,$$

M 的方向垂直于 $\overrightarrow{OP}$ 和 F 所构成的平面，与向量 $\overrightarrow{OP}$ 和 F 符合右手规则. 由力矩的概念引出向量的向量积的概念.

定义 7.2.2 设 a, b 是两个向量，其向量积是一个向量，记作 $a \times b$，它的模和方向分别定义为

(1) $|a \times b| = |a||b|\sin\theta$ $(0 \leq \theta \leq \pi)$，其中 θ 为向量 a 与向量 b 的夹角.

(2) $a \times b$ 同时垂直于 a 与 b，且与 a, b 符合右手规则（如图 7 - 17 所示）.

向量的"向量积"是一个向量，而不是数. 向量积的模是个数，它的几何意义是以 a, b 为邻边的的平行四边形的面积（如图 7 - 18 所示）.

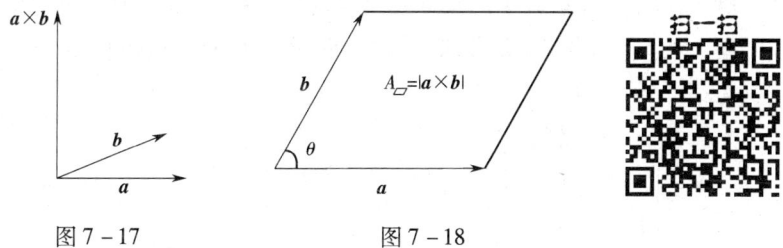

图 7-17　　　　　图 7-18

2. 向量积的性质

（1）$a \times a = 0$；

（2）$a \times 0 = 0$（其中 0 为零向量）；

（3）$a \times b = -b \times a$，即：向量的向量积不满足交换率；

（4）向量的向量积满足分配率，但向量因子的次序不能交换. 即：
$$(a+b) \times c = a \times c + b \times c.$$

由定义可知　　　$a // b \Leftrightarrow a \times b = 0.$

3. 向量积的坐标表示

设 $a = \{a_x, a_y, a_z\}$，$b = \{b_x, b_y, b_z\}$，由向量积的性质可推出（推导过程见本章提示与提高 5.）向量积的坐标表示式，即

$$a \times b = (a_y b_z - a_z b_y)i + (a_z b_x - a_x b_z)j + (a_x b_y - a_y b_x)k,$$

为便于记忆，写为

$$a \times b = \begin{vmatrix} i & j & k \\ a_x & a_y & a_z \\ b_x & b_y & b_z \end{vmatrix},$$

因两向量平行时 $a \times b = 0$，所以得两向量平行的充要条件是

$$a // b \Leftrightarrow \frac{a_x}{b_x} = \frac{a_y}{b_y} = \frac{a_z}{b_z}.$$

例 7.2.7 求垂直于向量 $a = \{2,2,1\}, b = \{4,5,3\}$ 的单位向量.

解 由向量积的定义可知,垂直于向量 a,b 的向量既可以是 $a \times b$,又可以是 $-a \times b$.

$$a \times b = \begin{vmatrix} i & j & k \\ 2 & 2 & 1 \\ 4 & 5 & 3 \end{vmatrix} = \begin{vmatrix} 2 & 1 \\ 5 & 3 \end{vmatrix} i - \begin{vmatrix} 2 & 1 \\ 4 & 3 \end{vmatrix} j + \begin{vmatrix} 2 & 2 \\ 4 & 5 \end{vmatrix} k = i - 2j + 2k,$$

$$|a \times b| = \sqrt{1^2 + (-2)^2 + 2^2} = 3.$$

所以

$$(a \times b)^0 = \pm \frac{a \times b}{|a \times b|} = \pm \frac{1}{3}(i - 2j + 2k),$$

即垂直于向量 a,b 的单位向量为 $\pm \frac{1}{3}(i - 2j + 2k)$.

例 7.2.8 求以 $A(1,2,-1), B(-2,3,1), C(1,1,-1)$ 为顶点的三角形的面积.

解 因为 $\overrightarrow{AB} = \{-3,1,2\}, \overrightarrow{AC} = \{0,1,0\}$,又

$$\overrightarrow{AB} \times \overrightarrow{AC} = \begin{vmatrix} i & j & k \\ -3 & 1 & 2 \\ 0 & -1 & 0 \end{vmatrix} = 2i + 3k,$$

所以

$$S_{\triangle ABC} = \frac{1}{2}|\overrightarrow{AB} \times \overrightarrow{AC}| = \frac{1}{2}\sqrt{2^2 + 3^2} = \frac{\sqrt{13}}{2}.$$

例 7.2.9 设向量 $a = 6i + 3j + 2k$,若向量 b 与 a 平行,且 $|b| = 14$,求 b.

解 设 $b = xi + yj + zk$,因为 $a // b$,所以 $\frac{x}{6} = \frac{y}{3} = \frac{z}{2} = \lambda$,即

$$x = 6\lambda, \quad y = 3\lambda, \quad z = 2\lambda,$$

又

$$|b| = \sqrt{x^2 + y^2 + z^2} = 14,$$

所以
$$\sqrt{(6\lambda)^2+(3\lambda)^2+(2\lambda)^2}=14,$$
解得 $\lambda=\pm2$,所以 $\begin{cases}x=12,\\y=6,\\z=4,\end{cases}$ 或 $\begin{cases}x=-12,\\y=-6,\\z=-4,\end{cases}$ 故所求向量为
$$b=\pm(12i+6j+4k).$$

习题 7.2

1. 设 $\alpha=a-b+2c, \beta=-a+3b-c$,用 a,b,c 表示 $2\alpha-3\beta$.

2. 已知向量 a,b,作出下列向量:

(1) $a+b$; (2) $\frac{1}{2}a-3b$; (3) $-a-b$; (4) $\frac{1}{2}(a+b)$.

3. 已知:向量 $a=\{-1,-2,-3\}$,向量 $b=\{-2,1,4\}$,求: $3a-2b$.

4. 已知:向量 $AB=3i-2j+k$ 终点坐标 $B(1,-1,0)$,求起点 A 的坐标.

5. 已知:向量 $a=i-j+k$, $b=2i-3j+k$, $c=-i+k$. 求 $3a-2b+2c$ 的模及方向余弦.

6. 给定两点 $A(-1,0,2\sqrt{2})$,$B(0,-1,\sqrt{2})$,求:向量 AB 的方向余弦和方向角.

7. 已知:向量 $a=2i-j+mk$,且 $|a|=3$,求:向量 a.

8. 设向量 $a=2i-j+2k, b=2i-j-2k$,求:$\vec{a^0}$ 及 $|a-2b|$.

9. 求与向量 $a=\{1,-4,8\}$ 同方向的单位向量.

10. 向量 a 与三个坐标轴夹角分别为 α,β,γ,若已知 $\alpha=60°, \beta=120°$,求第三个角 γ.

11. 求向量 $a=i+\sqrt{2}j+k$ 与坐标轴间的夹角.

12. 判断下列向量哪些是单位向量?

(1) $\boldsymbol{a} = \{\cos\alpha, \cos\beta, \cos\gamma\}$; (2) $\left\{\dfrac{1}{3}, \dfrac{1}{3}, \dfrac{1}{3}\right\}$.

13. 已知向量 $\boldsymbol{\alpha} = \{a, 5, -1\}$ 与 $\boldsymbol{\beta} = \{3, 1, b\}$ 平行,求 a, b 的值.

14. 求平行于向量 $\boldsymbol{a} = \{6, 7, -6\}$ 的单位向量.

15. 已知 $\boldsymbol{a} = \{2, -1, 5\}$, $\boldsymbol{b} = \{-1, 2, -3\}$, $\boldsymbol{c} = \{0, 1, 0\}$,计算:
(1) $\boldsymbol{a} \cdot \boldsymbol{b}$; (2) $\boldsymbol{b} \cdot \boldsymbol{c}$; (3) $\boldsymbol{a} \cdot \boldsymbol{c}$; (4) $\boldsymbol{a} \cdot (\boldsymbol{b} + \boldsymbol{c})$.

16. 已知:向量 $\boldsymbol{a} = \{3, 2, -1\}$, $\boldsymbol{b} = \{1, -1, 2\}$,求:(1) $2\boldsymbol{a} \times 7\boldsymbol{b}$; (2) $\boldsymbol{a} \times \boldsymbol{i}$; (3) $\boldsymbol{b} \times \boldsymbol{j}$.

17. 已知:向量 $\boldsymbol{a} = \{2, -3, 1\}$, $\boldsymbol{b} = \{1, -1, 3\}$, $\boldsymbol{c} = \{1, 2, 0\}$,计算:
(1) $(\boldsymbol{a} + \boldsymbol{b}) \times (\boldsymbol{b} + \boldsymbol{c})$; (2) $(\boldsymbol{a} \times \boldsymbol{b}) \cdot \boldsymbol{c}$.

18. 求向量 $\boldsymbol{a} = \boldsymbol{i} + \boldsymbol{j} - 4\boldsymbol{k}$ 和向量 $\boldsymbol{b} = \boldsymbol{i} - 2\boldsymbol{j} + 2\boldsymbol{k}$ 的夹角.

19. 已知:$a = 3, b = 5, \lambda$ 为何值,$\boldsymbol{a} + \lambda\boldsymbol{b}$ 与 $\boldsymbol{a} - \lambda\boldsymbol{b}$ 互相垂直.

20. 设向量 $\boldsymbol{a} = \{2, -1, -1\}$, $\boldsymbol{b} = \{1, 2, -1\}$,求垂直于向量 $\boldsymbol{a}$ 和 $\boldsymbol{b}$ 的单位向量.

21. 求 m 的值,使 $2\boldsymbol{i} - 3\boldsymbol{j} + 5\boldsymbol{k}$ 与 $3\boldsymbol{i} + m\boldsymbol{j} - 2\boldsymbol{k}$ 互相垂直.

22. 已知:向量 $\boldsymbol{a}$ 与 $\boldsymbol{b}$ 的夹角为 $\dfrac{\pi}{6}$,且 $|\boldsymbol{a}| = 6$,$|\boldsymbol{b}| = 5$ 求:$|\boldsymbol{a} \times \boldsymbol{b}|$.

23. 已知:$|\boldsymbol{a}| = 10, |\boldsymbol{b}| = 2, \boldsymbol{a} \cdot \boldsymbol{b} = 12$,求:$|\boldsymbol{a} \times \boldsymbol{b}|$.

24. 已知:$|\boldsymbol{a}| = 10, |\boldsymbol{b}| = 2$,且 $|\boldsymbol{a} \times \boldsymbol{b}| = 12$,求:$\boldsymbol{a} \cdot \boldsymbol{b}$.

25. 已知:向量 $\boldsymbol{a}$ 与向量 $\boldsymbol{b}$ 垂直,且 $|\boldsymbol{a}| = 3, |\boldsymbol{b}| = 4$,计算:
(1) $|(\boldsymbol{a} + \boldsymbol{b}) \times (\boldsymbol{a} - \boldsymbol{b})|$; (2) $|(3\boldsymbol{a} - \boldsymbol{b}) \times (\boldsymbol{a} - 2\boldsymbol{b})|$.

7.3 空间平面与直线

7.3.1 空间平面

1. 平面的一般方程

我们称垂直于一个平面的所有非零向量为这个平面的法向量(如

图7-19).有若干个确定空间平面的几何条件,例如过空间一点与一已知非零向量垂直的平面是唯一的,下面从该条件出发建立平面方程. 设平面 π 过点 $M_0(x_0,y_0,z_0)$,已知非零向量 $\boldsymbol{n} = \{A,B,C\}$,在平面上任取一点 $M(x,y,z)$,则

$$\overrightarrow{M_0M} = \{x-x_0, y-y_0, z-z_0\}$$

是 π 上的向量,故 $\overrightarrow{M_0M} \cdot \boldsymbol{n} = 0$,所以

$$A(x-x_0) + B(y-y_0) + C(z-z_0) = 0,$$

该方程即为平面 π 的方程. 其中 $\{A,B,C\}$ 为平面 π 的法向量. 将上述平面方程改写为

$$Ax + By + Cz - (Ax_0 + By_0 + Cz_0) = 0,$$

记 $-(Ax_0 + By_0 + Cz_0) = D$,就得到方程

$$Ax + By + Cz + D = 0,$$

称该方程为平面的一般方程,其中 $\{A,B,C\}$ 依然为法向量.

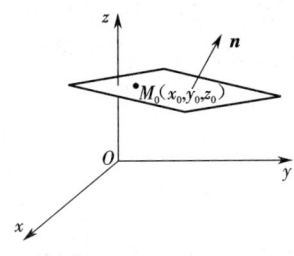

图 7-19

注7.3.1 决定空间平面的几何条件还有下列提法:

空间一点和两个不平行的非零向量唯一确定一个平面;

空间三个不共线的点唯一确定一个平面.

例7.3.1 求过点 $P(1,1,1)$ 且与平面 $\pi: 3x - y + 2z$ 平行的平面方程.

解 平面 π 的法向量为 $\boldsymbol{n}_1 = \{3,-1,2\}$,因为所求平面与平面 π 平

行,故所求平面的法向量 $n = n_1 = \{3, -1, 2\}$(如图 7-20 所示,此图只是示意图,并不与坐标系对应). 又平面过点 $P(1,1,1)$,故所求平面方程为

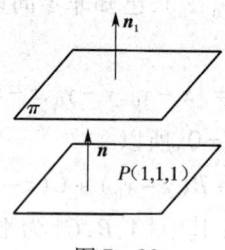

图 7-20

$$3(x-1) - (y-1) + 2(z-1) = 0,$$

整理得
$$3x - y + 2z - 4 = 0.$$

例 7.3.2 求过点 $P(1,-1,1)$ 且与平面 $\pi_1: x - y + z - 1 = 0$ 及 $\pi_2: 2x + y + z + 1 = 0$ 都垂直的平面方程.

解 平面 π_1 和 π_2 的法向量为 $n_1 = \{1, -1, 1\}$ 和 $n_2 = \{2, 1, 1\}$,设所求平面的法向量为 n,因所求平面与平面 π_1 及平面 π_2 都垂直(如图 7-21 所示,此图只是示意图,并不与坐标系对应).

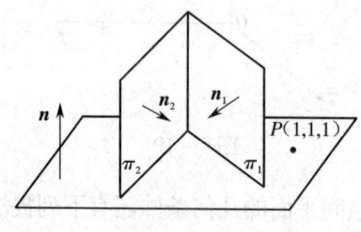

图 7-21

所以
$$n = n_1 \times n_2 = \begin{vmatrix} i & j & k \\ 1 & -1 & 1 \\ 2 & 1 & 1 \end{vmatrix} = -2i + j + 3k,$$

故所求平面的点法式方程为

$$-2(x-1) + (y-1) + 3(z-1) = 0,$$

整理得 $2x - y - 3z - 2 = 0.$

2. 平面在空间坐标系的特殊位置

如果方程中的 A,B,C 中出现零值,则平面方程就表示特殊的平面.

(1) 坐标面

若 $B = C = D = 0$,此时方程可写为 $x = 0$,表示 yOz 坐标面. 类似地,$y = 0$、$z = 0$ 表示 xOz、xOy 坐标面.

(2) 垂直于坐标轴(平行于坐标面)的平面

若 $A = B = 0$,此时方程可写为 $z = -\dfrac{D}{C} = a$(a 为常数),表示垂直于 z 轴(或平行于 xOy 坐标面)的平面(如图 7 - 22(a)所示). 类似地,$x = a$、$y = a$ 表示垂直于 x、y 轴的平面(如图 7 - 22(b),图 7 - 22(c)所示).

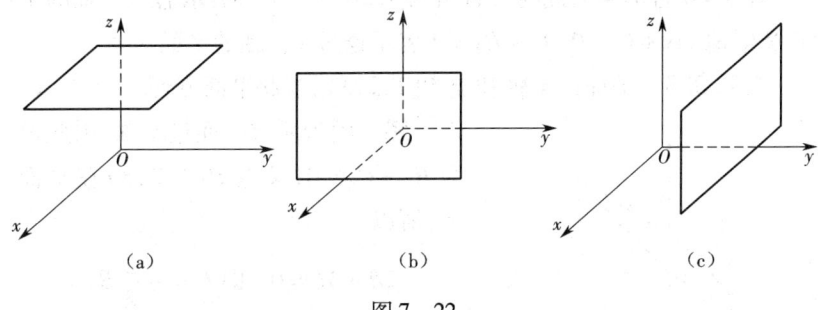

图 7 - 22

(3) 平行于坐标轴的平面

若 $B = 0$,即法向量 $\boldsymbol{n} = \{A,0,C\}$,因此 $\boldsymbol{n}$ 垂直于 y 轴,所以平面 $Ax + Cz + D = 0$ 平行于 y 轴(如图 7 - 23(a)所示). 类似地,$By + Cz + D = 0$、$Ax + By + D = 0$ 表示平行于 x、z 轴的平面(如图 7 - 23(b),图 7 - 23(c)所示).

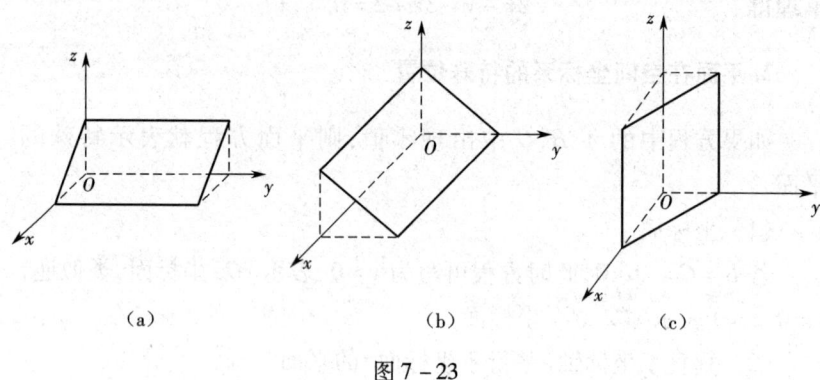

(a)　　　　　　(b)　　　　　　(c)

图 7 – 23

(4) 通过坐标原点的平面

若 $D=0$,此时方程可写为 $Ax+By+Cz=0$,表示通过坐标原点的平面.

(5) 通过坐标轴的平面

若 $A=0$ 且 $D=0$,此时方程可写为 $By+Cz=0$,表示通过 x 轴的平面. 类似地,$Ax+Cz=0$、$Ax+By=0$ 表示通过 y、z 轴的平面.

例 7.3.3 平面过 x 轴和点 $P(1,2,3)$,求此平面方程.

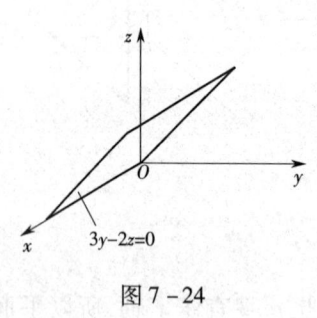

图 7 – 24

解 因为所求平面过 x 轴,因此设为 $By+Cz=0$,又点 $P(1,2,3)$ 在平面上,所以

$$2B+3C=0, \text{即} C=-\frac{2}{3}B,$$

故所求平面为 $3y-2z=0$(如图 7 – 24 所示).

例 7.3.4 求过三点 $M_1(1,-1,-2)$,$M_2(-1,2,0)$,$M_3(1,3,1)$ 的平面方程.

解 方法一:由于点 M_1,M_2,M_3 在所求平面上,故平面的法向量 $\boldsymbol{n}$ 与向量 $\overrightarrow{M_1M_2}$ 及 $\overrightarrow{M_1M_3}$ 都垂直. 即 $\boldsymbol{n}=\overrightarrow{M_1M_2}\times\overrightarrow{M_1M_3}$,又

$$\overrightarrow{M_1M_2}=\{-2,3,2\},\quad \overrightarrow{M_1M_3}=\{0,4,3\},$$

于是 $\boldsymbol{n} = \overrightarrow{M_1M_2} \times \overrightarrow{M_1M_3} = \begin{vmatrix} \boldsymbol{i} & \boldsymbol{j} & \boldsymbol{k} \\ -2 & 3 & 2 \\ 0 & 4 & 3 \end{vmatrix} = \boldsymbol{i} + 6\boldsymbol{j} - 8\boldsymbol{k},$

所以所求平面的方程为$(x-1) + 6(y+1) - 8(z+2) = 0$,整理,得
$$x + 6y - 8z - 11 = 0.$$

方法二:利用平面方程的一般求解,将点 M_1, M_2, M_3 分别代入平面方程的一般式 $Ax + By + Cz + D = 0$ 中,得方程组
$$\begin{cases} A - B - 2C + D = 0, \\ -A + 2B + D = 0, \\ A + 3B + C + D = 0. \end{cases}$$

解得 $A = -\dfrac{1}{11}D, \quad B = -\dfrac{6}{11}D, \quad C = \dfrac{8}{11}D.$

将 A, B, C 的值代入方程 $Ax + By + Cz + D = 0$ 中,

有 $-\dfrac{1}{11}Dx - \dfrac{6}{11}Dy + \dfrac{8}{11}Dz + D = 0,$

即 $x + 6y - 8z - 11 = 0.$

3. 平面的截距式方程

例 7.3.5 求过三点 $(a,0,0), (0,b,0), (0,0,c)$ 的平面方程(其中 a,b,c 均不为零).

解 设平面方程为 $Ax + By + Cz + D = 0,$
把已知的三点代入得
$$\begin{cases} Aa + D = 0, \\ Bb + D = 0, \\ Cc + D = 0. \end{cases}$$

解得 $A = -\dfrac{D}{a}; \quad B = -\dfrac{D}{b}; \quad C = -\dfrac{D}{c}.$

则平面方程为 $-\dfrac{Dx}{a} - \dfrac{Dy}{b} - \dfrac{Dz}{c} + D = 0,$ 即

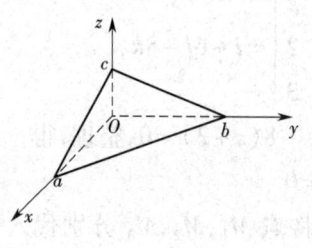

图 7-25

$$\frac{x}{a}+\frac{y}{b}+\frac{z}{c}=1,$$

称该方程为平面的截距式方程(如图 7-25 所示),其中 a,b,c 分别为平面在 x,y,z 轴上的截距.

例 7.3.6 已知平面通过点 $(-1,0,-3)$,且在三个坐标轴上的截距之比为 $a:b:c=1:2:3$,求此平面的方程.

解 因为平面在三个坐标轴上的截距之比为 $a:b:c=1:2:3$,所以设 $a=k,b=2k,c=3k$,又平面通过点 $(-1,0,3)$,由平面方程的截距式可得

$$\frac{-1}{k}+\frac{0}{2k}+\frac{-3}{3k}=1,$$

解之,得
$$k=-2.$$

所以
$$a=-2, \quad b=-4, \quad c=-6.$$

从而,所求的平面的方程为

$$\frac{x}{-2}+\frac{y}{-4}+\frac{-z}{-6}=1.$$

4. 点到平面的距离

点 $P(x_1,y_1,z_1)$ 到平面 $Ax+By+Cc+D=0$ 的距离为

$$d=\frac{|Ax_1+By_1+Cz_1+D|}{\sqrt{A^2+B^2+C^2}}.$$

例 7.3.7 求与平面 $\pi:x+2y+2z=0$ 平行且与点 $P(1,2,1)$ 的距离为 1 的平面方程.

解 因为所求平面与平面 π 平行,故设所求平面为 $x+2y+2z+D=0$,又所求平面与点 $P(1,2,1)$ 的距离为 1,故

$$1=\frac{|1\times 1+2\times 2+2\times 1+D|}{\sqrt{1^2+2^2+2^2}}.$$

所以 $|7+D|=3$，得 $D=-4$ 或 $D=-10$.

故所求平面为 $x+2y+2z-4=0$ 或 $x+2y+2z-10=0$.

7.3.2 空间直线的方程

类似讨论空间平面的情况,有多种确定直线的几何条件,从这些几何条件出发可以建立直线方程.

1. 空间直线的一般方程

两个不平行的平面确定一条直线,所以,把两个平面方程联立起来

$$\begin{cases} A_1 x + B_1 y + C_1 z + D_1 = 0, \\ A_2 x + B_2 y + C_2 z + D_2 = 0 \end{cases}$$

就表示一条空间直线,上式称为空间直线的一般方程,其中 $\{A_1,B_1,C_1\}$ 与 $\{A_2,B_2,C_2\}$ 不平行.

由于通过一条直线的平面有无穷多个,只要在这些平面中任取两个联立起来便是直线的方程. 因此,空间直线的方程不是唯一的.

2. 空间直线的标准方程

过空间一点与已知非零向量平行的直线是唯一的,称此向量为该直线的方向向量. 设 $M_0(x_0,y_0,z_0)$ 是空间一点, $S=\{m,n,p\}$ 为一非零向量,设 $M(x,y,z)$ 是所求直线上的任意一点,则 $\overrightarrow{M_0M}//s$(如图 7-26 所示),故两向量的对应坐标成比例,即

$$\frac{x-x_0}{m} = \frac{y-y_0}{n} = \frac{z-z_0}{p}.$$

上式称为空间直线的标准方程.

需要说明的是:

(1) 当 m,n,p 中有一个为零时,例如,当 $m=0$ 时,方程应理解为

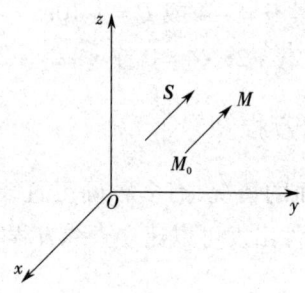

图 7-26

$$\begin{cases} \dfrac{y-y_0}{n} = \dfrac{z-z_0}{p}, \\ x-x_0 = 0. \end{cases}$$

（2）当 m,n,p 中有两个为零时，例如，当 $m=0,n=0$ 时，方程应理解为

$$\begin{cases} x-x_0 = 0, \\ y-y_0 = 0. \end{cases}$$

3. 空间直线的参数方程

设 $\dfrac{x-x_0}{m} = \dfrac{y-y_0}{n} = \dfrac{z-z_0}{p} = t$，则得到 $x-x_0 = mt, y-y_0 = nt, z-z_0 = pt$，

故

$$\begin{cases} x = x_0 + mt, \\ y = y_0 + nt, \\ z = z_0 + pt. \end{cases}$$

上式称为直线方程的参数形式，其中 t 为参数.

例 7.3.8 求过点 $M_0(2,3,4)$ 且与直线 $l: \dfrac{x-1}{1} = \dfrac{y-2}{2} = \dfrac{z-3}{3}$ 平行的直线方程.

解 所求直线与已知直线 l 平行，所以它们的方向向量相同. 又直线 l 的方向向量为 $\{1,2,3\}$，因此，所求直线的标准方程为

$$\frac{x-2}{1} = \frac{y-3}{2} = \frac{z-4}{3}.$$

例 7.3.9 求过两点 $A(1,0,0)$, $B(3,2,3)$ 的直线的标准方程.

解 所求直线方向向量为:
$$S = \overrightarrow{AB} = \{3-1, 2-0, 3-0\} = \{2, 2, 3\},$$
故所求直线的方程为
$$\frac{x-1}{2} = \frac{y}{2} = \frac{z}{3}.$$

例 7.3.10 求直线 $L: \begin{cases} -x + 4y = 0 \\ 2y + z = 1 \end{cases}$ 的标准方程.

解 在直线 L 上任找一点:令 $x = 4$,代入直线 L 的方程,求得 $y = 1$, $z = -1$,而直线 L 的方向向量为

$$S = \begin{vmatrix} i & j & k \\ -1 & 4 & 0 \\ 0 & 2 & 1 \end{vmatrix} = 4i + j - 2k = \{4, 1, -2\},$$

故直线的标准方程为
$$\frac{x-4}{4} = \frac{y-1}{1} = \frac{z+1}{-2}.$$

习题 7.3

1. 求平面方程:

(1) 过三点 $A(2, -1, 4)$, $B(-1, 3, -2)$, $C(0, 2, 3)$ 的平面方程;

(2) 求过点 $A(1, 4, 5)$ 且具有已知法向量 $\boldsymbol{n} = \{7, 1, 4\}$ 的平面方程;

(3) 平面平行于 x 轴且经过两点 $(4, 0, -2)$ 和 $(5, 1, 7)$;

(4) 平面经过点 $(1, 0, -1)$ 且平行于向量 $\boldsymbol{a} = \{2, 1, 1\}$ 和 $\boldsymbol{b} = \{1, -1, 0\}$.

2. 指出下列各平面方程的位置特征：
(1) $2x - y - 3z = 0$；　　(2) $2x - 3 = 0$；
(3) $2x - 3y - 6 = 0$；　　(4) $2x - y - 3z - 1 = 0$.

3. 求点 $(5,0,1)$ 到平面 $2x - \sqrt{5}y - 4z - 1 = 0$ 的距离.

4. 求两平行平面 $\pi_1 : x + 2y - 2z + 2 = 0$ 和 $\pi_2 : x + 2y - 2z + 8 = 0$ 间的距离.

5. 求平面 $\pi_1 : x + 2y - z - 3 = 0, \pi_2 : 4x - 4y + 4z - 1 = 0$ 的夹角.

6. 求过点 $M(5, -4, 7)$ 且与直线 $l : \dfrac{x+1}{3} = \dfrac{y-5}{-2} = \dfrac{z}{1}$ 平行的直线方程.

7. 求点 $M(5, 2, -1)$ 在平面 $2x - y + 3z + 23 = 0$ 上的投影.

8. 求直线 $\dfrac{x-2}{3} = \dfrac{y+3}{-1} = \dfrac{z-4}{2}$ 与平面 $3x - y + 2z = 4$ 的夹角.

9. 过两点 $A(1,2,3), B(1,1,2)$ 且与直线 $\begin{cases} \dfrac{x-1}{1} = \dfrac{y+1}{-2} \\ z = 3 \end{cases}$ 平行的平面方程.

10. 求过点 $A(1,1,1)$，与直线 $l_1 : x = \dfrac{y-1}{2} = \dfrac{z-2}{-1}$ 垂直并与直线 $l_2 : \dfrac{x+1}{-1} = y - 1 = \dfrac{z+1}{2}$ 相交的直线方程.

7.4　空间曲面和曲线

设 S 是一空间曲面，$P(x,y,z)$ 是空间任意一点，如果点 P 在曲面 S 上的充分必要条件是点 P 的坐标 (x,y,z) 满足方程 $F(x,y,z) = 0$，则称 $F(x,y,z) = 0$ 为曲面 S 的方程. 如果方程是 x, y, z 的二次多项式，所表示的曲面称为二次曲面.

7.4.1 二次曲面

1. 球面方程

下面建立以点 $M(x_0, y_0, z_0)$ 为球心,半径为 R 的球面(如图 7-27 所示)方程.

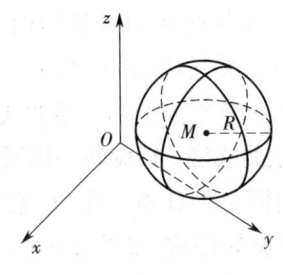

图 7-27

因为球面上的任意一动点到球心的距离都等于球的半径 R,因此,若设 $P(x,y,z)$ 为球面上的任意一动点,则 $|PM|=R$,由两点间的距离公式可得

$$\sqrt{(x-x_0)^2+(y-y_0)^2+(z-z_0)^2}=R,$$
$$(x-x_0)^2+(y-y_0)^2+(z-z_0)^2=R^2,$$

上式即为所求的球面方程的标准形式.

特别地,球心在原点,半径为 R 的球面方程为

$$x^2+y^2+z^2=R^2.$$

将球面方程的标准形式稍做整理,就可变成球面方程的一般形式,即

$$x^2+y^2+z^2+Dx+Ey+Fz+G=0.$$

例 7.4.1 方程 $2x^2+2y^2+2z^2+2x-2y-1=0$ 表示怎样的曲面?

解 方程变为 $x^2+y^2+z^2+x-y=\dfrac{1}{2},$

配方得
$$\left(x+\frac{1}{2}\right)^2 + y^2 + \left(z-\frac{1}{2}\right)^2 = 1,$$

所以,原方程表示球心在 $\left(-\frac{1}{2}, 0, \frac{1}{2}\right)$,半径为 1 的球面.

2. 旋转曲面

一条平面曲线 L 绕着平面上的一条固定直线旋转一周所形成的曲面叫做旋转曲面. 定直线叫旋转轴, 曲线 L 称为旋转曲面的母线.

设有 yOz 平面上的一条曲线 L,其方程为 $f(y,z)$,下面建立曲线绕 z 轴旋转一周所形成的曲面的方程.

设 $M(x,y,z)$ 为该曲面上的任意一个点,它可以看成是曲线 L 上的点 $M_1(0,y_1,z_1)$ 绕 z 轴旋转而成. 显然, $z = z_1$,点 M 到 z 轴的距离等于点 M_1 到 z 轴的距离(如图 7 – 28 所示),即

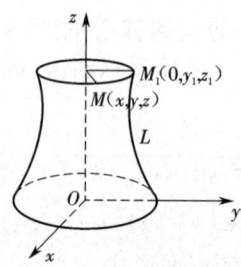

图 7 – 28

$$\sqrt{x^2 + y^2} = |y_1|,$$

从而,点 M 与点 M_1 的坐标间有如下关系

$$y_1 = \pm \sqrt{x_2 + y_2}, \quad z_1 = z,$$

又因点 $M_1(0,y_1,z_1)$ 在曲线 L 上,必满足曲线的方程,所以 $f(y_1,z_1) = 0$,即

$$f(\pm \sqrt{x^2+y^2}, z) = 0.$$

同理,曲线绕 y 轴旋转一周所形成的曲面的方程为
$$f(y, \pm\sqrt{x^2+z^2})=0.$$

可以看出,平面曲线绕哪个坐标轴旋转,方程中对应于此轴的变量保持不变,而把另外一个变量变成 x,y,z 中其余两个变量的平方和再开方.就得所求旋转曲面的方程.

例 7.4.2 求直线 $z=kx$(x 为常数)绕 z 轴旋转所生成的旋转曲面方程.

解 直线绕 z 轴旋转,方程中 z 不变,将 x 换成 $\pm\sqrt{x^2+y^2}$.故所求方程为:
$$z=\pm k\sqrt{x^2+y^2}.$$

此曲面称为圆锥面(如图 7-29 所示).

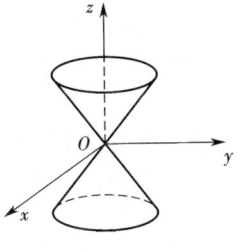

图 7-29

类似地,双曲线 $\dfrac{x^2}{a^2}-\dfrac{z^2}{b^2}=1$ 分别绕 z 轴和绕 x 轴旋转而形成的曲面方程为 $\dfrac{x^2+y^2}{a^2}-\dfrac{z^2}{b^2}=1$ 和 $\dfrac{x^2}{a^2}-\dfrac{y^2+z^2}{b^2}=1$,这两种曲面都称为旋转双曲面,也可称为单叶双曲面和双叶双曲面(如图 7-30(a),图 7-30(b)所示);抛物线 $z=y^2$ 绕 z 轴旋转而形成的曲面方程为 $z=x^2+y^2$(如图 7-31 所示),这种曲面称为旋转抛物面.

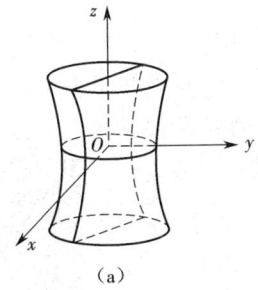

(a)

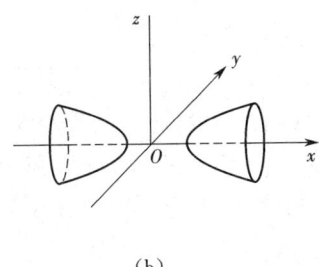

(b)

图 7-30

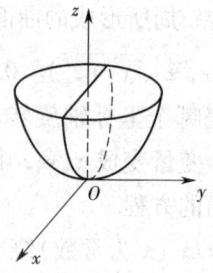

图 7 – 31

例 7.4.3 曲面 $3x^2 - 4y^2 - 4z^2 = 12$ 是由哪条曲线旋转而成的？

解 由于方程 $3x^2 - 4y^2 - 4z^2 = 12$ 中 y^2, z^2 项的系数相同，故曲面可写为

$$3x^2 - 4(\pm\sqrt{y^2 + z^2})^2 = 12,$$

所以，曲面是由 xOy 面的双曲线 $3x^2 - 4y^2 = 12$ 绕 x 轴旋转而成的旋转双曲面。

3. 柱面

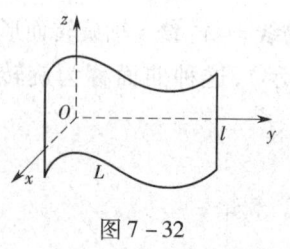

图 7 – 32

一直线 l 沿一已知平面曲线 L（l 和 L 不在同一平面上）平行移动所形成的曲面称为柱面（如图 6 – 32 所示）。曲线 L 称为柱面的准线，动直线 l 称为柱面的母线。

下面只研究母线平行于坐标轴的柱面方程。设柱面的准线是 xOy 面上的曲线 $C: F(x,y) = 0$，柱面的母线平行于 z 轴，在柱面上任取一点 $M(x,y,z)$，过点 M 作平行于 z 轴的直线，交曲线 C 于点 $M_1(x,y,0)$（如图 7 – 33 所示）。故点 M_1 的坐标满足方程 $F(x,y) = 0$，因为方程中不含变量 z，而点 M_1 和点 M 有相同的横坐标和纵坐标，所以点 M 的坐标也满足此方程。因此，

扫一扫

方程 $F(x,y)=0$ 就是母线平行于 z 轴的柱面的方程. 可以看出,母线平行于 z 轴的柱面的方程中不含有变量 z. 同理:仅含有 x,z 的方程 $F(x,z)$ 和仅含有 y,z 的方程 $F(y,z)=0$,分别表示母线平行于 y 轴和 x 轴的柱面.

例如,$x^2+y^2=1$ 表示准线为 xOy 面上的圆,母线平行于 z 轴的圆柱面(如图 7-34 所示).又例如,$4z=x^2$ 表示准线为 xOz 面上的抛物线,母线平行于 y 轴的抛物柱面(如图 7-35 所示);方程 $\dfrac{x^2}{a^2}-\dfrac{y^2}{b^2}=1$;表示准线为 xOy 面上的双曲线,母线平行于 z 轴的双曲柱面(如图 7-36 所示);方程 $z=y^2$ 表示准线为 yOz 面上的抛物线,母线平行于 x 轴的抛物柱面(如图 7-37 所示);$x+y=1$ 表示准线为 xOy 面上的直线,母线平行于 z 轴的平面(如图 7-38 所示).

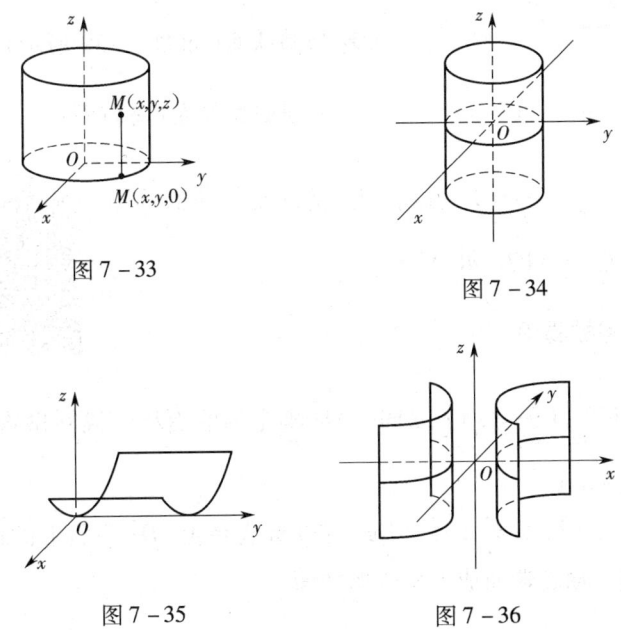

图 7-33

图 7-34

图 7-35

图 7-36

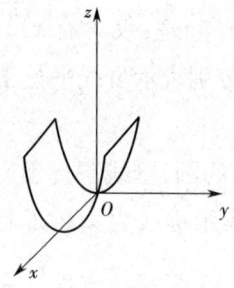
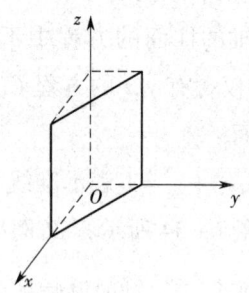

图 7-37　　　　　　　图 7-38

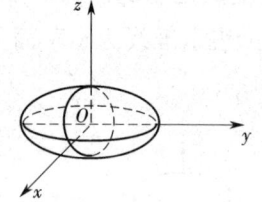

4. 椭球面

由方程 $\dfrac{x^2}{a^2} + \dfrac{y^2}{b^2} + \dfrac{z^2}{c^2} = 1$ 所确定的曲面称为椭球面(如图 7-39 所示).

图 7-39

5. 双曲抛物面(马鞍面)

由方程 $\dfrac{y^2}{p} - \dfrac{x^2}{q} = 2z\ (p,q > 0)$ 所确定的曲面称为双曲抛物面(如图 7-40 所示).

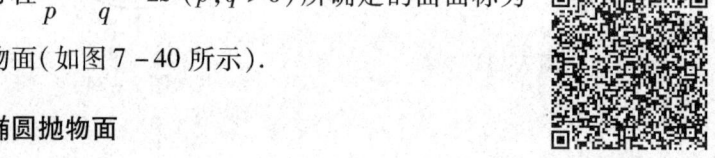

6. 椭圆抛物面

由方程 $\dfrac{x^2}{2p} + \dfrac{y^2}{2q} = z\ (p,q$ 同号$)$ 所确定的曲面称为椭圆抛物面(如图 7-41 所示).

当 $p = q$ 时,得 $x^2 + y^2 = 2pz$,可以看成是由 xOz 平面上的抛物线 $x^2 = 2pz$ 绕 z 轴旋转而成的旋转抛物面.

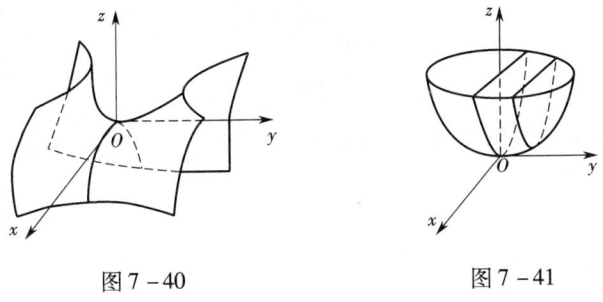

图 7 - 40   图 7 - 41

7.4.2 截痕法

一般说来,空间曲面的形状已难以用描点法得到. 对此,我们用坐标面或平行于坐标面的平面截所讨论的曲面,所截的截痕都是平面曲线,把所截得的一系列曲线的形状综合起来加以分析,便可得出所讨论的曲面的形状,这种方法叫做截痕法.

下面用截痕法讨论椭圆抛物面:

(1) 用平行于 xOz 面的平面截椭圆抛物面,其截痕为

$$\begin{cases} \dfrac{x^2}{2p} + \dfrac{y^2}{2q} = z, \\ y = k, \end{cases}$$

是平面 $y = k$ 上的抛物线 $x^2 = 2pz + m$ (其中 $m = -\dfrac{pk^2}{q}$)(如图 7 - 41 所示).

(2) 用平行于 xOy 面的平面 $z = k$ 截椭圆抛物面,其截痕为

$$\begin{cases} \dfrac{x^2}{2p} + \dfrac{y^2}{2q} = k, \\ z = k, \end{cases}$$

是平面 $z = k$ 上的椭圆 $\dfrac{x^2}{2p} + \dfrac{y^2}{2q} = k$ (如图 7 - 42 所示).

(3) 用平行于 yOz 面的平面截椭圆抛物面,其截痕为

$$\begin{cases} \dfrac{x^2}{2p} + \dfrac{y^2}{2q} = z, \\ x = k, \end{cases}$$

是平面 $x = k$ 上的抛物线 $y^2 = 2qz + m$（其中 $m = -\dfrac{qk^2}{p}$）（如图 7-43 所示）.

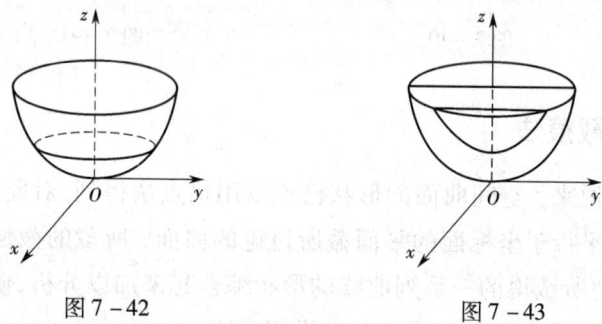

图 7-42　　　　　　　　图 7-43

例 7.4.4　画出下列各曲面所围成立体的图形：

(1) $x^2 + y^2 + z^2 = a^2$ 与 $x^2 + y^2 = ay\ (z > 0)$；

(2) $z = \sqrt{R^2 - x^2 - y^2}$ 与 $z = \sqrt{x^2 + y^2}$.

解　(1) 当 $z > 0$ 时，$x^2 + y^2 + z^2 = a^2$ 表示上半球面，$x^2 + y^2 = ay$ 方程，或 $x^2 + \left(y - \dfrac{a}{2}\right)^2 = \left(\dfrac{a}{2}\right)^2$ 表示母线平行于 z 轴的圆柱面，两曲面所围成立体的图形如图 7-44 所示.

(2) $z = \sqrt{R^2 - x^2 - y^2}$ 表示半球面，$z = \sqrt{x^2 + y^2}$ 表示圆锥面，两曲面所围成立体的图形如图 7-45 所示.

第7章 向量代数与空间解析几何

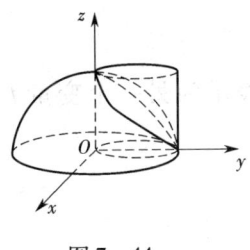

图 7-44

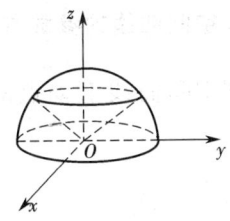

图 7-45

7.4.3 空间曲线

1. 空间曲线的一般方程

空间曲线可以看作两个曲面的交线(如图 7-46 所示),所以,把两个曲面方程 $F_1(x,y,z)=0$ 和 $F_2(x,y,z)$ 联立起来

$$\begin{cases} F_1(x,y,z)=0, \\ F_2(x,y,z)=0 \end{cases}$$

就表示一条空间曲线,上式称为空间曲线的一般方程.

例如方程 $\begin{cases} z=2x^2+y^2, \\ x+y+z=1 \end{cases}$,表示的曲线是椭圆抛物面 $z=2x^2+y^2$ 被平面 $x+y+z=1$ 截出的椭圆(如图 7-47 所示).

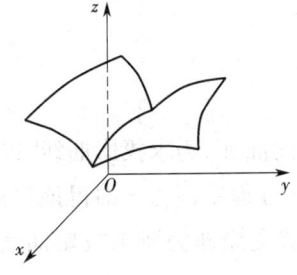

图 7-46

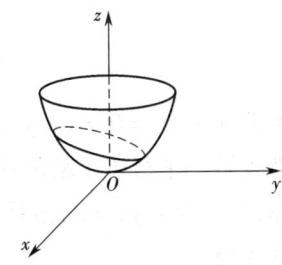

图 7-47

2. 空间曲线的参数方程

把空间曲线上动点的坐标 x,y,z 都表示为另一个变量 t 的函数,即

$$\begin{cases} x = x(t), \\ y = y(t), \\ z = z(t). \end{cases}$$

上式称为空间曲线的参数方程.

例 7.4.5 化曲线的一般方程 $\begin{cases} x^2 + (y-2)^2 + z^2 = 2, \\ x = 1 \end{cases}$ 为参数方程.

解 将 $x=1$ 代入方程 $x^2 + (y-2)^2 + z^2 = 5$ 中得 $(y-2)^2 + z^2 = 1$. 令 $y = 2 + \cos t$,可以解得 $z = \sin t$.

从而所求曲线的参数方程为 $\begin{cases} x = 1, \\ y = 2 + \cos t, \\ z = \sin t. \end{cases}$

3. 空间曲线到坐标平面的投影

以空间曲线投影到 xOy 平面的情况为例,从空间曲线一般方程出发推导投影曲线方程. 设有一空间曲线 l:

$$\begin{cases} F(x,y,z) = 0, \\ G(x,y,z) = 0, \end{cases}$$

其中 $F(x,y,z) = 0, G(x,y,z) = 0$ 是两个空间曲面,为求投影曲线,以 l 为准线做一平行于 z 轴的柱面,从上面联立方程中消去 z 即得该柱面方程,设为 $f(x,y) = 0$,该柱面与 xOy 平面的交线即为所求投影曲线,其方程为

$$\begin{cases} f(x,y) = 0, \\ z = 0, \end{cases}$$

如果将该投影曲线视为平面直角坐标系 xOy 上的曲线,则其方程是 $f(x,y)=0$.

例 7.4.6 求曲线 $l: \begin{cases} x^2+y^2+z^2=9, \\ z=x+2 \end{cases}$ 在 xOy 平面上的投影.

解 在所给方程组中消去 z 得
$$\begin{cases} 2x^2+4x+y^2=5, \\ z=0, \end{cases}$$
此即为投影曲线.

习题 7.4

1. 求 xOz 面上的曲线 $z=x^2+1$ 绕 z 轴旋转形成的曲面的方程.
2. 求 xOy 面上的直线 $x+y=1$ 绕 y 轴旋转所产生的曲面的方程.
3. 方程 $x^2+y^2+z^2-3x+7y-10=0$ 表示什么曲面?
4. 指出下列方程所表示的球心坐标和球的半径:
(1) $x^2+y^2+z^2-2z=0$;
(2) $x^2+y^2+z^2-2x+2y+z=0$.
5. 已知球的一条直径的两个端点是 $(2,-3,5)$ 和 $(4,1,-3)$,试写出球面方程.
6. 下面方程表示什么曲面?
(1) $2x^2+4y^2+z^2=2$;
(2) $x^2-y^2+z^2=-1$.
7. 画出下面的立体:
(1) 由曲面 $z=1-y^2$ 与 $x=1$ 及三个坐标面围成的立体.
(2) 由曲面 $z=1-\sqrt{x^2+y^2}$ 与 $z=0$ 围成的立体.

8. 方程组 $\begin{cases} x^2 + y^2 = 1, \\ 2x + 3y + 3z = 6 \end{cases}$ 表示怎样的曲线?

9. 求曲线 $\begin{cases} y^2 = 2xz, \\ x + y + z = 1 \end{cases}$ 在三个坐标平面上的投影曲线.